L'eau en partage

Activation des règles dans les rivalités d'usages en Belgique et en Suisse

P.I.E. Peter Lang

Bruxelles · Bern · Berlin · Frankfurt am Main · New York · Oxford · Wien

David AUBIN

L'eau en partage

Activation des règles dans les rivalités d'usages en Belgique et en Suisse

Ecopolis
n° 7

Publié avec le concours de la Fondation universitaire de Belgique.

Éditions scientifiques internationales
Bruxelles, 2007
1 avenue Maurice, B-1050 Bruxelles, Belgique
www.peterlang.com ; info@peterlang.com

Imprimé en Allemagne

ISSN 1377-7238
ISBN 978-90-5201-320-6
D/2007/5678/46

Information bibliographique publiée par « Die Deutsche Bibliothek »

« Die Deutsche Bibliothek » répertorie cette publication dans la « Deutsche Nationalbibliografie » ; les données bibliographiques détaillées sont disponibles sur le site <http://dnb.ddb.de>.

Table des matières

Table des illustrations

Préface

La question de la gouvernance et, plus particulièrement, de la gestion des conflits d'usages, constitue aujourd'hui un enjeu essentiel de la mise en œuvre de la directive-cadre européenne sur l'eau (2000/60/CE). Cette directive a pour ambition de substituer à la simple gestion de la ressource une gestion des écosystèmes et du territoire fondée sur les principes de durabilité. Cette nouvelle approche complexifie la représentation et, par conséquent, les modes de résolution des rivalités et conflits autour de l'eau, et ouvre des perspectives bien différentes sur la manière de distribuer les accès et les usages de la ressource.

Ce changement de posture est d'autant plus utile que l'approche traditionnelle de gestion de la ressource a parfois débouché sur des consensus sociaux qui ont privilégié les profits à court terme sur les droits des générations futures et ont conduit à une surexploitation des ressources. Ces arrangements conciliaient les intérêts d'un nombre très réduit d'acteurs, des producteurs pour la plupart (par ex. les producteurs d'hydroélectricité ou les agriculteurs). Ceux-ci disposaient, à ce moment-là, de positions de pouvoir et de négociation tout à fait favorables qui leur permettaient d'écarter les acteurs issus de secteurs marginaux et peu représentés (par ex. les consommateurs d'eau potable ou les pêcheurs), lesquels supportaient les conséquences de la dégradation des écosystèmes.

De tels arrangements ne sont plus acceptables aujourd'hui. La directive-cadre soumet désormais la gestion des écosystèmes hydriques à la participation de tous les citoyens. Elle compte balayer l'ancien mode de gestion technocratique de l'eau et contraindre les cercles d'usagers traditionnels (souvent limités aux grands producteurs) à s'ouvrir à des nouveaux acteurs (par ex. les écologistes, les groupes de citoyens touchés par les grands ouvrages ou les associations de défense des rivières). De surcroît, elle bouscule les échelles de gestion et impose la remise en question des arrangements locaux du passé selon la nouvelle perspective de gestion par bassins versants, qui dépasse même parfois les frontières nationales lorsqu'il s'agit de bassins versants transnationaux.

La transposition des principes de la directive-cadre dans le droit et, surtout, dans la pratique, nécessite de dépasser la représentation simpliste du rôle des marchés dans le développement d'une gestion efficace des ressources en eau, promue à l'extrême par les institutions financières internationales, entre autres. Ce livre arrive à point nommé dans cet environnement intellectuel morose, car sa lecture nous amène à réfléchir à la complexité des valeurs, des services et des droits engagés dans la gestion de l'eau.

Le sujet étudié est par ailleurs absolument intéressant et actuel, spécialement à ce moment où le cadre légal encourt de profonds changements au sein de l'Union européenne, tandis qu'au niveau mondial la crise de la durabilité des écosystèmes hydriques et des nappes aquifères, ainsi que les problèmes d'accès à l'eau potable, ne cessent de remettre en question le modèle traditionnel de gestion des eaux. Dans ce contexte, où émergent des problèmes de rareté, tant en quantité qu'en qualité, les rivalités d'usages de l'eau deviennent très fréquentes et aboutissent à des conflits de plus en plus aigus.

La méthode employée par David Aubin est originale et intéressante. Elle combine de façon cohérente les approches de la nouvelle économie institutionnelle, de l'école des choix publics et de l'analyse des politiques publiques afin de caractériser et d'étudier la dynamique des rivalités et de leur résolution à travers les arrangements locaux, lesquels résultent, de la part des usagers, d'une activation de leurs droits de propriété et des politiques publiques dont ils sont les bénéficiaires.

Centrer notre attention sur le niveau local devient plus que jamais nécessaire au moment où les enjeux de la globalisation nous font perdre les références de la participation citoyenne. Il est important de pouvoir retrouver nos repères et de réfléchir à nouveau sur les riches pratiques qui nous ont permis, à nous, Européens, d'améliorer le partage et l'entretien de la ressource au moyen d'arrangements locaux. La substitution des nouvelles approches participatives à une approche traditionnelle de gestion technocratique nous permettra de réaliser cette intégration des expériences issues des arrangements locaux dans les pratiques de gestion de l'eau à des échelons supérieurs, régionaux, nationaux ou internationaux.

Cette étude des rivalités d'usages autour de l'eau et des traditions européennes de résolution bâties sur les arrangements locaux tient non seulement compte de ces nouvelles approches, induites par les défis que pose le paradigme de durabilité, mais elle introduit également une perspective sociale qui fait cruellement défaut à la directive-cadre. Bien qu'innovante en matière environnementale, cette directive ne se prononce pas sur les valeurs sociales en jeu. L'introduction de nouveaux critères de rationalité économique pour la gestion de l'eau ne pallie pas au manque d'appréhension des enjeux de pouvoir et de négociation autour de la gestion de l'eau. Bien que cette directive-cadre constitue une véritable avancée sur le plan environnemental, la dimension sociale de la durabilité des usages de l'eau fait cruellement défaut. Dommage, elle lui aurait pourtant donné un supplément d'âme.

Pedro Arrojo, Université de Saragosse

Remerciements

Toute monographie est une œuvre collective, un regroupement de forces éparses dont les contributions, partielles ou décisives, participent à son achèvement. Le premier hommage revient naturellement à Frédéric Varone qui a dirigé cette recherche et, par la même occasion, assuré ma formation avec un engagement sans faille. Je lui dois, entre tant d'autres choses, le souci de la rigueur analytique, le maniement des méthodes déductives et comparatives et le goût de pousser la réflexion toujours plus avant. Frédéric est un collègue hors pair, un ami aussi, dont j'admire les qualités professionnelles et la générosité exceptionnelles.

Beaucoup de personnes se sont impliquées dans ce travail, le plus grand risque étant d'en oublier certaines. Tout d'abord, merci aux membres de mon jury, Pedro Arrojo, Paul Mathieu et Erik Swyngedouw, qui ont accepté de suivre et de juger la thèse dont cet ouvrage est une adaptation et, plus particulièrement, Peter Knoepfel engagé dès le début dans le processus et qui a maintes fois relu et discuté le cadre d'analyse de la thèse. Une pensée particulière est également adressée à chacun de mes collègues avec lesquels j'ai eu un immense plaisir de collaborer, à l'École de Lausanne, tout d'abord, dont Stéphane Nahrath et Emmanuel Reynard qui m'a fait découvrir le Val de Bagnes, à l'équipe d'EUWARENESS, dont Nuria Font pour son aide et Ingrid Kissling-Näf à qui revient une part de la « maternité » intellectuelle de ce travail, ainsi qu'à Corinne Gobin et Pierre Wathelet pour m'avoir inculqué la passion de la recherche et sa vocation sociale.

Je remercie également mes collègues de l'Université de Montréal pour leur accompagnement dans la phase de valorisation de cette recherche et, plus particulièrement, Éric Montpetit, qui m'a accueilli au Centre de recherche sur les politiques et le développement social, Christine Rothmayr et Dominique Caouette, ainsi que Peter Haefliger, Hubert Brépoels, Denis Simonin, Jean Valière et Luc Esch, des acteurs de l'eau qui ont usé de leur temps à commenter les études de cas. Enfin, un tout grand merci aux AURAPiens dont je souligne le combien célèbre « sympathique entrain » et surtout l'émulation que procure un collectif de chercheurs que j'ai aujourd'hui à cœur de rebâtir.

Cet ouvrage est le prolongement de recherches qui l'ont non seulement nourri sur le plan intellectuel, mais aussi, chose essentielle, sur le plan matériel. Le financement du travail proprement dit a relevé du 5e Programme-cadre de recherche et de développement de l'Union européenne par l'intermédiaire des projets EUWARENESS, dirigé par Hans Bressers, et EUROMARKET, dirigé par Mathias Finger. La rédaction de l'ouvrage fut financée avec le concours de bourses de séjour post-doctorales que m'ont octroyées le Centre d'études et de recherches internationales de l'Université de Montréal et le Conseil de recherche de l'Université catholique de Louvain. Enfin, je remercie, au même titre que les autres financeurs, la Fondation universitaire pour son soutien apporté à l'édition du livre.

Avant d'aborder le fonds du sujet, je tiens à rendre un dernier hommage à mes parents et à ma compagne, Ariane, qui m'a encouragé tout au long de ce travail et a tempéré mes humeurs, ainsi qu'à tout ceux qui m'ont aidé à grandir, mes amis, les personnes et les enseignants de tous les horizons à qui je dois l'essentiel de ce que je sais. Ma toute dernière pensée s'adresse à Arnaud Fauvet-Messat qui se serait tant amusé à me voir donner mes premiers cours et à qui ce livre est dédié.

Introduction

Au fil de l'eau, les usagers sont nombreux et leurs usages, parfois complémentaires, entrent souvent en concurrence les uns avec les autres. Installés le long d'une rivière, ceux d'aval peuvent porter préjudice à ceux d'amont, du fait des volumes d'eau qu'ils captent ou détournent ou de ceux qu'ils rejettent. Par exemple, la présence d'un barrage hydroélectrique en amont réduit le débit de la rivière, ce qui rend la pratique du kayak impossible et limite les possibilités de refroidissement des industries d'aval. Tout comme la présence d'une station d'épuration empêche l'exploitation d'une plage ou d'un camping en contrebas. De la même manière, la personne qui pompe de l'eau souterraine peut subir une dégradation de la qualité de cette eau du fait des usages pratiqués en surface. Par exemple, un producteur d'eau minérale enjoint les agriculteurs à abandonner l'épandage de lisier ou de pesticides ou bien rachète leurs terrains pour qu'ils cessent leur activité. Les usages de l'eau peuvent tout aussi bien être complémentaires. Par exemple, la protection d'un captage d'eau potable favorise à la fois la beauté du paysage et la biodiversité. En somme, une multitude d'usagers se partagent un même espace et tentent d'assurer la coexistence de leurs diverses activités.

Cette coexistence entre des usages et des pratiques hétérogènes est appelée à devenir de plus en plus fréquente à mesure que les usages se multiplient et que le climat se réchauffe. D'une part, notre société réclame davantage d'espaces préservés pour les loisirs et la promenade. Elle est également plus soucieuse de la préservation des écosystèmes et de la biodiversité, y compris en dehors des réserves naturelles. Le respect systématique de l'environnement pour la construction, les pompages et les rejets, devient une obligation légale avec la mise en œuvre de la directive-cadre européenne sur l'eau (2000/60/CE). Celle-ci exige, en effet, que toutes les eaux de l'Union européenne atteignent un bon état écologique d'ici 2015. D'autre part, les changements météorologiques observés suite au réchauffement climatique sont indéniables. Les précipitations sont plus intenses et les périodes de sécheresse plus fréquentes, ce qui nécessite la constitution de réserves d'eau, mais aussi de zones tampons pour recueillir les pluies excessives et éviter les inondations. Ces évolutions renforcent certains usages de l'eau (par ex. récréatifs, du milieu naturel et de gestion des crues) au détriment d'usages plus anciens (par ex. industriels et agricoles), alors même que la quantité de ressource disponible demeure constante, dans le meilleur des cas.

Le partage de la ressource au sein d'un même espace géographique ne se déroule pas sans heurts ni ajustements. Il donne lieu à des rivalités d'usages, c'est-à-dire à des luttes pour l'allocation de l'eau entre les usagers. Ceux-ci sont véritablement en position de concurrence pour l'appropriation de l'eau, au sein d'un même espace (par ex. le bassin hydrographique) où l'usage de l'un affecte le plus souvent l'usage de l'autre (par ex. la production d'eau potable et l'épandage agricole ou le drainage et la préservation de zones humides). Dans un tel contexte, les usagers ne peuvent assurer leur coexistence pacifique sans recourir au droit et à la concertation. Leurs interactions prennent place dans un cadre institutionnel composé d'institutions politiques et de règles spécifiques à la ressource et aux secteurs concernés. Ces règles organisent l'accès à l'eau et encadrent le comportement des usagers vis-à-vis de la ressource. Les unes distribuent les droits d'accès et précisent les usages possibles de l'eau que ceux-ci confèrent ; ce sont les droits de propriété. Les autres régulent le comportement des usagers lorsque celui-ci est jugé contraire, ou souhaitable, en terme d'intérêt général ; ce sont les politiques publiques. Ainsi, les usagers de l'eau agissent à l'intérieur d'un cadre institutionnel qui encourage alternativement le développement des usages et la protection de la ressource contre les pratiques abusives, afin de garantir la durabilité des usages.

Il n'existe pas de position unanime dans les sciences sociales sur le rôle des règles (ou des institutions) dans la résolution des conflits et des rivalités. La nouvelle économie institutionnelle identifie les échanges de titres ou de droits de propriété comme le mode le plus efficient de résolution des conflits environnementaux (Coase, 1960). L'usager qui subit le préjudice d'une activité voisine vend son bien à son concurrent ou bien décide d'acquérir les droits sur l'activité qui lui cause du tort. Ce mode de règlement s'oppose au principe pigovien de taxation des nuisances qui vise à diminuer l'impact d'activités nuisibles à leur environnement par une fiscalité dissuasive (Pigou, 1950). Dans cette opposition entre les deux modes de résolutions, nous observons déjà la difficulté à identifier le rôle de l'État dans la résolution des rivalités d'usages. Il existe une tension entre le degré de généralité des règles que l'État adopte et les spécificités de chaque situation locale où les rivalités se produisent. D'un côté, nous ne pensons pas que l'État crée de nouvelles règles, par exemple une taxe sur les activités polluantes, à chaque fois qu'une rivalité surgit. D'autre part, nous refusons de réduire l'État à un simple garant de la validité des droits de propriété échangés entre les usagers rivaux. Ce n'est pas pour autant qu'il faille voir de l'État partout, un biais que l'analyse des politiques publiques induit assez facilement. Il s'agit plutôt de repérer précisément à quel niveau et de quelle façon l'État intervient dans les rivalités d'usages.

L'autre grande question théorique consiste à savoir si les institutions déterminent la nature et le contenu des décisions prises et les actions conduites par les acteurs. Les écoles néo-institutionnalistes décrivent des relations subtiles entre les jeux d'acteurs et les institutions (Hall et Taylor, 1996 ; Lowndes, 1996). Elles ne perçoivent pas les institutions comme les déterminants de l'action ni, à l'inverse, les acteurs comme des êtres autonomes qui agissent en dehors de tout contexte et uniquement en fonction de leur utilité personnelle, comme l'affirme l'École des choix publics. Elles les envisagent plutôt comme des facteurs contextuels qui stimulent, potentialisent ou limitent les acteurs dans la défense de leurs intérêts ou de leurs valeurs (Mayntz et Scharpf, 2001). Il reste à savoir jusqu'à quel point les institutions influencent les interactions des acteurs. Pour sa part, Elinor Ostrom insiste sur la capacité des acteurs à s'organiser en dehors de l'État et du marché, à créer des arrangements institutionnels qui leur sont propres et qu'ils adaptent à leurs besoins spécifiques (Ostrom, 1990). Elle démontre ainsi le potentiel d'auto-organisation des usagers lorsqu'ils doivent résoudre des rivalités d'usages et répondre à la dégradation de la ressource dont ils sont dépendants. Dans cette perspective, la question demeure : quelle place occupent les règles institutionnelles existantes dans ces arrangements locaux et de quelle manière l'État intervient-il ?

Cet ouvrage a pour ambition d'éclairer ces deux grandes interrogations à travers l'analyse des résolutions de rivalités entre usagers locaux de l'eau. Il cherche à comprendre comment les usagers de l'eau résolvent leurs rivalités d'usages en s'intéressant plus précisément au rôle des règles dans ces processus de résolution. Il avance l'idée que la résolution des rivalités repose sur l'activation, par les usagers, de règles existantes. L'activation consiste pour un usager à invoquer une règle existante qui défend son droit d'accès ou d'usage de la ressource, soit directement devant son rival, soit par l'intermédiaire d'une plainte déposée devant un tribunal. Les usagers confrontent ensuite ces règles activées pour aboutir à un règlement du différend, ce que nous nommons un arrangement local, c'est-à-dire un ensemble de décisions et d'actions prises pour résoudre la rivalité (par ex. un contrat de vente, une convention de droit privé ou une décision de justice). L'analyse proposée repose sur l'hypothèse que le type d'arrangement conclu entre les usagers pour résoudre la rivalité dépend de la nature des règles activées par les usagers (droits de propriété ou politiques publiques). Les usagers parviennent à résoudre leurs rivalités en activant des règles existantes.

L'arrangement local, ou le résultat obtenu à l'issu de la rivalité, varie en fonction de trois éléments : l'état de la ressource, les caractéristiques des usagers et l'éventail de règles disponibles à l'activation. Afin de bien cerner les qualités de l'arrangement local qui met fin à la rivalité, nous insistons sur le degré de coercition et la distribution des coûts (nets) entre les usagers. L'arrangement local peut, en effet, résulter d'un accord (librement) consenti entre les usagers ou d'une décision prise par les autorités publiques et qui s'applique de façon contraignante. Par ailleurs, l'imputation des coûts qui en résultent se répartit entre les usagers rivaux ou bien repose sur l'un d'entre eux. La nature de ces deux attributs de l'arrangement local semble être influencée par la rareté de la ressource, les besoins et l'hétérogénéité des usagers rivaux (par ex. entre la protection du milieu naturel et la production d'eau potable), mais surtout par l'éventail des règles dont les usagers peuvent se prévaloir dans la défense de leur usage. La manipulation des règles par les usagers occupe une place essentielle dans notre analyse.

Nous présumons que les résolutions de rivalités s'articulent autour d'une activation de règles existantes, puis d'une confrontation de ces règles activées. Dans une situation de rareté relative de la ressource, l'un des usagers subit un préjudice qu'il cherche à corriger. À cette fin, il active une ou plusieurs règles susceptibles de défendre le bien fondé de son usage face à l'usager rival qui lui cause du tort, par exemple une politique publique de soutien de l'étiage. Réciproquement, le rival va lui aussi se prévaloir de règles qui confirment la légalité de son comportement, par exemple un droit de riveraineté qui l'autorise à prélever l'eau de la rivière. Ainsi, chacun active un type de règle particulier dont la combinaison produit une *configuration de confrontation* entre les règles. L'hypothèse principale du modèle d'analyse stipule que *le type d'arrangement local retenu dépend de la configuration de confrontation.* En d'autres termes, pour une configuration de confrontation donnée (par ex. droit de propriété contre droit de propriété), il n'existe qu'un seul type d'arrangement local susceptible d'aboutir et de résoudre la rivalité d'usages. Il est « transactionnel » lorsque deux propriétaires confrontent leurs titres, c'est-à-dire que seul un accord à l'amiable entre les parties et dont les coûts sont partagés peut résoudre la rivalité. En revanche, l'arrangement est « compensatoire » lorsqu'un usager revendique l'application d'une politique publique à l'égard d'un propriétaire, ce qui signifie que le propriétaire doit être préalablement compensé pour sa perte de propriété. Enfin, seul l'État peut trancher des litiges entre deux politiques publiques ; nous parlons alors d'arrangement « arbitral ». Ainsi, nous émettons l'hypothèse que la forme prise par l'arrangement local dépend de la nature des règles activées par les usagers.

Le modèle d'analyse proposé est soumis à un test empirique suivant une méthode déductive et comparative. Il part d'hypothèses formulées *a priori* sur la nature des liens causaux observés entre les différentes variables. Chaque variable est mesurée dans plusieurs cas. Les études de cas reconstruisent de manière détaillée les processus de résolution de rivalités et les résultats de chaque cas sont finalement comparés les uns aux autres, afin de vérifier la validité des généralisations formulées dans le modèle d'analyse.

Les cas retenus pour le test empirique sont des cas résolus et localisés à l'intérieur de deux sous-bassins versants : la Vesdre en Belgique et le Val de Bagnes en Suisse. L'ensemble des cas fournit une représentation équilibrée des différentes configurations de confrontation. Dans le bassin de la Vesdre, les trois cas retenus sont le saturnisme à Verviers ($C_{1\ \text{Verviers}}$), les inondations dans la basse vallée de la Vesdre ($C_{2\ \text{Inondations}}$) et la protection des captages de Spa ($C_{3\ \text{Spa}}$). Le premier cas raconte comment une association de citoyens s'est mobilisée contre la Ville de Verviers pour obtenir la construction d'une station de traitement de l'eau potable. Dans le second cas, le gestionnaire de barrage remet en question, sous la pression de la commune concernée, la manière dont il gère l'ouvrage pour constituer une réserve de crue qui limite les inondations en aval. À Spa, le producteur d'eau minérale veut que les forestiers adaptent leurs pratiques, afin de diminuer tout risque de pollution et d'acidification des aquifères.

Dans le Val de Bagnes, notre attention s'est concentrée sur la gestion de la distribution d'eau et des barrages avec trois autres cas : la construction de l'aqueduc de Louvie ($C_{4\ \text{Louvie}}$), le rehaussement du barrage de Mauvoisin ($C_{5\ \text{Mauvoisin}}$) et le retour de la concession de Champsec ($C_{6\ \text{Champsec}}$). L'aqueduc de Louvie est le résultat d'un marchandage sur les droits de propriété de la rivière entre un hydroélectricien qui voulait édifier un barrage et une commune de montagne qui manquait d'eau potable. Le rehaussement du barrage de Mauvoisin, pour sa part, oppose l'exploitant du barrage aux défenseurs de l'environnement qui souhaitent que la nature bénéficie d'une compensation suite à l'accroissement de la capacité de production de l'ouvrage. Dans le dernier cas, les mêmes acteurs se retrouvent en position de rivalité, à propos d'une seconde installation hydroélectrique dont la concession doit être renouvelée. Ces six cas témoignent d'une diversité des rivalités locales autour de l'appropriation et de l'usage de l'eau qui a pour corollaire une non moins importante diversité des arrangements locaux qui viennent les résoudre.

L'ouvrage est organisé en deux parties. La première présente les principaux concepts et théories de la gestion de l'eau que nous mobilisons dans notre analyse. Elle dessine, dans un deuxième temps, le modèle d'analyse qui sert de support à la comparaison. La seconde partie procède au test empirique du modèle d'analyse. Elle consacre une large place au récit des rivalités locales, des jeux d'acteurs qui s'y déroulent et des modes de résolution. À partir de ces cas, décrits en détail, le chapitre comparatif vient clore l'ouvrage avec le test des hypothèses du modèle d'analyse et, dans un second temps, l'élargissement de la perspective aux éléments de contexte susceptibles d'expliquer pourquoi les résolutions de rivalités furent possibles. Bien qu'elles s'inscrivent dans la démarche analytique et déductive de l'ouvrage, les études de cas peuvent être lues de manière autonome.

Première partie

Eau : usages, gestion et rivalités

CHAPITRE 1

Usages et gestion de l'eau

Les usagers de l'eau sont parfois placés en situation de rivalité, ce qui peut générer des conflits, ou exercer une pression trop importante sur la ressource et l'épuiser. Afin de limiter ces pressions sur la ressource, les usages sont régulés par un ensemble de règles que la collectivité impose aux usagers pour rendre possible leur coexistence et protéger la ressource. C'est ce corpus de règles que nous appelons le régime institutionnel de ressource, c'est-à-dire l'ensemble des droits de propriété et des politiques publiques qui s'appliquent à une ressource sur un territoire donné. Une gestion durable des ressources naturelles nécessite un régime intégré, c'est-à-dire un ensemble de règles cohérentes et coordonnées.

I. La durabilité des usages de l'eau

Le concept de développement durable fournit le cadre normatif de ce travail. Que signifie la durabilité du point de vue des usagers de l'eau, une ressource naturelle renouvelable soumise à de nombreux usages ?

A. Une vision anthropocentrée du développement durable

La naissance officielle du principe de développement durable remonte au rapport Brundtland : « Le développement soutenable est un développement qui répond aux besoins du présent sans compromettre la capacité des générations futures de répondre aux leurs » (CMED, 1988 : 51). Le concept se fonde sur l'utilisation raisonnée des ressources naturelles en fonction d'une solidarité intergénérationnelle et fait le lien entre l'environnement, d'une part, et l'économique et le social, d'autre part. Le développement durable consiste à améliorer la qualité de vie sur terre en tenant compte des trois dimensions économique, environnementale et sociale.

Le concept de développement durable permet avant tout de se représenter le lien entre l'activité humaine et la protection de la nature. Sans préservation de la nature, l'économie est menacée. Il reconnaît l'interdépendance des actions menées en direction des usagers. Les politiques publiques de gestion des ressources naturelles doivent être cohérentes et concilier exploitation et protection. Cette interdépendance des actions menées est à la fois horizontale et verticale. Les interventions publiques doivent être considérées à tous les niveaux (international, européen, national, régional) avec une attention particulière pour le niveau local.

En matière de gestion des ressources naturelles, la durabilité ne peut être garantie à long terme que par des usages raisonnés. Cette régulation fine des rapports entre les usagers et les ressources n'est possible qu'au moyen d'une connaissance détaillée du cycle de vie de la ressource, notamment sa capacité de renouvellement. De plus, le développement durable dépend des relations entre les usagers et requiert une certaine durabilité des arrangements institutionnels. Celle-ci repose sur le contrôle mutuel et la confiance des usagers les uns envers les autres, lorsqu'ils interagissent au sein d'un même périmètre de ressource (Ostrom, 1998). La gestion durable d'une ressource ne doit pas pour autant se limiter à la protection écologique. L'enjeu porte sur une insertion harmonieuse de l'Homme dans son milieu naturel. Notre contribution au débat sur la durabilité est à la fois politologique et institutionnelle. Nous essayons d'apprécier l'importance des règles dans la gestion des ressources naturelles. Nous nous intéressons à la manière dont les usagers d'une même ressource naturelle parviennent à résoudre leurs rivalités. La rivalité exerce une pression sur la renouvelabilité de la ressource et sa résolution constitue un préalable à la durabilité.

Nous définissons la ressource naturelle en fonction des usages qu'on en tire. Une ressource naturelle est un ensemble d'éléments de la nature, vivants ou inertes, mobiles ou immobiles, qui procurent potentiellement à l'Homme un certain nombre d'utilités sous la forme de biens et services (Varone *et al.*, 2002 : 78). Nous parlons de ressource pour ce qui est généralement appropriable et utilisable par l'Homme, tout en y incorporant les besoins des écosystèmes. C'est parce qu'elle fournit une utilité à l'homme que la composante de nature est une ressource naturelle ; elle est construite socialement.

B. L'eau : une ressource naturelle renouvelable

L'eau est une ressource naturelle. Nous la considérons effectivement comme un élément de la nature qui procure potentiellement à l'Homme un certain nombre d'utilités sous la forme de biens et de services. Bien que cette représentation utilitariste de la nature soit contestable (Perry, 2001 : 312 ; Centre tricontinental, 2001 ; Petrella, 1998), elle est la plus apte à clarifier notre démarche. Sans négliger l'importance de la nature en soi, nous appliquons le concept de ressource naturelle à l'eau, afin de rendre possible notre analyse.

Une bonne gestion de l'eau est une gestion qui satisfait aux besoins de l'Homme sans porter préjudice à la renouvelabilité de la ressource. Nous distinguons les ressources renouvelables des ressources non renouvelables (par ex. les ressources fossiles) en fonction de leur temps de régénération. Les ressources dites renouvelables se régénèrent en une période de temps qui est à la mesure de l'existence de l'Homme et qui rend inopérante toute décision humaine en faveur de la protection et du renouvellement de la ressource (Endres et Querner, 1993 : 3 ; Kissling-Naef et Varone, 2000 : 2). De plus, l'eau, comme toute autre ressource naturelle renouvelable, est vitale et insubstituable.

Protéger les ressources naturelles ne signifie pas qu'on ne peut pas les exploiter. Leur caractère renouvelable permet d'y puiser des unités de ressource sans pour autant épuiser la ressource. La distinction entre le stock et le flux (ou les fruits) de la ressource rend compte de cette possibilité : « Resource systems are best though of as stock variables that are capable, under favorable conditions, of producing a maximum quantity of a flow variable without harming the stock or the resource system itself » (Ostrom, 1990 : 30). Par exemple, une nappe aquifère (stock) fournit de l'eau potable (flux) ou une forêt (stock) fournit du bois de coupe (flux). La renouvelabilité consiste à conserver un flux inférieur à la capacité de renouvellement du stock. Si le flux dépasse la recharge du stock, alors le stock est entamé et s'épuise. Nous sommes alors dans une situation de surexploitation.

Une ressource naturelle n'est pas définie en soi et pour soi, mais par rapport aux usages et à la représentation que l'Homme s'en fait. Les ressources naturelles sont des constructions sociales (Varone, 2001). La perception collective de la ressource varie notamment en fonction de l'état de celle-ci. Le fait qu'une ressource soit considérée ou non comme rare dépend de la visibilité de la rareté. Par exemple, en période de sécheresse, il est évident que le tarissement d'une rivière soit considéré comme un problème. En revanche, il est beaucoup plus compliqué d'apprécier un stock d'eau souterraine, à moins qu'un captage vienne à se tarir. La perception de l'état de la ressource dépend donc de la visibilité ou de l'immédiateté des problèmes posés.

Une ressource naturelle est définie à l'intérieur d'un périmètre, dont le pourtour n'est pas non plus donné *a priori* et varie en fonction des réponses à apporter aux problèmes identifiés. Aujourd'hui, le périmètre du bassin hydrographique, ou du bassin versant, tend à s'imposer comme unité de gestion (Communautés européennes, 2000). Le bassin versant correspond à l'espace territorial à l'intérieur duquel toutes les gouttes d'eau de pluie tombées sur le sol convergent vers un seul et même cours d'eau. Il peut être considéré à plusieurs échelles. Le bassin d'un grand fleuve possède une surface de plusieurs milliers de kilomètres carrés (185 000 km² pour le Rhin), tandis que le bassin versant d'un ruisseau ne peut faire que quelques hectares. Il est évident que le bassin du ruisseau constitue un sous-bassin à l'intérieur du bassin hydrographique du fleuve. Notons toutefois que le bassin hydrographique identifié dans un plan de gestion de l'eau demeure un construit social, un territoire administratif dont les frontières ne correspondent pas nécessairement à la réalité hydrologique[1].

C. Les usages de l'eau

Une approche par ressource permet d'apprécier l'ensemble des usages qui en sont faits et des pressions exercées sur celle-ci. Différents types d'usagers coexistent à l'intérieur d'un même périmètre de ressource. Les catégories d'usages, caractérisées en fonction d'un certain nombre d'éléments, influencent les modes de régulation, ainsi que la reconnaissance sociale des usagers. Les usagers que nous considérons dans notre analyse ne sont pas nécessairement les usagers finaux de la ressource (comme par ex. le promeneur ou le kayakiste), mais plutôt les usagers en contact direct avec la ressource. En effet, la ressource est souvent exploitée par des producteurs, soient des usagers intermédiaires, qui vendent ensuite le bien ou le service produit aux usagers finaux (par ex. le producteur d'eau de distribution).

Les usages de l'eau peuvent être caractérisés de différentes façons. Ces usages peuvent d'abord être *directs* ou *indirects*. Un usage direct de l'eau implique qu'il y ait un contact entre l'usager et la ressource. L'usager puise de l'eau, il s'en sert comme support pour la navigation ou il s'en sert de réceptacle pour ses déchets (par ex. les rejets des égouts publics). Par contraste, l'usager indirect n'utilise pas la ressource pour sa production, mais sa pratique produit un effet sur la ressource et l'altère. C'est le cas des épandages d'engrais et de fertilisants sur une terre agricole qui viennent polluer un aquifère. Les pollutions issues d'usages indirects sont des pollutions diffuses dont la visibilité est faible et l'effet sur la ressource très difficile à mesurer.

Les usages de l'eau sont *quantitatifs* ou *qualitatifs*. Certains usages nécessitent une quantité d'eau importante, sans souci de la qualité (par ex. le refroidissement d'une usine). D'autres, en revanche, ont besoin d'une qualité de l'eau élevée. C'est le cas de la baignade, de la production d'eau potable, ainsi que de la nutrition dans le milieu naturel. La

[1] Pour établir ces bassins versants, des assemblages sont réalisés entre plusieurs bassins pour les eaux de surface (par ex. intégration de l'Yser au « bassin » de l'Escaut) ou des rattachements d'aquifères à des bassins alors que ceux-ci dépassent les frontières du bassin versant ou ne s'y écoulent pas.

distinction entre usages quantitatifs et qualitatifs n'est pas évidente. Par exemple, la qualité de l'eau d'une rivière varie en fonction du débit (quantité). Au cours de la période d'étiage, les rejets sont moins dilués et la charge polluante augmente (par ex. les rejets d'une station d'épuration interdisent en été la baignade en aval). Aussi, certains usages qualitatifs sont menacés par une diminution de débit.

Les usages sont des usages d'*exploitation* ou de *protection*. Certains usages sont fournis à partir de l'exploitation de la ressource (par ex. le refroidissement d'une centrale électrique). D'autres sont fournis par la protection de la ressource (par ex. le développement de riches écosystèmes). D'autres encore se situent à la croisée des chemins, lorsqu'ils nécessitent une qualité de l'eau élevée pour leur usage d'exploitation (par ex. la protection des aquifères pour la production d'eau minérale).

Les relations entre usagers d'une même ressource varient entre concurrence et complémentarité. Ces situations peuvent être contextuelles ou créées par un arrangement institutionnel. À l'intérieur d'un même périmètre de ressource, un sous-bassin hydrographique par exemple, les groupes d'usagers se concurrencent pour différents usages (Young, 1992), ce qui peut conduire à une surexploitation de la ressource.

Les usages de la ressource peuvent être *homogènes* ou *hétérogènes*. Des usagers homogènes exploitent un seul et même bien ou service à partir de la ressource. Des usagers hétérogènes exploitent des biens et services différents à l'intérieur d'un même périmètre de ressource. Les situations d'usage se multiplient dès lors que l'on distingue la présence d'un seul ou de plusieurs usagers ou groupes d'usagers (cf. tableau 1). Le problème posé par un *usage unique* semble être relativement aisé à résoudre. Une seule personne contrôle l'accès à la ressource et cela pour un usage unique. Il est facile d'évaluer la pression exercée sur la ressource et de réguler la pratique en faveur de la renouvelabilité. Par exemple, Spa monopole, producteur d'eau minérale, exclut tous les autres usagers du périmètre de l'aquifère en vertu des concessions qu'il possède sur les sources (Aubin, Cornut et Varone, 2004). Dans une *situation d'usage commun*, les différents usagers (homogènes) doivent se mettre d'accord pour surveiller la ressource et partager son usage. Nous sommes dans les cas de *common-pool resources* (CPRs) exploitées par des communautés de pêcheurs ou d'irrigants (Ostrom, 1990).

Les deux autres situations sont plus complexes. La *situation d'usages multiples* pose le problème de la régulation au niveau du « propriétaire » de la ressource, c'est-à-dire de celui qui distribue formellement l'accès à la ressource. Celui-ci doit trancher les rivalités entre les usagers dans le but d'assurer la renouvelabilité de la ressource. C'est le cas d'un gestionnaire de barrage qui répartit les usages entre la production d'eau de distribution, la production d'énergie et la navigation. *A priori*, c'est dans les *situations d'usages conjoints* qu'il est le plus difficile de résoudre une rivalité. Des usagers hétérogènes entrent en rivalité et leur accès à la ressource est déterminé par des règles différentes. Le long d'une rivière, d'amont en aval, on peut trouver un producteur d'eau potable, des pêcheurs, un industriel et une ville qui rejètent leurs eaux usées, ainsi qu'un barrage qui turbine pour produire de l'électricité. Il incombe dans ce cas à l'autorité publique de garantir la cohérence entre ses différentes politiques publiques sectorielles et les droits de propriété des usagers sur la ressource, le tout en faveur de la durabilité de la ressource.

Tableau 1 : Classification des situations d'usage

		Concurrence entre types d'usages (ou biens et services)	
		Non (usages homogènes)	Oui (usages hétérogènes)
Concurrence entre usagers	Non (contrôle de la ressource par un seul acteur)	Usage unique (*single-use situation)*	Usages multiples (*multiple-use situations*)
	Oui (contrôle de la ressource par plusieurs acteurs)	Usage commun (*Common-use situation*)	Usages conjoints (*joint-use situation*)

Source : D'après Young (1992 : 103) et Knoepfel, Kissling-Naef et Varone (2001 : 16).

Dans les différentes situations d'usages, la conflictualité entre les usages est variable. Les usages peuvent être plus ou moins *concurrents* ou *complémentaires* entre eux. Certains usages sont intrinsèquement concurrents. C'est le cas entre une arrivée de collecteur d'eaux usées et une zone de baignade située en aval ou bien la production d'eau minérale et l'agriculture intensive. Ces usages sont non seulement concurrents, mais aussi incompatibles. D'autres usages concurrents peuvent être compatibles s'ils sont organisés. C'est le cas d'un bassin d'orage qui peut servir de pâturage pour les vaches en été (Aubin et Varone, 2002). Aussi la différence entre la compatibilité et la conflictualité entre usages concurrents relève-t-elle davantage d'une question de degré plutôt que d'une question de nature (Varone, 2001 : 193). Les usages d'une même ressource peuvent aussi être complémentaires. Par exemple, l'entretien d'un système d'irrigation traditionnel (par ex. les bisses en Suisse) est une attraction touristique, la production d'eau minérale favorise l'installation d'établissements thermaux et la présence d'un barrage hydroélectrique peut servir à la régulation des crues. La valorisation de cette complémentarité est toutefois dépendante des circonstances et des décisions des usagers.

Les usages sont les biens et services tirés de la ressource eau par les usagers. Ils peuvent être répartis en différentes catégories :

1. *Milieu naturel* : L'eau est le support d'un nombre important d'écosystèmes. Elle organise la vie. De nombreuses espèces y évoluent et s'y nourrissent. Cet usage est très sensible aux variations de qualité. La dégradation des milieux aquatiques provoque des disparitions d'espèces irréversibles. Le milieu est affecté aussi bien par des diminutions en quantité et en qualité de l'eau, y compris les variations de température ;

2. *Consommation d'eau potable* : L'eau présente dans le milieu naturel constitue la matière première de notre alimentation. Le producteur d'eau de distribution pompe dans des aquifères ou des eaux de surface. Cet usage est très sensible aux variations de qualité, en dépit d'une technologie de plus en plus pointue en matière de potabilisation ;

3. *Production* : Cet usage regroupe des pratiques très différentes. La production industrielle utilise essentiellement l'eau pour le refroidissement. L'eau est également utilisée dans le processus industriel, ce qui altère davantage sa qualité. Les usages agricoles entrent dans cette catégorie, notamment l'irrigation des cultures, voire le drainage des champs, tout comme les infrastructures de loisirs (par ex. les piscines publiques ou l'enneigement artificiel) ;

4. *Énergie hydraulique* : Le débit de l'eau est utilisé comme force motrice, par exemple pour la production d'hydroélectricité à partir de barrages. Cet usage est quantitatif et n'altère pas la qualité de la ressource, bien qu'il perturbe l'écosystème des cours d'eau (par ex. la rétention des sédiments ou l'obstacle à la circulation des poissons) ;

5. *Épuration* : Les rivières et les eaux souterraines possèdent des qualités d'auto-épuration importantes. Elles diluent et retraitent les polluants. Ainsi, les rivières jouent un rôle d'épuration, tout comme le sol à travers lequel l'eau souterraine s'infiltre, mais se trouvent vite altérées par toute surcharge de matières polluantes ;

6. *Support* : L'eau a également une fonction de support pour de nombreux usages : navigation, extraction de gravier et pêche. Ceux-ci ne prélèvent pas l'eau, ni ne l'altèrent ;

7. *Récréation* : Les usages récréatifs sont la baignade et la contemplation du paysage. Des usages de baignade intensifs altèrent la qualité du cours d'eau, principalement en période d'étiage (par ex. les gorges de l'Ardèche en juillet et août). Le paysage n'exige pas seulement une bonne qualité de la ressource, mais aussi un certain esthétisme du lieu ;

8. *Thermalisme* : Le thermalisme utilise des sources d'eau très pures. Il n'entre pas en concurrence avec d'autres usages et son exploitation peut être complémentaire à des activités de tourisme ou de protection de l'environnement ;

9. *Protection* : Cet usage est certainement un des plus importants qui soit. Il consiste à se prémunir contre le risque d'inondations et à limiter les dégâts lorsque celles-ci se produisent. Il est concurrent de tous les autres usages, mais reste prépondérant du fait qu'il constitue un préalable à toute autre activité ;

10. *Réserves stratégiques* : Cet usage consiste à constituer des réserves d'eau pour faire face à des risques de sécheresse ou d'incendie. S'il est concurrent avec des usages situés en aval, il garantit aussi une certaine continuité dans les usages.

Une vision simultanée de l'ensemble des biens et services fournis par la ressource permet de comprendre comment celle-ci est gérée et de quel ordre sont les problèmes rencontrés par les usagers. Il nous paraît essentiel de tenir compte de l'ensemble des usages hétérogènes de la ressource et de leurs interactions pour pouvoir se placer dans la perspective d'un développement durable. Aujourd'hui, une telle évolution en direction de la durabilité passe par une gestion intégrée et par une régulation des usages qui s'articule autour de la coordination et du partage, dans une perspective de ressource.

II. La régulation des usagers de l'eau

Quelles sont les règles qui encadrent les usages de l'eau ? Comment appréhender l'ensemble épars de dispositions sectorielles qui régulent les usages d'une ressource ? À partir des approches traditionnelles de l'analyse de la gestion des ressources naturelles, le régime institutionnel de ressource permet d'appréhender l'ensemble des politiques publiques et des droits de propriété appliqués à une ressource.

A. Les approches conventionnelles de la gestion des ressources naturelles

La gestion des ressources naturelles fait l'objet d'une attention particulièrement marquée de la part de la nouvelle économie institutionnelle comme de l'analyse des politiques publiques. La première nous renseigne sur l'importance qu'ont les droits de propriété dans les relations entre les usagers et la ressource, tandis que la seconde nous fournit des outils pour appréhender l'action de l'État.

1. L'économie des ressources naturelles

L'économie des ressources naturelles s'est construite en opposition à l'économie du bien-être (Pigou, [1932] 1950). Elle traite des questions de prise en compte des externalités dans les processus de production et met en lumière l'importance des coûts de transaction dans tout arrangement institutionnel. Par extension, elle met évidence l'importance des régimes de droits de propriété et des arrangements entre usagers dans la gestion des ressources naturelles.

a. Droits de propriété et nouvelle économie institutionnelle

L'économie des ressources naturelles s'inspire fortement de la théorie des droits de propriété initiée par Ronald Coase (1960). Cet auteur dénonce le caractère normatif de l'imputation des coûts des nuisances à celui qui les provoque, au bénéfice de celui qui prétend les subir : « The question is commonly thought as one in which A inflicts harm on B and what has to be decided is : how should we restrain A ? But this is wrong. We are dealing with a problem of reciprocal nature. [...] The problem is to avoid the most serious harm » (Coase, 1960 : 2). Il convient de choisir la solution la plus efficiente en fonction des coûts d'opportunité, c'est-à-dire veiller à maximiser la valeur totale de la production. Sous couvert de deux postulats de départ, à savoir que l'activité qui cause le dommage doit payer pour tous les dommages causés et que le système des prix est parfait, c'est-à-dire en l'absence de coûts de transaction, les deux producteurs ont intérêt à s'entendre de sorte que l'activité la moins rentable cesse.

Une fois les coûts de transaction réintroduits, il existe trois mécanismes d'ajustement : le marché, la firme et l'État :

> [In] choosing between social arrangements [...], we have to bear in mind that a change in the existing system which will lead to an improvement in some decisions may well lead to a worsening of others. Furthermore we have to take into account the costs involved in operating the various social arrangements (whether it be the working of a market or of a governmental department), as well as the costs involved in moving to a new system (Coase, 1960 : 44).

Coase analyse les relations sociales au moyen du seul critère d'efficience. La résolution d'une rivalité s'opère par un échange de droits de propriété dont le prix est calculé selon les coûts et bénéfices marginaux supportés par les parties. La régulation publique (ou la firme qui intègre les usages par voie de rachat) intervient lorsque les coûts de l'adaptation sont trop élevés, en raison d'un groupe trop important et trop hétérogène d'usagers en présence. Les institutions sont nécessaires à partir du moment où les transactions sont coûteuses (North, 1990 : 12).

À sa suite, la nouvelle économie institutionnelle explore la zone grise entre marché et régulation publique par l'étude des contrats et des coûts de transaction. Les coûts de transaction sont définis comme l'ensemble des coûts liés à la création, au fonctionnement et à la modification d'une institution ou d'une organisation : « [The] concept of transaction costs suggests that resources have to be used to obtain and process information about alternatives, to negotiate, monitor, etc. » (Furubotn et Richter, 1991 : 3). Ils déterminent tout autant la nature des échanges privés que le changement institutionnel.

Lors d'une négociation contractuelle, les deux parties ne sont pas inscrites dans une relation égalitaire (ou symétrique)[2]. Par exemple, la partie qui possède les actifs les plus spécifiques est en position de force pour négocier le contrat (Brousseau, 1993 : 151). De ce fait, le choix de chacun des acteurs en fonction d'un arrangement contractuel, s'il reste formellement volontaire, n'est pas nécessairement consenti. Dans la mesure où deux parties souhaitent collaborer du fait de leur (inter)-dépendance, le contrat ou l'arrangement peut s'imposer à l'une des deux parties lorsque sa position de négociation est faible.

En matière d'échanges privés, Oliver Williamson laisse apparaître que les relations contractuelles entre les acteurs ne sont pas statiques. Il part de l'observation que les conflits en matière d'interprétation et de respect des contrats conclus ne débouchent pas nécessairement sur une action en justice. Les arrangements privés dominent sur les arbitrages étatiques (Williamson, 1985 : xii). L'occurrence d'une négociation pour résoudre une rivalité est forte, et respectivement, l'action en justice (arrangement imposé) est *a priori* loin d'être systématique.

Les droits de propriété structurent les décisions en matière d'usage des ressources (Libecap, 1989 : 1). Les changements de droits de propriété s'opèrent principalement par la négociation, aussi bien par contrat que par décision politique, et sont potentiellement conflictuels en raison de leurs implications redistributives. Selon Gary Libecap, le changement des droits de propriété est impulsé essentiellement par la modification des prix relatifs (Libecap, 1989 : 18). Les réponses des décideurs politiques aux demandes des propriétaires sont alors influencées par l'ampleur de l'évolution des prix relatifs. Elles sont plus faciles à prendre si les gains au changement sont importants, si les parties en présence sont peu nombreuses et homogènes et si l'arrangement est fortement distributif, c'est-à-dire qu'il répartit bien les gains entre les parties (Libecap,

---

[2] Si l'on s'intéresse de si près à la théorie des contrats dans ce travail, c'est parce que le contrat est le moyen par lequel des faisceaux de droits (de propriété) sont échangés (Furubotn et Richter, 1991 : 15).

1989 : 21-28). Au cours de la négociation, les parties influentes reçoivent généralement des paiements compensatoires à la modification de l'arrangement institutionnel (Libecap, 1989 : 116). Aussi, les changements de droits de propriété sont porteurs d'enjeux forts en terme de pouvoir politique et de redistribution des richesses.

b. Régimes de propriété dans l'économie des ressources naturelles

Plus spécifiquement, les économistes des ressources naturelles s'intéressent aux effets des droits de propriété sur la gestion des ressources naturelles. Tout d'abord, ils apportent une définition économique de la propriété :

> Property is a benefit (or income) stream, and a property right is a claim to a benefit stream that some higher body – usually the state – will agree to protect through the assignment of duty to others who may covet, or somehow interfere with, the benefit stream. [...] Property *is not* an object but is rather a social relation that defines the property holder with respect to something of value (the benefit stream) against all others (Bromley, 1992 : 2).

La propriété, avant d'être la possession d'un objet, est un droit socialement garanti à toucher un bénéfice.

Les régimes de droit de propriété règlent les relations entre personnes dans leur usage des ressources naturelles. Ils ne découlent pas de la nature de la ressource, mais d'une construction juridique et sociale (Bromley, 1991). Quatre régimes organisent de façon distincte les droits, devoirs, privilèges et exclusions vis-à-vis de la ressource. Dans un régime de *propriété publique*, l'État détient et contrôle la ressource. Il détermine les règles d'accès et d'usage que les usagers doivent respecter (par ex. pour les forêts domaniales). La *propriété privée* est la capacité légale et sociale d'exclure les autres. Les propriétaires sont des personnes privées qui ont le droit d'user de la ressource de toutes les manières qui soient socialement acceptables. Les tiers ont le devoir de respecter la liberté d'usage du propriétaire. La *propriété commune* est une forme collective de propriété (privée) pour laquelle les co-propriétaires décident collectivement des règles d'usage de la ressource (par ex. les bisses en Suisse). Les tiers sont exclus de l'usage comme du processus de décision. Enfin, le *libre accès* correspond à une absence de droits de propriété, selon l'adage « le premier arrivé est le premier servi » (par ex. la faune sauvage). L'efficacité relative des différents régimes est contingente, c'est-à-dire qu'elle dépend de la situation rencontrée (Bromley, 1991 ; Devlin et Grafton, 1998). Il n'existe pas, en soi, de régime de droits de propriété meilleur qu'un autre.

Daniel Bromley aboutit à l'idée que toute politique environnementale est un affrontement sur la définition de droits de propriété sur les ressources naturelles et, par conséquent, sur l'organisation de l'exclusion (Bromley, 1991 : 2). Toute la politique environnementale se construit autour de revendications conflictuelles de droits où l'incidence des coûts et la structure de l'arrangement institutionnel sont des facteurs essentiels des solutions adoptées.

c. Les choix publics et la théorie des communaux

Au départ d'une critique des théories classiques de l'action collective (Hardin, 1968 ; Dawes, 1973 ; Olson, [1965] 1978), Elinor Ostrom démontre que des modes de gestion sont possibles en dehors de l'État et du marché (Ostrom, 1990). La tragédie des communaux n'est pas une fatalité. Les communautés humaines possèdent une faculté d'auto-organisation face à un problème partagé et dans une situation de dépendance vis-à-vis de la ressource.

Ostrom développe une théorie sur les capacités et les limites qu'ont les individus à s'auto-organiser et à se doter d'institutions (*self-governing institutions*). Ceux-ci parviennent à dépasser le dilemme des choix publics et à mettre en place leurs propres institutions sans recourir à l'État. Selon l'approche des choix collectifs qu'Ostrom critique, les individus, incapables de parvenir à la résolution d'un dilemme de premier ordre (par ex. pour un aquifère, la course au pompage entre les différents usagers), n'ont aucune raison de pouvoir parvenir à la résolution d'un dilemme de second ordre (par ex. se doter d'institutions pour résoudre le problème de surexploitation). Au contraire, il est possible de dépasser le dilemme de second ordre si le processus est fractionné en plusieurs petites étapes successives, dont les premières ont des coûts très faibles (par ex. la mise en place d'un forum de discussion) et permettent d'établir des relations de confiance et d'incitations mutuelles entre les usagers (Ostrom, 1998).

Les travaux d'Ostrom aboutissent à la proposition d'éléments théoriques pour une compréhension des changements institutionnels. Son institutionnalisme pointe l'importance des règles sur le comportement individuel[3]. Les individus utilisent les institutions pour essayer de changer les règles du jeu afin d'atteindre de meilleurs résultats (Schlager, 1999 : 250). Le changement institutionnel est incrémental, c'est un processus itératif[4]. Un changement majeur est susceptible de

[3] Les règles sont définies comme des prescriptions (devoir, pouvoir et ne pas devoir) partagées qui sont mutuellement comprises et dont il est attendu qu'elles soient mises en œuvre dans des situations particulières par des agents responsables du contrôle et des sanctions (Ostrom, 1999 : 36).

[4] Le problème que rencontrent les appropriateurs d'une ressource collective (CPR) est un problème d'organisation : comment passer d'une situation où chacun agit de manière indépendante à l'adoption de stratégies coordonnées qui permettent de réduire

résulter d'une somme de changements mineurs (Schlager, 1999 : 251). Le changement (ou la création) institutionnel résulte de la possibilité pour les usagers de négocier et de s'auto-organiser, d'une opportunité de gain au changement et du respect d'un certain nombre de principes de *design* institutionnel (Ostrom, 2000 : 46)[5]. Les individus sont incités à s'associer pour se doter d'institutions dans la mesure où le gain individuel tiré de l'action collective dépasse amplement, et pour la grande majorité des usagers, les gains existants en situation de *statu quo* (Ostrom, 1990 : 142). Expliquer le changement institutionnel repose non seulement sur les attributs de la ressource et de la communauté d'usagers, mais aussi, et davantage encore, sur la perception qu'ont les usagers des coûts et bénéfices escomptés du changement, d'une part, et du contrôle et de la mise en œuvre de l'arrangement institutionnel, d'autre part.

La nouvelle économie institutionnelle met l'accent sur l'importance des droits de propriété dans l'accès et l'usage de la ressource. Les droits de propriété sont vus comme des faisceaux de droits, dont le contenu varie relativement facilement et dont le remaniement permet d'atteindre l'allocation la plus efficiente de la ressource, que ce soit sa distribution aux activités les plus productives ou son usage raisonné en faveur de sa durabilité. Toutefois, il serait difficile d'appréhender les règles qui président aux résolutions de rivalités d'usages en se limitant à une approche basée sur les droits de propriété (Kissling-Naef et Varone, 2000 ; Varone *et al.*, 2002). L'analyse des politiques publiques de protection et d'exploitation de la ressource vient renforcer la description de l'environnement régulatif à l'intérieur duquel évoluent les usagers.

2. *L'analyse du design des politiques publiques de l'environnement*

L'analyse des politiques publiques (*policy analysis*) a pour ambition d'expliquer l'État au moyen de ses produits. « We can think of the policy sciences as the disciplines concerned with explaining the policy-making and policy-executing process, and with locating data and pro-

---

l'effort commun et d'augmenter le bénéfice commun ? (Gibson, Ostrom et Ahn, 2000 : 38).

5 Ces principes sont : (1) une définition claire du groupe des usagers et des frontières de la ressource ; (2) une congruence entre les règles d'exploitation de la ressource et les conditions de leur mise en œuvre locale ; (3) la participation inclusive des usagers concernés à l'élaboration des règles ; (4) le contrôle du respect des règles par les usagers eux-mêmes ; (5) la mise en œuvre de sanctions graduelles ; (6) une procédure de règlement des conflits locale, rapide et peu coûteuse ; (7) le consentement des autorités gouvernementales ; et (8) une organisation des règles à plusieurs niveaux (Ostrom, 1990 : 90 ; Nahrath, 2000 : 129).

viding interpretations which are relevant to the policy problems of a given period » (Lasswell, 1951 : 14). Une politique publique peut être définie comme un ensemble de décisions et d'actions que prennent les acteurs politico-administratifs en vue de résoudre un problème défini politiquement comme collectif (par ex. les politiques de qualité des eaux de baignade).

L'analyse des politiques publiques postule que l'État fonctionne selon une approche par problèmes. En raison du nombre de problèmes formulés par la société, celui-ci décide de répondre ou non aux sollicitations qui lui sont formulées (Bachrach et Baratz, 1963). Son action se limite à résoudre les problèmes qu'il désigne comme des problèmes publics et parmi lesquels il sélectionne une série de questions jugées prioritaires. La capacité à faire reconnaître un problème comme public et à le mettre à l'agenda dépend de relations de pouvoirs entre les groupes d'acteurs (Bachrach et Baratz, 1970). L'État ne se mobilise pas systématiquement en fonction de problèmes objectifs. Les problèmes, tout comme les réponses apportées, sont construits socialement et soutenus par une mobilisation politique.

L'analyse du *policy design* est un courant de l'analyse des politiques publiques qui consiste à étudier les mécanismes et les enjeux propres à la formulation d'une politique publique. Elle s'intéresse à la « conception des stratégies d'intervention de l'État » (Varone, 1998 : 12). Aussi bien le processus (*design as process*) que les résultats de l'étape de formulation des politiques (*design as output*) en constituent les sujets d'étude (Schneider et Ingram, 1988 : 62). À des fins analytiques, le *policy design* est découpé en cinq éléments constitutifs : les objectifs, la le modèle causal, les groupes cibles, les instruments et l'arrangement politico-administratif de mise en œuvre (Knoepfel, Larrue et Varone, 2001 ; Schneider et Ingram, 1997 : 81ss).

L'analyse du *policy design* permet de mettre à jour les incohérences conceptuelles des *designs* d'intervention de l'État. En effet, la rationalité ne va pas de soi dans la conduite des politiques publiques. Les politiques publiques sont souvent incomplètes, incohérentes et partiellement mises en œuvre : « Les modalités d'exécution et la nature des résultats d'une intervention étatique sont directement liées à la qualité du *design* de celle-ci » (Varone, 1998 : 18). Dans notre analyse des rivalités entre usagers de l'eau, le *policy design* nous fournit les outils nécessaires à l'analyse des lois qui encadrent le comportement des usagers. Il nous permet de saisir la portée des règles activées par les usagers.

Les politiques d'environnement sont des objets de prédilection de l'analyse du *policy design*, en raison de leur caractère novateur et des effets redistributifs importants qu'elles engendrent. Les travaux se concentrent principalement sur la détermination des objectifs, le choix des instruments, les arrangements politico-administratifs et les jeux d'acteurs relatifs à l'élaboration et à la mise en œuvre des politiques publiques. Les travaux sur le choix des objectifs et des instruments identifient les conditions de ce choix, notamment la construction sociale du problème, les préférences subjectives des décideurs politiques et les réactions attendues de la part des groupes cibles (Larrue et Vlassopoulou, 1999 ; Sabatier et Mazmanian, 1980 ; Dente, 1995 ; Howlett, 2002). En matière de mise en œuvre des politiques publiques, les recherches montrent que le contenu d'une politique publique, une fois arrêté, demeure relativement stable au cours du développement de la politique (Knoepfel, Larrue et Varone, 2001 : 301-310).

En revanche, l'élaboration de la politique est l'objet de luttes où les jeux d'acteurs sont déterminants. Les réseaux que forment ces acteurs gouvernementaux et non gouvernementaux sont dépendants de la formulation du problème (Knoepfel, Larrue et Varone, 2001 : 152). L'État joue cependant un rôle particulier dans l'élaboration et le pilotage des politiques publiques dans la mesure où sa capacité d'action influence la qualité de l'élaboration et de la mise en œuvre des politiques environnementales (Jaenicke et Weidner, 1997 ; Weidner et Jaenicke, 2002 : 5 ; Grant, Perl et Knoepfel, 1999).

Notre travail est issu de l'analyse des politiques publiques environnementales. Sans renier les travaux de nos prédécesseurs, nous approfondissons un moment méconnu de la vie d'une politique publique : son activation par les groupes cibles. L'analyse est élargie à l'activation des droits de propriété qui ont fait l'objet de très peu d'attention en analyse des politiques publiques. Notre intuition de départ est que l'État n'est pas le seul acteur effectivement en charge de l'application des politiques publiques. Les acteurs concernés se réapproprient les règles une fois celles-ci adoptées et les activent pour servir leurs propres objectifs. La production d'*outputs* d'une politique publique peut donc aussi venir d'une mobilisation des groupes bénéficiaires de cette politique (Lascoumes, 1994 : 98). Ainsi, nous nous intéressons à l'activation des politiques publiques et des droits de propriété par les usagers de l'eau dans le but de résoudre leurs rivalités d'usages. Nous essayons d'expliquer pourquoi des usagers, sur le terrain, activent telle ou telle règle dans la défense de leur usage.

L'analyse des politiques publiques seule ne nous permet pas d'appréhender facilement la question des droits de propriété mise en avant par l'économie institutionnelle. Les changements du *policy design* possèdent pourtant des effets redistributifs amplifiés par l'existence de propriétaires et de non propriétaires parmi les groupes cibles. L'intégration des deux éléments repose sur l'utilisation du concept de régime institutionnel de ressource.

B. Le régime institutionnel de ressource

Le régime institutionnel de ressource offre une vision synthétique des modalités de gestion de la ressource. Il présente le cadre institutionnel à l'intérieur duquel évoluent les usagers en intégrant deux modes de régulation du comportement des usagers vis-à-vis de la ressource : les droits de propriété et les politiques publiques. Ce cadre précise les modalités d'accès et d'usage de la ressource et organise les relations entre les usagers.

1. Présentation du régime

Le régime institutionnel de ressource est un cadre analytique qui reprend l'ensemble des règles institutionnelles qui influencent le comportement des usagers d'une ressource naturelle (Aubin et Varone, 2001 : 12). Le régime est plus précisément défini comme :

> An institutional framework which combines the prominent programme elements of a resource-specific protection and/or exploitation policy (= policy design) with a specific arrangement of the formal ownership, disposition and use rights for the goods and services provided by a natural resource (= water rights system) (Varone *et al.*, 2002 : 83).

Le régime est un corpus de règles, formelles (*de jure*) et informelles (*de facto*) qui s'appliquent à l'accès et à l'usage de la ressource. Les règles sont définies comme des prescriptions partagées par les usagers qui réfèrent à des actions exigées, permises ou interdites (Ostrom, Gardner et Walker, 1994 : 38). Le régime résulte de la combinaison des droits de propriété formelle, de disposition et d'usage sur la ressource, d'une part, avec les politiques d'exploitation (par ex. le drainage agricole ou la navigation) et de protection (par ex. l'épuration des eaux ou les débits minimaux des rivières) de la ressource, d'autre part. Le postulat principal de cette approche consiste à considérer que les deux dimensions institutionnelles sont complémentaires et qu'elles doivent être considérées de façon simultanée dans le but de parvenir à une gestion durable de la ressource (Varone *et al.*, 2002 : 82).

Le régime institutionnel de ressource est un outil d'analyse de la gestion des ressources naturelles. Il adopte une perspective de ressource. Au lieu de s'intéresser à tel ou tel aspect particulier du droit des biens (par ex. les servitudes en matière d'écoulement des eaux) ou à telles politiques publiques (par ex. la politique de qualité des rivières), il regarde l'ensemble des dispositions régulatives qui s'appliquent à une ressource et la manière dont elles se combinent (dans des relations de concurrence ou de complémentarité). Dans une perspective de développement durable, le régime permet de mesurer le degré d'intégration de l'ensemble des dispositions régulatives et d'apprécier l'impact de ces dispositions sur le comportement des usagers et sur la durabilité de la ressource. Il relie de manière causale trois composantes majeures de la gestion des ressources naturelles : le cadre institutionnel, les usagers et la ressource naturelle (Nahrath, 2003 : 28-29) (cf. figure 1).

Figure 1 : Relation causale entre le régime et la durabilité

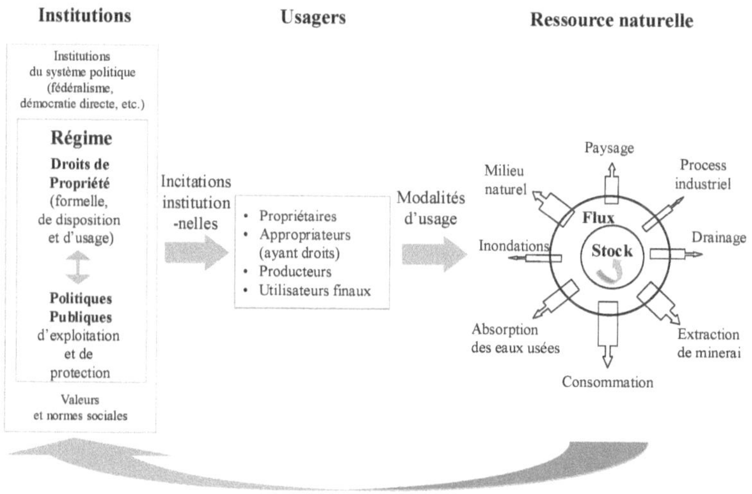

Source : Nahrath (2003 : 29), adapté de Kissling-Naef et Varone (2000 : 238).

Le régime institutionnel permet de mettre en évidence le rôle des institutions dans la gestion des ressources naturelles. Les institutions sont souvent appréhendées comme un ensemble de règles qui établissent les limites des actions ou réactions tolérées dans des situations données et organisent les relations entre les individus de sorte que leurs interactions garantissent une certaine stabilité (*equilibrium*) (Kissling-Naef et Varone, 2000 : 6). Une institution peut aussi bien être une règle formelle ou informelle qu'une organisation[6]. Elle n'a pas d'effet déterminant : « Au contraire, les facteurs institutionnels constituent bien plus un contexte de l'action stimulant, potentialisant ou limitant » (Mayntz et Scharpf, 2001 : 100). Le cadre institutionnel autorise ou entrave les actions des acteurs, mais il ne les détermine pas : « [Il] structure leur

6 Nous parlerons plus volontiers de règles et d'organisations pour éviter toute confusion.

accès aux ressources nécessaires à l'action, influence leurs orientations et modèle des aspects importants des situations auxquelles chaque acteur est confronté » (Mayntz et Scharpf, 2001 : 118). Le régime institutionnel de ressource constitue le cadre institutionnel à l'intérieur duquel les usagers évoluent.

Le régime institutionnel de ressource combine une analyse des droits de propriété et des politiques publiques qui s'appliquent à une ressource donnée. L'imbrication entre les deux éléments constitutifs d'un régime institutionnel (cf. tableau 2) est certainement la plus évidente et la plus tangible au niveau des droits d'usage, qui représentent le véritable *point d'intersection* entre droits de propriété et politiques publiques. Par exemple, la politique de maintien de débits minimaux dans les rivières limite les droits d'usage et de disposition d'un propriétaire de barrage qui produit de l'hydroélectricité. Réciproquement, les droits de propriété existants contraignent la conduite de certaines politiques publiques : par exemple, l'ancienne politique de dilution et d'évacuation des rejets polluants, mais aussi la politique de lutte contre les crues, sont fortement limitées si les riverains n'assument pas leur devoir de curage du lit de la rivière. En traitant simultanément ces deux dimensions, notre cadre théorique vise à mieux rendre compte des variables institutionnelles qui influencent conjointement le comportement des usagers d'une ressource naturelle.

Tableau 2 : Éléments constitutifs d'un régime institutionnel de ressource

Régime institutionnel de ressource	
Droits de propriété sur la ressource	*Politiques publiques* d'exploitation et de protection de la ressource
1. Droits de propriété formelle 2. Droits de disposition 3. Droits d'usage	1. Objectifs 2. Modèle de causalité 3. Groupes cibles 4. Instruments 5. Arrangement de mise en œuvre 6. Outputs

Source : Knoepfel, Kissling-Naef et Varone (2001 : 36).

L'utilité première des régimes institutionnels consiste à mesurer le degré d'intégration des règles qui gouvernent l'accès et l'usage d'une ressource. Une typologie (de nature purement heuristique) des régimes institutionnels de ressource peut être élaborée suite au croisement de deux critères principaux : l'étendue et la cohérence. D'une part, l'*étendue* nous indique le nombre d'usages et de groupes d'usagers qui sont effectivement régulés. Plus le nombre de biens et services régulés est élevé, plus l'étendue du régime le sera aussi. D'autre part, la *cohérence* du régime concerne l'adéquation entre le cercle des propriétaires de la ressource naturelle et le cercle des groupes cibles des politiques publiques. La correspondance entre ces deux groupes d'usagers contribue à éviter qu'un usager soit limité dans son comportement en tant que groupe cible, alors que ce même usager a toute latitude d'action en tant que propriétaire. Plus il y a adéquation entre les groupes d'usagers définis par les droits de propriété et les politiques publiques, plus la cohérence du régime est élevée.

Le croisement de ces deux attributs d'étendue et de cohérence nous permet d'identifier quatre types idéaux de régimes institutionnels de ressource (cf. figure 2) : l'absence de régime, le régime simple, le régime complexe et le régime intégré. Cette classification des régimes est étroitement liée au postulat suivant : seul un régime intégré permet une gestion durable de l'eau, soit la satisfaction de tous les usages en même temps que la renouvelabilité de la ressource. Pour assurer une gestion durable, il faut que tous les usages de la ressource soient régulés (étendue élevée) et que la coordination entre tous les usagers soit effective (cohérence forte). Ainsi, le régime permet d'apprécier la contribution des différentes régulations publiques à la durabilité des usages des ressources naturelles.

Figure 2 : Typologie des régimes institutionnels de ressource

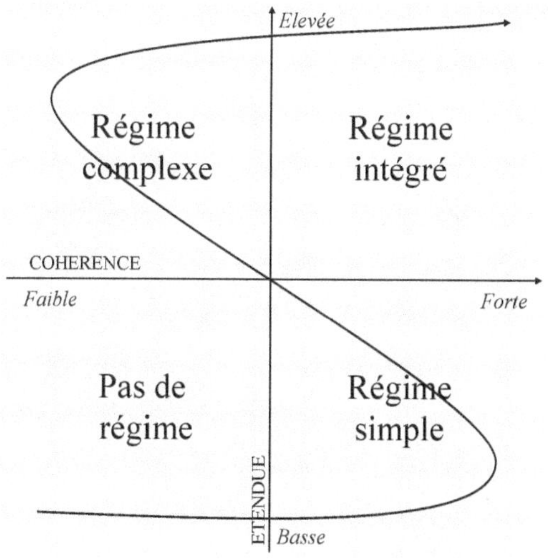

Source : D'après Knoepfel, Kissling-Naef et Varone (2001 : 38).

2. L'intégration des deux dimensions dans le régime

Le régime institutionnel de ressource réunit au sein d'un même cadre analytique l'ensemble des droits de propriété et des politiques publiques qui s'appliquent à la ressource. Les droits de propriété définissent les règles d'accès et d'usage de la ressource. Ils nous renseignent sur les personnes qui possèdent ce droit d'accès et d'usage ou ont le droit de décider de qui peut accéder et user de la ressource. Pour leur part, les politiques publiques réglementent la pratique des usages que les droits de propriété autorisent. Elles sont susceptibles de modifier les droits de propriété (par ex. un permis de bâtir ou un permis d'émission), soit qu'elles créent ou modifient des droits d'usage (par ex. l'interdiction ou la limitation de la pêche), soit qu'elles restreignent les droits de disposition (par ex. par l'établissement d'un permis de rejet d'eaux usées).

Dans les rivalités entre usagers, le régime institutionnel de ressource s'apparente à un plateau de jeu sur lequel se situent les usagers rivaux avec chacun un éventail de règles à activer pour faire valoir leur propre usage de la ressource par rapport à celui du rival (cf. figure 3). Dans une perspective dynamique, aussi bien l'introduction de nouvelles politiques publiques que les modifications des droits de propriété sont des facteurs de changement du jeu, c'est-à-dire de (re-)distribution des droits d'accès et d'usage de la ressource.

Figure 3 : Influence des politiques publiques et des modifications de droits de propriété sur la répartition de l'accès à la ressource

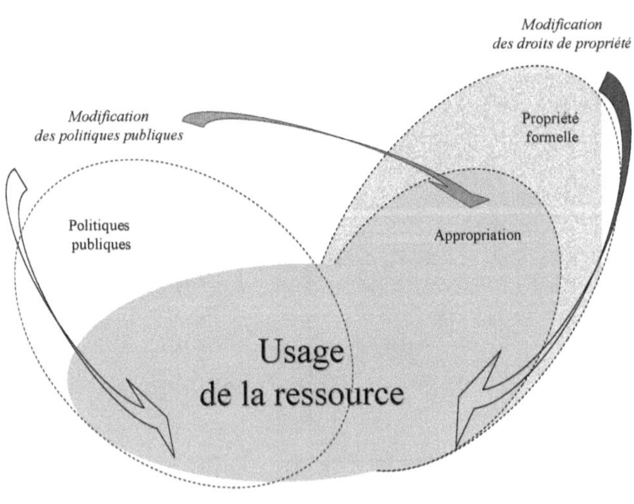

La distribution de droits de propriété entre usagers représente une situation initiale que viennent ensuite modifier les politiques publiques. Ces modifications sont de deux ordres. Les politiques publiques visent principalement à encadrer les pratiques (autorisations, restrictions, incitations, information ou autocontrôle) et modifier le comportement des usagers. Elles produisent principalement leurs effets sur les « ayants droits », bien qu'il leur arrive de désigner et de promouvoir l'accès de nouveaux usagers. Les politiques publiques ne modifient pas profondément la distribution des droits de propriété. Seul un changement de droits de propriété le permet. Il ne s'agit alors plus de modifier le comportement des usagers, mais de remplacer les usagers.

Les droits de propriété et les politiques publiques sont tous deux garantis par l'État, mais ils n'ont pas la même légitimité. Les droits de propriété sont organisés selon des règles anciennes, bien ancrées et relativement simples. Ils sont connus et acceptés autant par les propriétaires que par les autres usagers. Un droit de propriété est relativement facile à activer face à un tiers ou devant une autorité publique. En revanche, l'activation d'une politique publique par un usager nécessite que ce dernier soit effectivement reconnu comme bénéficiaire final de la politique avant de pouvoir faire valoir la règle vis-à-vis de l'usager rival. Les politiques publiques sont parfois moins bien connues des usagers, leur mise en œuvre peu contrôlée et la justice peu réceptive aux plaintes formulées suite à leur non respect.

L'utilisation du régime institutionnel de ressource se distingue d'une analyse plus classique de politique publique sur trois points. D'abord, le régime adopte une approche par ressource. Il réalise une analyse transversale de toutes les politiques publiques appliquées à la ressource et non pas seulement de celles qui agissent sur un problème public ou un secteur particulier. Il fournit un aperçu global de la manière dont la ressource est gérée. Ensuite, il s'inscrit dans une approche historique systématique qui permet de retracer l'évolution du cadre régulatif sur le long terme et de mieux comprendre l'évolution du comportement des usagers. Enfin, sa principale distinction avec une analyse de politique publique consiste à intégrer le système des droits de propriété et ses changements successifs. De la sorte, l'analyse par les régimes permet de pointer les convergences et les incohérences qui existent entre les politiques publiques et les droits de propriété applicables à une ressource donnée.

Alors que les économistes suggèrent que toute incitation à changer de comportement (par ex. l'imposition d'une taxe), est un changement de droits de propriété et que les politologues affirment que tout changement impulsé par l'État est une politique publique, le régime institutionnel de ressource met en évidence la totalité des facteurs institutionnels du changement. Il offre une représentation de la gestion intégrée des ressources naturelles et rend compte de l'importance des droits de propriété dans cette gestion.

C. *Propriété et politiques publiques dans les usages de l'eau*

Les deux attributs du régime institutionnel, les droits de propriété et les politiques publiques, contribuent chacun à l'organisation de l'accès et de l'usage des ressources naturelles.

1. La propriété et le droit d'usage

La propriété est un concept qui couvre aussi bien la possession que la capacité juridique à tirer profit de la chose possédée. La propriété sur l'eau se rattache plus spécifiquement à la propriété du sol, la propriété foncière. À partir de la définition de la propriété, nous opérons une distinction analytique entre trois types de droits de propriété et regardons en quoi cela consiste pour l'eau.

a. Définition de la propriété

Dans sa définition, la propriété est à la fois attribut et possession. En premier lieu, la propriété qualifie les attributs de la personne. Elle est le propre, la qualité particulière de quelqu'un ou de quelque chose (*Larousse*). En second lieu, la propriété est aussi possession, c'est-à-dire la manifestation du pouvoir de la personne sur une chose. Propriété et droit de propriété se confondent dans le langage commun. La propriété désigne le droit par lequel une chose appartient en propre à quelqu'un, tout comme elle désigne la chose elle-même (*Littré*). Il n'est dès lors pas évident de distinguer la propriété du droit d'exercer celle-ci. La propriété établit une relation triadique entre le possesseur, sa chose et les autres (Bromley, 1999 : 66). L'appropriation implique l'exclusion des tiers.

La propriété est avant tout une règle, c'est-à-dire une prescription légale qui s'impose aux acteurs sociaux et qui conditionne leur comportement (Reynaud, 1993). Elle organise le régime des choses. Selon le Code civil, dont nous utilisons la version belge comme référence, « [la] propriété est le droit de jouir et disposer des choses de la manière la plus absolue, pourvu qu'on n'en fasse pas un usage prohibé par les lois ou par les règlements » (art. 544 CC)[7]. Le terme de propriété embrasse sa forme et son contenu, tout autant le titre que l'utilité que l'on peut en

---

[7] Le Code civil belge descend du Code Napoléon de 1804, dont le Code civil suisse de 1912 s'est également inspiré pour définir la propriété, bien qu'il ait écarté la notion de domaine public. Dès lors, en Suisse, la propriété privée et la propriété publique sont soumises à un régime identique.

tirer. Le contenu comprend l'usage (procurer une satisfaction qui n'épuise pas le bien, *usus*), la jouissance (les revenus que l'on peut tirer du bien, *fructus*) et la disposition (le réaménagement de la destination du bien, son démembrement et sa vente, *fructus*), ainsi que la destruction (*abusus*). La propriété est absolue, exclusive et perpétuelle. Le comportement du propriétaire est toutefois limité par les réglementations et les servitudes établies au cas par cas, en fonction de problèmes particuliers, ainsi que le respect de la propriété d'autrui.

La propriété a trait au rapport entre les personnes et les choses. Les choses sont représentées par les catégories du Code civil, parmi lesquelles les biens, meubles et immeubles. Parmi les biens immobiliers se trouve un cas particulier et central dans le Code civil : la propriété foncière. La propriété foncière accorde, avec la propriété du sol, un droit absolu sur tout ce qui se produit sur le terrain concerné. Elle est, de plus, renforcée par le principe d'accession (ou d'incorporation) qui consiste à intégrer à la propriété le droit à tout ce qu'elle produit et tout ce qui s'y unit naturellement ou artificiellement (art. 546 CC), y compris le sous-sol (art. 552 CC). Dans cet esprit, tout ce qui pousse, qui vit ou qui est attaché d'une manière ou d'une autre au bien immobilier, est considéré lui-même comme immeuble et fait partie du bien considéré (par ex. les tuyaux d'adduction d'eau) (art. 516-526 CC).

Deux catégories particulières de choses, les choses communes (*res communes*) et les choses sans maître (*res nullius*) résistent à l'appropriation (par ex. l'eau courante ou l'air). Elles sont définies par le Code civil, qui toutefois ne les distingue pas lui-même (art. 714 CC). Les choses communes sont supposées appartenir à la collectivité et sont placées sous la gestion de l'État qui ne peut pas les vendre ou les aliéner, mais qui peut en céder les droits de disposition sous la forme de concessions (par ex. un droit de pompage ou de barrage sur un fleuve). Les choses sans maître, quant à elles, obéissent au principe du « premier arrivé, le premier servi ». C'est seulement une fois cueillies qu'elle sont appropriées (par ex. un lièvre capturé par un chasseur). Avec le temps et l'évolution des pratiques, les choses communes tendent à s'assimiler à « des choses sans maîtres qui s'acquièrent par simple occupation » (Inserguet-Brisset, 1994 : 18-19). Les choses communes tendent à s'estomper au profit d'une simple distinction entre propriété publique et propriété privée (Inserguet-Brisset, 1994 : 34). La règle évolue, y compris en fonction de la pratique.

Si le droit de propriété, la règle, est relativement immuable, son activation peut servir des buts opposés. La fonction de la propriété évolue en fonction des acteurs qui l'activent (ou qui l'acquièrent). La propriété foncière sert les intérêts du propriétaire, quelles que soient ses motivations d'exploiter ou de protéger la terre[8]. La portée du principe d'accession est, elle aussi, contingente. Le propriétaire du sol peut aussi bien pomper un aquifère (ou le polluer par rejet ou épandage), qu'il peut le protéger en plantant des arbres (par ex. un producteur d'eau potable). Aujourd'hui, l'acquisition de la propriété est de plus en plus utilisée par les usagers des ressources naturelles comme instrument de protection (par ex. d'un marais ou d'un paysage). De ce fait, le profil des propriétaires évolue lui aussi. Une fois réglé le problème de l'accès à la propriété, la règle est neutre vis-à-vis des groupes cibles[9].

Le contenu de la propriété évolue dans le temps, principalement sous l'influence des politiques publiques. En soi, le titre formel de propriété est extraordinairement stable. Il continue d'être défini et régi par les mêmes articles du Code civil, jamais amendés, et les garanties constitutionnelles de son respect n'ont de cesse d'être réaffirmées[10]. Il en est tout autrement du contenu matériel de la propriété qui émane d'un processus de sédimentation des règles, d'amendement de la propriété par adoptions successives de politiques publiques[11] et d'arrangements et de servitudes relevant du droit privé. Celui-ci s'est érodé sous la pression de logiques d'action publique successives. C'est par exemple, le cas des autorisations de captage des aquifères, qui réduisent la capacité du propriétaire foncier d'utiliser des ressources disponibles sur son fond. De nouvelles servitudes ont été créées (par ex. le passage des conduites d'adduction d'eau). Les privilèges liés à la propriété peuvent également devenir des charges. Alors que dans le passé, un propriétaire foncier en Suisse avait le droit d'assécher les marais pour exploiter la terre, il est aujourd'hui désigné par la politique publique comme responsable du bon entretien de ce marais. Le contenu de la propriété est beaucoup plus fluctuant que le caractère inamovible de la règle formelle ne le laisse paraître.

---

8 Par exemple, en Flandre aujourd'hui, les champs auparavant exploités par les agriculteurs sont transformés en réserves naturelles suite à leur achat par des associations environnementales (Aubin et Varone, 2004).

9 Il reste à savoir dans quelle mesure un usager non propriétaire peut avoir accès à la propriété pour protéger son usage et s'il est pertinent pour une collectivité de s'organiser selon le principe de l'unicité de l'usage d'une parcelle de terre, au profit de celui qui l'acquiert.

10 La propriété est protégée par des règles constitutionnelles de différents niveaux (international, supranational, national) qu'il est difficile de modifier et qui n'ont de cesse d'être consolidées (par ex. avec la Convention européenne de sauvegarde des droits de l'homme et des libertés fondamentales du 4 novembre 1950 ou la Charte des droits fondamentaux de l'Union européenne du 18 décembre 2000 (art. 17)).

11 En vertu de l'article 544 du Code civil qui octroie la jouissance absolue d'un bien et de tout ce qui s'y rattache, mais qui ne le confère que dans la limite des lois et règlements en vigueur ou ceux adoptés par la suite.

b. Trois catégories analytiques de droits de propriété

Afin d'appréhender la notion de propriété dans notre travail, nous la déclinons en trois catégories analytiques : les droits de propriété formelle, les droits de disposition et les droits d'usage. Ces catégories permettent de bien identifier les relations que les acteurs nouent entre eux au moyen de la propriété. Les *droits de propriété formelle* correspondent à la possibilité de jouissance maximale, voire absolue, sur le bien (par ex. le droit de tarir la source située sur son terrain). Le détenteur du droit de propriété formel (ou droit de propriété dans le langage commun) est le propriétaire du bien. Il dispose en principe de la totalité de la jouissance sur le bien, y compris le droit de le céder ou le droit de le détruire. Au droit de propriété formelle correspond la totalité du faisceau de droits de disposition et d'usage sur le bien. Le propriétaire formel peut choisir de céder une partie de ces droits de disposition et d'usage sans pour autant se départir de la propriété formelle du bien. Les *droits de disposition* correspondent à la faculté de jouir d'un bien. L'appropriateur, titulaire d'un droit de disposition sur le bien, n'est pas nécessairement le propriétaire formel de celui-ci. Il peut l'avoir acheté ou se l'être fait concédé par le propriétaire pour une période donnée (par ex. la concession d'une rivière pour l'établissement d'un barrage hydroélectrique, la création d'une servitude sur un terrain pour faire passer une canalisation d'eau industrielle ou la location ou la vente d'un captage d'eau souterraine). L'appropriateur peut non seulement utiliser le bien, mais aussi en tirer profit, par exemple en le louant ou en en vendant les fruits. Le *droit d'usage* correspond à la capacité d'accéder à un bien et d'user de ce bien. Pour ce qui est de l'eau, les droits d'usage, sont le droit de pêche, le droit de circulation sur la berge, le droit de navigation, le droit de baignade, etc. Ainsi, la propriété évolue entre différents types (publique ou privée) et confère différents droits aux propriétaires et aux usagers (propriété formelle, droit de disposition et droit d'usage). En règle générale, le propriétaire formel a la prééminence sur l'appropriateur qui prédomine à son tour sur l'usager. Le propriétaire formel peut également conserver l'intégralité de ses droits de disposition et d'usage.

En matière d'usage de l'eau, les usagers qui ne disposent pas d'un droit de propriété sont relativement nombreux. Nous pensons par exemple au baigneur, au kayakiste ou bien même au consommateur d'eau du robinet. La pratique de ces « ayants droits » ne s'exerce pourtant pas dans l'illégalité[12]. En réalité, ceux-ci se voient conférer un accès au bien

[12] La revendication de l'accès à la ressource par le non usager se joue à deux niveaux : la reconnaissance par la politique publique et la défense de l'usage dans une rivalité (avec un propriétaire). Au niveau de la rivalité, le non usager peut notamment accé-

par le propriétaire formel ou l'appropriateur. Moyennant une redevance, le consommateur use, par exemple, du service proposé par le distributeur d'eau et, moyennant un accord pour l'accès aux berges (assorti éventuellement d'une rémunération), le pêcheur peut pêcher. Il est important de souligner l'importance de l'État et de la propriété publique dans l'accès et l'usage de l'eau par les usagers non propriétaires. Ce sont en effet les autorités publiques, qu'elles soient nationales, régionales ou communales, qui possèdent la propriété formelle de certains biens et en font bénéficier certains usagers. Propriété publique ne signifie pas pour autant propriété pour tous. Elle peut être accaparée par un usager privé qui obtient une concession de l'État (par ex. l'utilisation d'une rivière de montagne par la seule compagnie hydroélectrique) et restreint les autres usages. D'autre part, les usagers non propriétaires sont défendus dans leur usage par les politiques publiques, lesquelles, par exemple, peuvent encourager les propriétaires privés à donner accès aux tierces personnes (par ex. un subside pour permettre l'accès des promeneurs aux berges des rivières « privées »). Ainsi, les droits d'usage des usagers non propriétaires sont garantis soit par la tolérance des propriétaires, soit par l'acquisition d'un droit d'usage auprès de ces mêmes propriétaires, soit par des règles de droit public. Ils ont accès à la ressource sans avoir de titre de propriété privée.

c. La propriété sur l'eau

La ressource eau n'est pas soumise à un type de propriété ou à une catégorie de propriétaires (publics/privés) unique. Un régime de propriété publique ou collective ne s'adjoint pas automatiquement à sa reconnaissance éventuelle comme patrimoine commun (par ex. en Région wallonne). Le régime de propriété sur l'eau divise la propriété en fonction de l'utilité de ses usages. Davantage que de propriété sur l'eau, nous devrions parler de droits de propriété sur les biens et services tirés de la ressource eau.

Lorsque l'on cherche à savoir à qui appartient l'eau, il est important de retenir que la propriété sur l'eau est souvent liée à la propriété foncière (propriété du sol). Nous n'entrerons pas à ce stade dans le détail des règles de propriété tant celles-ci changent d'un pays à l'autre[13]. Ce qu'il est essentiel de retenir, c'est que la propriété sur l'eau est généralement bien définie lorsqu'elle est rattachée à la propriété foncière et qu'elle l'est beaucoup moins à partir du moment où ce lien organique

---

der à la propriété par acquisition de droits de propriété (par ex. en Suisse, Pro Natura achète des terrains qu'il transforme en sites protégés).

13 Nous aurons l'occasion de détailler le système de droits de propriété sur l'eau au cours des études de cas.

disparaît. De plus, la propriété sur l'eau constitue un enchevêtrement de droits de propriété formelle, de disposition et d'usage qui changent aussi bien en fonction du support de l'eau (eau courante, eau souterraine, mares, sources, pluie, lacs, etc.) que des arrangements locaux entre usagers (par ex. l'octroi d'une concession pour l'exploitation de la force hydraulique ou l'instauration de débits résiduels minimaux). Éclaircir la répartition des droits de propriété pour un usage donné est une activité qui est loin d'être évidente. L'articulation entre les droits de propriété exercés sur l'eau apparaît essentiellement au cours du règlement de rivalités, au moment où les usagers activent leurs droits.

Dans plusieurs situations et pour un certain nombre de biens et services, l'eau n'est pas sujet à l'appropriation privative. Dans la tradition du droit romain, les rivières navigables ne sont pas privatisables. Elles relèvent du domaine public (propriété publique), ce qui signifie que l'État en assure la gestion, mais sans pouvoir en céder la propriété formelle. Comme gestionnaire, en revanche, il peut octroyer des concessions sur ces rivières (par ex. pour un captage ou un rejet). La rivière navigable en tant que telle est une chose commune, mais les parties d'entre elles deviennent des biens appropriables privativement (Jadot, 1996). Ceci n'est pas le cas pour tous les types d'eau. Une source est un bien immobilier attaché à la terre, une nappe souterraine est une chose sans maître mais dont l'accès nécessite de pénétrer sur un terrain privé et, bien que le flot d'une rivière non navigable soit une chose commune, tous les droits sur cette rivière appartiennent aux riverains.

En dépit de l'apparente complexité des droits de propriété sur l'eau, la division analytique en trois grandes catégories utilisées dans le régime institutionnel de ressource nous permet de brosser un aperçu du partage de cette propriété pour chaque périmètre étudié. L'analyse des politiques publiques complète cet aperçu.

2. La réglementation des usages

L'analyse des politiques publiques nous éclaire sur les actions de l'État qui visent, dans un secteur donné, à modifier le comportement des usagers, qu'ils soient ou non propriétaires. Dans la plupart des cas, les politiques publiques n'ont pas pour objectif de modifier le système des droits de propriété. Elles formulent des injonctions plus ou moins contraignantes aux groupes de personnes qu'elles désignent. Le courant du *policy design* identifie cinq éléments constitutifs d'une politique publique : l'objectif, le modèle causal, les instruments, l'arrangement politico-administratif, les groupes cibles et les bénéficiaires finaux (Knoepfel, Larrue et Varone, 2001). Il fournit les outils conceptuels qui permettent de mettre à jour l'articulation entre les différents éléments de la politique publique et de rendre explicite la logique d'action de celle-ci. Le *design* d'une politique publique est donc un construit analytique qui nous permet de décrire les modalités d'action de l'État et leur incidence plus ou moins grande sur les droits de propriété.

Les objectifs d'une politique publique répondent à des problèmes publics. « Une politique publique vise à résoudre un problème social, reconnu politiquement comme public, et nécessitant le rétablissement de la communication interrompue ou menacée entre plusieurs acteurs sociaux » (Knoepfel, Larrue et Varone, 2001 : 31). L'existence même d'une politique publique suppose donc la reconnaissance d'un problème social qui doit être résolu par l'autorité publique (par ex. lutter contre les pollutions qui menacent les prélèvements en eau potable, limiter la circulation des kayaks en période d'étiage pour protéger les frayères, interdire la construction en zones inondables, etc.). L'objectif de la politique publique consiste précisément à éradiquer le problème public auquel la politique publique est censée répondre.

Le modèle causal (*rationale*) de la politique publique articule l'objectif visé avec les bénéficiaires de l'action, la désignation des responsables du problème public ou, du moins, des personnes dont le comportement influe sur le problème public, et les moyens de modifier leur comportement en vue de résoudre le problème (cf. figure 4). Il identifie des liens causaux entre, d'une part, l'objectif de la politique publique et les groupes cibles identifiés (hypothèse causale) et, d'autre part, le choix des instruments qui devraient être appliqués aux groupes cibles afin d'atteindre l'objectif de la politique publique (hypothèse d'intervention) (Rossi, Lipsey et Freeman, 2004 : 120ss ; Knoepfel, Larrue et Varone, 2001 : 66-67 ; Bussmann, Kloeti et Knoepfel, 1998 : 74-75). Le modèle causal atteste de la cohérence des différentes composantes de la politique et conditionne son efficacité.

Les *instruments* de la politique sont les leviers d'action de l'État sur le comportement des groupes cibles. Ils sont définis comme : « les moyens [...] par lesquels l'État conduit des acteurs individuels et collectifs à prendre des décisions et à mener des actions qui sont compatibles avec les objectifs de la politique publique qu'il poursuit » (Varone, 2000 : 168). Nous distinguons quatre types d'instruments : prescriptifs, incitatifs, informatifs et auto-régulatifs. Les *instruments prescriptifs* octroient et imposent des droits et des devoirs par la voie légale. Ce sont principalement des mécanismes d'interdiction et d'autorisation (par ex. une autorisation de captage, un permis de rejet ou la limitation des dates de pêche). Les *instruments incitatifs* incitent financièrement le groupe cible à modifier son comportement. Ces incitations, appelées aussi instruments économiques, peuvent être soit positives (par ex. un subside pour la renaturation des berges) ou négatives (par ex. une taxe sur les rejets ou une redevance pour la navigation). À la différence des deux premiers types, les instruments informatifs et auto-régulatifs sont des instruments non contraignants. Les *instruments informatifs* font prendre conscience au groupe cible des conséquences négatives de son comportement pour la société ou pour d'autres groupes d'acteurs (par ex. l'étiquetage des produits toxiques). Ils fonctionnent selon l'idée que les comportements abusifs sont le fait d'une méconnaissance de leurs conséquences. Les *instruments auto-régulatifs* sont de toute autre nature. Ils consistent pour l'État à négocier le changement de comportement du groupe cible avec celui-ci, sur une base volontaire (par ex. l'abaissement graduel des rejets de chrome dans les eaux de surface par l'industrie sidérurgique). Ils prennent la forme d'accords contractuels soit entre l'État et le groupe cible, soit entre les différents acteurs qui constituent le groupe cible (par ex. un accord de branche). À l'intérieur du modèle de causalité des politiques publiques, le choix des instruments dépend théoriquement de l'hypothèse d'intervention, ce qui est loin d'être le cas dans la réalité.

Figure 4 : Triangle de base des acteurs d'une politique publique

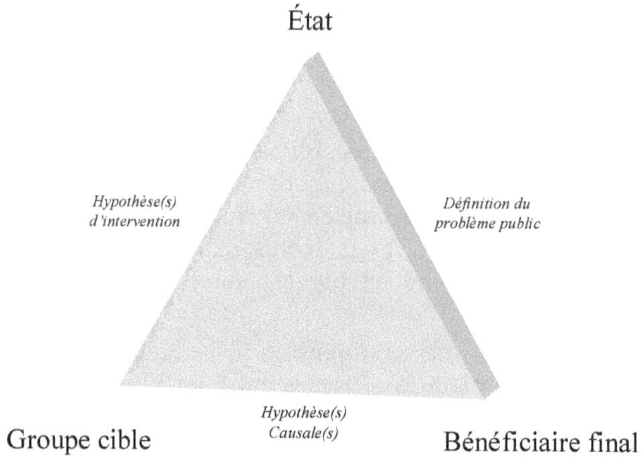

Source : Knoepfel, Larrue et Varone (2001 : 65).

Pour que la politique publique s'applique, pour qu'elle se traduise en effets tangibles sur le corps social, il est nécessaire d'envisager en amont son processus de mise en œuvre, que nous appelons un arrangement politico-administratif. L'arrangement politico-administratif rassemble les modalités de mise en œuvre de la politique publique et identifie les acteurs de mise en œuvre de ce processus, ainsi que les ressources (d'action) dont ceux-ci disposent pour effectuer ces tâches. Il désigne : « les autorités et services administratifs compétents (acteurs publics), ainsi que toutes les autres règles institutionnelles spécifiques à la mise en œuvre de la politique publique » (Knoepfel, Larrue et Varone, 2001 : 182). Les compétences de mise en œuvre sont souvent réparties entre plusieurs services et plusieurs niveaux de pouvoir.

Les groupes cibles sont les acteurs ou groupes d'acteurs dont le comportement doit changer pour que l'objectif de la politique publique soit atteint. « Les *groupes cibles* se composent des personnes (physiques ou morales) et des organisations de ces personnes dont le comportement est jugé politiquement comme la cause (in)directe du problème collectif que la politique publique cherche à résoudre » (Knoepfel, Larrue et Varone, 2001 : 62). L'activité de ces groupes cibles fait donc l'objet d'une intervention concrète de l'État. Des obligations leur sont imposées ou des droits leur sont conférés. L'identification des groupes cibles des politiques publiques tend à devenir de plus en plus spécifique à mesure que l'intervention publique s'accroît dans la gestion des ressources naturelles.

Les groupes cibles, s'ils sont au cœur de la logique d'action des politiques publiques, ne sont cependant pas les seuls groupes d'acteurs sur lesquels la politique publique a un impact. Les *bénéficiaires finaux*, pour leur part, sont directement affectés par le problème à résoudre. Ils bénéficient de la politique publique et du changement induit dans le comportement des acteurs.

Ce découpage de la politique publique nous permet de reconstruire la logique de l'intervention publique dans la gestion d'une ressource naturelle. C'est toutefois le croisement des droits de propriété et des politiques publiques qui offre la représentation la plus complète des modalités de gestion d'une ressource naturelle et de régulation de la conduite des usagers.

Tous les éléments sont désormais en place pour aborder la question de la résolution des rivalités d'usages entre les usagers de l'eau. Nous avons vu que le développement durable était une orientation forte et croissante des politiques publiques d'environnement. Celui-ci constitue un but vers lequel tendre dans la distribution de l'accès et de l'usage des ressources naturelles. En même temps, l'hétérogénéité des usagers rend difficile toute coordination en fonction de la ressource. Le régime institutionnel tente de relever le défi en combinant les droits de propriété et les politiques publiques au sein d'un même cadre d'analyse. L'ensemble des concepts détaillés dans ce premier chapitre nous permet maintenant de présenter notre modèle d'analyse des résolutions de rivalités entre usagers de l'eau. L'arrangement local qui met fin à la rivalité par accord entre les usagers ou par décision coercitive de l'État est placé au cœur de ce modèle. Nous postulons que les rivalités entre usagers d'une même ressource sont résolues selon un processus d'activation des règles existantes, puis de confrontation de ces règles, qui aboutit à un arrangement local supposé conduire à des usages plus durables de la ressource.

CHAPITRE 2

La résolution des rivalités d'usages

La durabilité de la ressource nécessite une intégration, une gestion cohérente et coordonnée des différents usages de celle-ci. Le comportement des usagers est encadré par le régime institutionnel de ressource qui distribue l'accès à la ressource et détermine les modalités d'usage de cette ressource. Seulement, le régime, comme ensemble de règles, n'est pas infaillible. Il ne parvient pas à intégrer parfaitement tous les usages, étant données ses incohérences intrinsèques, mais aussi l'évolution constante des usages. Dès lors, des rivalités apparaissent entre les usagers. Comment les usagers font-ils pour les résoudre ? Ce chapitre présente un modèle d'analyse des résolutions de rivalité. Il part de l'idée que les usagers activent des composantes du régime pour défendre leur usage et confrontent ces règles en vue de résoudre la rivalité. L'arrangement local est une réponse apportée par les usagers à la rivalité. Nous présentons les concepts et les variables du modèle d'analyse avant d'en énumérer les hypothèses.

I. L'arrangement local au cœur de la résolution

L'arrangement local apporte une réponse aux rivalités qui apparaissent entre les usagers. La rivalité naît, à l'intérieur d'un même périmètre de ressource, de l'exploitation simultanée de biens et services concurrents. La pratique ou l'intensité d'exploitation d'un usager grève les usages des autres dans leur continuité ou leur développement. Pour résoudre cette rivalité, les usagers recherchent un arrangement local. Cette présentation de l'arrangement local, la variable à expliquer du modèle d'analyse, débute avec une définition de la rivalité et montre comment la rivalité peut être résolue.

A. Les rivalités et leur résolution

Le terme de rivalité vient du terme latin *rivalis*, qui signifie la lutte entre riverains (Dimitrov, 2002 : 685). La notion de rivalité serait donc née des conflits pour l'allocation de l'eau entre propriétaires riverains. Sur le plan conceptuel, la rivalité, issue de la micro-économie, a trait aux conditions de partage d'un bien entre deux consommateurs. Elle se distingue du conflit, un concept plus souvent utilisé en science politique, par le caractère non nécessairement hostile de la confrontation. Sans exclure la possibilité d'un tournant conflictuel de la confrontation entre usagers rivaux, la rivalité d'usage ne débouche pas systématiquement sur le conflit. Les usagers « résolvent » une rivalité, ils parviennent à y apporter une réponse plus ou moins satisfaisante pour chacune des parties.

1. Apparition de la rivalité d'usages

Le partage de la ressource donne lieu à des rivalités d'usages. Une rivalité est une lutte pour l'allocation d'une ressource entre des usagers qui en tirent différents biens et services. Ces usagers sont en concurrence pour l'appropriation et l'usage d'une même ressource, située à l'intérieur d'un même espace fonctionnel, dans la mesure où le volume de ressource disponible est limité et qu'il fait l'objet d'un partage entre eux (Sproule-Jones, 1982). La rivalité commence lorsque l'usage de l'un affecte ou compromet l'usage de l'autre. À l'échelle d'un aquifère, par exemple, la concurrence existe entre les différents usagers qui y pompent l'eau souterraine pour produire des biens et services ; l'agriculteur pour assurer l'irrigation de ses champs, l'industriel pour y trouver une eau de bonne qualité (et à bas coût) nécessaire à son procédé de fabrication et le distributeur d'eau potable pour assurer l'approvisionnement en eau potable. Ces usagers prélèvent la même ressource au même moment. La rivalité émerge à partir du moment où au moins l'un d'entre eux, à conditions d'exploitation inchangées, n'a plus la quantité ou la qualité d'eau nécessaire à la production du bien ou service ou n'a pas la garantie d'avoir cette quantité ou cette qualité d'eau à l'avenir. Les pressions exercées sur la quantité ou la qualité de la ressource peuvent être tout aussi problématiques l'une que l'autre. Le distributeur d'eau, pour poursuivre notre exemple, peut entrer en rivalité, non pas avec les autres usagers (directs) qui pompent dans l'aquifère, mais avec des usagers indirects de cet aquifère. Un agriculteur peut épandre du lisier dans la zone de drainage et polluer l'aquifère ou un particulier avoir une fuite à sa cuve de mazout. La ressource devient rare du fait que sa qualité se dégrade. Ainsi, la rivalité entre usagers naît d'une situation initiale de concurrence qui conduit à une raréfaction, immédiate ou différée, de la ressource[1].

La rivalité se situe à l'intérieur d'un périmètre fonctionnel, déterminé par la ressource et par la localisation des usagers rivaux. Elle s'insère dans un espace géographique déterminé, qui peut être le bassin de

1 La rivalité apparaît aussi bien lorsque les usagers convoitent des biens et services différents que lorsqu'ils convoitent le même bien ou service (Ostrom, 1990). Pour notre part, nous nous concentrons sur les usages multiples et les usages conjoints.

drainage d'un aquifère, un bassin hydrographique ou le cours d'une rivière. Le périmètre de la ressource n'est pas donné à l'avance, il est construit selon la rivalité (cf. figure 5). Le bassin de drainage de l'aquifère est plus ou moins grand, en fonction de la taille de celui-ci et des interconnections possibles avec d'autres aquifères. Le bassin hydrographique peut, lui aussi, tout aussi bien être un district hydrographique transfrontalier qu'un sous-bassin régional. Une rivalité peut aussi bien se produire dans un très grand périmètre que dans un très petit. C'est la relation fonctionnelle créée par la ressource entre les lieux d'exploitation qui importe pour déterminer le périmètre de la rivalité. En guise d'exemple, les rejets de sel dans le Rhin par les mines de potasse alsaciennes ont longtemps affecté la production d'eau potable aux Pays-Bas. L'augmentation de la salinité du Rhin, entre autres effets écologiques désastreux, mettait en péril la production d'eau potable à des centaines de kilomètres en aval. Le périmètre de la rivalité était le cours du Rhin[2]. Le cas des inondations de la basse vallée de la Vesdre relève d'un périmètre plus réduit ($C_{2\ \text{Inondations}}$). En période de fortes pluies, le barrage situé en amont laissait passer le trop-plein d'eau, ce qui provoquait des inondations dans les zones habitées en aval. Dans ce cas, la rivalité s'inscrivait dans un sous-bassin hydrographique.

Figure 5 : Identification des périmètres de rivalité à l'intérieur d'un bassin versant

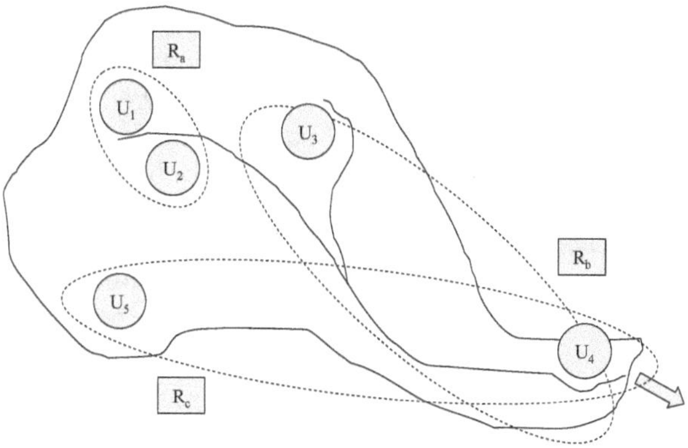

Remarque : Le périmètre de la rivalité est un espace fonctionnel. Dans un même bassin, différents périmètres de rivalité peuvent être définis en fonction des rivalités observées (R_a, R_b et R_c), qui lient entre eux les usagers impliqués (U_1 et U_2 pour R_a, U_3 et U_4 pour R_b et U_5 et U_4 pour R_c). L'unité de lieu n'est pas obligatoire pour qu'il y ait rivalité d'usages (c'est le cas seulement pour R_a).

[2] Cette rivalité fut d'ailleurs un des motifs de la mise en place de la Commission internationale pour la protection du Rhin.

Pour qu'il y ait rivalité, une relation fonctionnelle doit exister entre les lieux d'exploitation de la ressource. Par exemple, nous ne considérons pas comme des rivalités des cas de concurrence d'exploitation entre producteurs d'eau minérale dès lors que ceux-ci exploitent des aquifères qui ne sont pas liés entre eux, même si ces derniers relèvent du même bassin versant. De même, nous ne retiendrions pas le cas d'une association environnementale qui proteste contre des pollutions industrielles situées en aval de la zone écologique qu'elle protège, bien que les lieux d'exploitation ou de protection puissent être très rapprochés. Ainsi, nous écartons les cas où la relation fonctionnelle n'existe pas entre les deux usages.

La rivalité naît de la rareté de la ressource, que celle-ci soit absolue ou relative. La rareté absolue est une situation où la ressource est rare pour tous les usagers, sans distinction, tandis que la rareté relative n'affecte qu'un seul groupe d'usagers, en raison d'un partage inégal de la ressource. Dans le cas de l'eau, la rareté absolue correspond à une quantité (ou une qualité) d'eau absolument insuffisante pour satisfaire les usages des usagers d'un même périmètre. Si la rareté absolue varie, dans le temps ou dans l'espace, en fonction des aléas climatiques et de l'intensité des usages, la rareté relative est une contingence sociale qui dépend du mode de partage de la ressource. Il est néanmoins évident que l'accroissement de la rareté renforce les problèmes de redistribution entre usagers et accroît la pression sur les usagers mal servis.

Dans la gestion des ressources naturelles, la rivalité entre usagers devrait être quasi-permanente, compte tenu de l'état des ressources et des productions simultanées de biens et services concurrents. Seulement, les rivalités sont encadrées et régulées par des règles dont la première fonction est d'assurer le partage de l'accès à la ressource, de manière non conflictuelle, ainsi que la protection de celle-ci. La plupart des rivalités potentielles sont contenues par la régulation et seules les rivalités qui sont l'objet de tensions apparaissent. Les rivalités contenues sont des rivalités arrangées, régulées, qui n'empêchent pas les usagers de coexister.

Les périodes de tension, en revanche, sont révélatrices des rivalités. Elles permettent d'observer les processus d'organisation du partage de la ressource entre des usagers locaux. Ce sont les rivalités prises en charge par les usagers, celles qui mettent en évidence les efforts pour aboutir à une résolution, qui nous intéressent ici. Le passage d'une situation de rivalité potentielle à une période de tension résulte de l'apparition d'un besoin d'*ajustement* entre des usages initialement encadrés par le régime institutionnel de ressource[3]. Dans la mesure où la rareté de la ressource s'accroît, en fonction de l'évolution des conditions naturelles ou des pratiques des usagers, les composantes du régime qui régulent le partage de la ressource ne sont plus adaptées et doivent être ajustées pour tirer les conséquences de la nouvelle situation.

Une rivalité peut être une situation proche du conflit, voire se transformer elle-même en conflit. La notion de conflit est beaucoup plus courante en science politique que celle de rivalité. Nous avons cependant préféré ne pas utiliser ce concept pour identifier les antagonismes entre usagers de l'eau. Le conflit est, si l'on reprend la définition de Julien Freund (Freund, 1983), une relation antagonique où l'*hostilité* entre les parties est forte. La rivalité, pour sa part, n'illustre pas nécessairement une relation hostile entre les usagers et rend également compte de simples relations de concurrence.

Il existe une différence conceptuelle fondamentale entre le conflit et la rivalité :

> Le conflit consiste en un affrontement ou heurt *intentionnel* entre deux êtres ou groupes *de même espèce* qui manifestent les uns à l'égard des autres une *intention hostile*, en général à partir d'un *droit*, et qui pour maintenir, affirmer ou rétablir le droit essaient de *briser la résistance de l'autre*, éventuellement par le recours à la *violence*, laquelle peut, le cas échéant, tendre à l'anéantissement physique de l'autre (Freund, 1983 : 65).

Tout d'abord, l'intentionnalité n'est pas nécessaire à l'existence d'une rivalité. Les usagers n'entrent pas forcément en conflit. Ils s'y trouvent placés du fait de l'incompatibilité des usages qu'ils font de la ressource. Ensuite, l'intention hostile, c'est-à-dire le dessein de nuire à autrui, de lui porter une atteinte physique ou matérielle, n'est pas non plus consubstantielle de la rivalité. Les usagers de l'eau peuvent être placés dans une situation de rivalité sans pour autant que l'un soit hostile à la pratique de l'autre, qu'il cherche à éliminer cet autre. Cependant, la rivalité peut tout de même déboucher sur un conflit. En quelque sorte, le conflit est une forme extrême de rivalité, caractérisé par l'intention hostile et l'exercice d'une forme de violence.

La rivalité est un concept plus englobant. Dans une rivalité, deux acteurs ou groupes d'acteurs sont placés dans une situation antagonique du fait de leurs activités ou de leurs opinions. La rencontre entre les deux protagonistes, préalable à l'irruption d'un conflit, n'est même pas évidente, car ceux-ci n'ont pas nécessairement les mêmes droits, ni ne poursuivent les mêmes objectifs. De plus, les usagers hétérogènes de

---

3 Le concept d'ajustement est plus dynamique que celui d'équilibre, plus communément répandu dans la littérature du *public choice* (Shepsle, 1989 ; Ostrom, 1990 : 58).

l'eau n'ont pas nécessairement le même usage de la ressource et ne sont pas soumis aux mêmes règles en matière de protection ou d'exploitation de la ressource. Leur rencontre ne peut découler que de la rareté croissante de la ressource, à partir du moment où celle-ci menace la pérennité de l'usage de l'un des usagers. La rivalité naît de l'incompatibilité entre les exploitations de la ressource menées par les différents usagers.

La rivalité représente un continuum dans l'antagonisme des acteurs qui, en fonction du degré d'hostilité, va de la concurrence (faible degré) au conflit (fort degré). Elle englobe les différents types de relations antagoniques que peuvent entretenir les acteurs. La concurrence et le conflit sont inclus dans un même concept, ce qui ne signifie pas pour autant que l'on doive les confondre. Ces deux extrêmes dans les relations antagoniques se distinguent bien en fonction du degré d'hostilité entre les parties :

> On ne saurait confondre, à la manière de certaines théories modernes, le conflit avec la compétition ou la concurrence. Celles-ci traduisent une rivalité normale dans une société et affectent tous les domaines, aussi bien celui de l'économie que de l'art, ou de la religion. Autrement dit, la rivalité subsiste dans la compétition, mais avec une exclusion du recours à la violence (Freund, 1983 : 80).

L'intention hostile est le plus souvent absente des rivalités.

2. *La résolution des rivalités d'usages*

Les usagers apportent des solutions aux problèmes que leur pose la situation de rivalité dans laquelle ils se trouvent. Ils façonnent des arrangements locaux spécifiques, adaptés à la situation locale. Bien que les usagers s'appliquent directement à résoudre le problème entre eux, les mécanismes de résolution de rivalités se construisent à partir du régime institutionnel de la ressource et tendent à le respecter.

Une résolution de rivalité ne fait pas nécessairement disparaître totalement la rivalité, elle peut simplement atténuer cette rivalité, la rendre supportable pour les usagers. Nous considérons la résolution de rivalité comme une situation que respectent les usagers concernés, même si la pression objective du problème n'a pas totalement disparue. Le fait qu'une rivalité soit simplement gérée ou maîtrisée est, à nos yeux, considéré comme une résolution. Une résolution de rivalité peut donc correspondre non seulement à une suppression du problème, mais aussi à une simple atténuation de ce problème qui rend la rivalité supportable pour les parties. Il s'agit davantage de s'accommoder de la rivalité que de la supprimer purement et simplement. C'est le problème que pose la rivalité pour les usagers qui doit disparaître, pas la rivalité elle-même.

Une résolution de rivalité implique un changement soit dans la distribution des accès à la ressource, soit dans une modification de l'état de la ressource elle-même. À notre sens, la rivalité se trouve résolue soit par sa disparition, soit par l'apport d'une solution. Dans le cas de la disparition ou de la suppression, la rivalité disparaît d'elle-même ou suite à l'arrangement adopté. D'une part, la rareté de la ressource peut disparaître, en raison d'une amélioration des conditions climatiques ou de la découverte de nouvelles ressources. Ce cas de disparition du problème ne dépend d'ailleurs pas de l'arrangement local. D'autre part, la rivalité peut être supprimée soit en raison de l'apport d'une solution technique (par ex. la construction d'un aqueduc d'eau potable à Spa pour réserver l'usage des sources locales à la production d'eau minérale), soit de la suppression d'un usage (par ex. un décret d'interdiction de la baignade dans des zones récréatives frappées par de trop importantes pollutions industrielles ou l'expropriation d'un fermier dont l'exploitation causait dommage à des captages d'eau potable).

Dans le cas de l'apport d'une solution, la résolution est atteinte au moyen d'une redistribution de la ressource entre les usagers. Celle-ci peut être plus ou moins égalitaire, en fonction de la contribution de chacun des usagers à la protection et à l'entretien de la ressource. Dans ce cas, la résolution de rivalité peut être négociée ou être le fruit d'une contrainte imposée par le droit ou par la force. Il y a résolution de rivalité dans la mesure où les usagers considèrent la solution comme acceptable ou bien se plient à cette solution.

Une rivalité n'est pas systématiquement résolue, en dépit des problèmes qu'elle entraîne. Dans les situations de non résolution, la rivalité perdure. Les usagers ne parviennent pas à trouver un terrain d'entente sur le partage et la gestion de la ressource et l'État ne vient pas non plus régler cette rivalité. Une situation de non résolution peut durer de nombreuses années, une fois que le problème a été mis en avant par les usagers concernés.

Une résolution de rivalité n'améliore pas systématiquement la durabilité de la ressource. Elle peut rester sans effet sur l'état de la ressource ou bien ne pas apporter de solution durable. En effet, les usagers peuvent s'entendre entre eux sur le partage de la ressource, au détriment de celle-ci. Il est probable, néanmoins, que cet accord scellé entre les usagers ne tienne pas et que la rivalité rejaillisse si la ressource continue à se dégrader. Il est donc important de rester attentif à la durabilité de la ressource dans l'analyse des résolutions de rivalité. Même si la question de la durabilité de la ressource n'est pas réglée, il ne faut pas négliger l'importance de la conclusion d'un arrangement entre les usagers. Le simple fait de reconnaître collectivement l'existence d'un problème est une étape importante de sa prise en charge et de sa résolution. C'est pourquoi, nous nous intéressons à toutes les formes de résolutions de rivalités quel que soit leur impact en terme de durabilité de la ressource.

B. L'arrangement local : présentation de la variable à expliquer

Nous nous interrogeons sur les formes que l'arrangement local doit prendre pour qu'il y ait résolution de rivalité. L'arrangement local est-il le fait des usagers eux-mêmes ou réclame-t-il l'intervention d'un tiers ? Se réalise-t-il avec ou sans arbitrage de l'État ? En d'autres termes, l'arrangement local est-il consenti ou imposé aux parties ? Nous retenons quatre idéaux-types d'arrangements locaux élaborés en fonction du caractère imposé ou consenti de la décision et de la redistribution des coûts de la résolution.

1. Définition de l'arrangement local

L'arrangement local est un ensemble de décisions et d'actions prises pour résoudre la rivalité. Sa nature varie en fonction de l'état de la ressource, des usages impliqués (ou biens et services) et surtout de l'activation des composantes du régime institutionnel. L'arrangement local est une sorte d'accord, plus ou moins consenti ou imposé aux usagers concernés. Il réalise un ajustement dans la distribution de la ressource, en vue de résoudre la rivalité et, de ce fait, annonce un changement dans le comportement des usagers.

L'arrangement local est le produit d'une activation des règles par les usagers, soit des droits de propriété ou des politiques publiques, qu'ils font valoir l'un à l'autre pour défendre leur usage et trouver une issue à la rivalité. C'est une fois investis de ces règles qu'ils vont entamer des négociations ou saisir une autorité pour réclamer un arbitrage : soit les deux usagers décident de négocier entre eux, soit un usager invoque une règle auprès d'une autorité publique pour en réclamer l'application. Si l'autorité publique lui donne raison, l'autre usager se verra imposer le règlement de la rivalité. Bien qu'initié par les usagers, la conclusion de l'arrangement local leur échappe partiellement.

L'arrangement local se révèle de façon tangible sous la forme de décisions de justice, de conventions, d'accords informels, d'arbitrages par une tierce partie, etc. En voici quelques exemples :

- Une convention sur les lâchers d'eau et les débits minimaux signée entre un gestionnaire de barrage, une fédération de pêcheurs et une fédération de kayakistes ;
- Une décision de justice qui contraint l'opérateur de distribution d'eau à fournir à ses consommateurs une eau conforme aux normes de potabilité ;

- La mise en place de mesures volontaires par les usagers en rivalité suite à une procédure de concertation ;
- L'acquisition d'une zone de captage d'eau souterraine par un producteur d'eau potable qui lui permette d'exclure tous les autres usages de la ressource, qu'ils soient directs (par ex. un pompage privé) ou indirects (par ex. l'épandage de lisier) ;
- La mise en place d'un système d'autorisation pour la navigation sur un lac de barrage, afin d'éviter toute pollution de la ressource destinée à la production d'eau potable.

Cependant, à des fins analytiques, il est utile de catégoriser les formes possibles qu'un arrangement local peut prendre. Nous qualifions les arrangements locaux au moyen de deux attributs : le degré de coercition de l'accord et la répartition des coûts entre les usagers. Le *degré de coercition* permet de voir si les usagers parviennent à négocier l'arrangement entre eux, de manière volontaire, ou bien si cet arrangement leur est nécessairement imposé par une autorité extérieure. La *répartition des coûts (nets)*, ensuite, nous renseigne sur la façon dont les usagers subissent la charge de l'arrangement local. Les coûts de l'arrangement peuvent être égalitaires, lorsque les coûts sont imputés de façon égale à l'un et à l'autre, ou redistribués lorsque l'adaptation est à la charge d'un seul des usagers. Le croisement de ces deux attributs nous permet de déterminer *quatre formes idéales-typiques* d'arrangements locaux qui couvrent les différentes formes tangibles présentées en exemple.

L'arrangement local, n'est pas nécessairement scellé au niveau local, mais sa portée est le plus souvent locale. Il peut être décidé à tout niveau autre que celui auquel le processus est déclenché ou auquel la rivalité se produit (par ex. dans $C_{1\ \text{Verviers}}$, le non respect des normes de concentration du plomb dans l'eau potable à Verviers a fait l'objet d'une décision de la Cour de Justice des Communautés européennes, après avoir été condamné par la Cour d'Appel de Liège). L'arrangement local se distingue clairement du régime institutionnel de ressource, et particulièrement du régime local. C'est une réponse ponctuelle à un problème donné. Il active les règles issues du régime local, les rend effectives, et son adoption n'est pas non plus sans influence sur celui-ci (Knoepfel, Kissling-Naef et Varone, 2003). Il le modifie à la marge, toujours en relation avec le problème posé, du fait qu'il interprète des règles de ce régime local, qu'il instaure la primauté d'une règle sur une autre ou même qu'il introduit une nouvelle règle substantielle. La somme des arrangements locaux qui se produisent sur un territoire donné (par ex. un sous-bassin hydrographique) n'est donc pas sans effet sur le régime local. Ainsi, l'arrangement local se situe à un niveau d'action micro, même si sa réalisation nécessite l'activation de règles de niveaux multiples. Il révèle le régime en action et peut y apporter des modifications résiduelles, mais sans jamais se confondre avec celui-ci.

2. *Les attributs de l'arrangement local*

Nous caractérisons l'arrangement local au moyen de deux attributs : le degré de coercition de l'arrangement et la distribution des coûts entre les usagers. Il nous paraît d'un faible intérêt de repérer les formes tangibles d'arrangements locaux. Une telle démarche ne nous renseignerait ni sur le processus qui conduit à l'arrangement local, ni sur les chevauchements entre les caractéristiques des diverses formes tangibles (par ex. une convention sur les lâchers d'eau ou les débits résiduels au pied des barrages peut être soit un arrangement transactionnel, soit un arrangement concédé, selon que les coûts sont plus ou moins élevés pour le barragiste ; de même une décision de justice peut être un arrangement par arbitrage ou un arrangement compensatoire en fonction des indemnisations éventuellement exigées par le juge).

a. Le degré de coercition : accord consenti ou décision coercitive

Le *degré de coercition* correspond à l'obligation d'accepter l'arrangement local et non pas à la contrainte de respecter les termes de l'accord. L'État est le support de la coercition, ce qui signifie qu'une décision coercitive est imposée directement par l'État, et non pas par un usager à un autre usager. Outre la décision de justice, la coercition de l'État peut prendre des formes plus indirectes. L'activation d'un droit de propriété par un usager peut automatiquement éteindre la protestation de l'autre usager, en raison des garanties que l'État apporte à la règle invoquée. Aussi insistons-nous plutôt sur l'aspect d'intervention directe de l'État dans la définition de l'attribut de coercition. À l'opposé, l'accord consenti recouvre la négociation et les arrangements informels entre usagers. Dans ce cas-ci, aucun usager n'est contraint par la force (du droit) d'accepter l'arrangement. Il y consent. Nous parlerons donc d'accord consenti ou de décision coercitive pour apprécier l'attribut de coercition.

L'accord consenti est un accord conclu entre deux usagers et librement accepté par les deux ; il s'apparente au contrat. Aucun des deux usagers n'est contraint par l'autre d'accepter l'accord. Cela ne signifie pas pour autant que cet accord est équitable et intéressant pour les deux parties[4]. Cela signifie seulement que chacune des parties prend la déci-

---

[4] L'adverbe librement fait ici référence à la liberté civile de signer ou non une convention, bien qu'il soit possible que cette liberté s'exerce sous le poids de la contrainte sociale, notamment d'une contrainte financière (cf. Castel, 1995). Tout n'est pas contractuel dans le contrat (Bourdieu, 1986b ; Bourdieu, 1986a). Souvent, une des

sion de l'accepter. Un accord consenti peut prendre différentes formes, essentiellement la convention (par ex. une convention sur les débits minimaux entre un barragiste et une association de pêcheurs) ou le contrat de vente (par ex. la cession de titres de propriété foncière dans le but de protéger et d'exploiter les nappes aquifères en sous-sol). L'adoption d'un accord consenti ne nécessite pas l'intervention directe de l'État, même si l'État est indirectement présent comme garant des règles. Le degré de contrainte dans la mise en œuvre de l'accord adopté ne préjuge pas de son caractère consenti.

La décision coercitive est, pour sa part, imposée au moins à l'une des deux parties. Elle règle la rivalité de manière coercitive, assortie qu'elle est d'une obligation légale d'adoption et de respect. Elle n'est pas négociée entre les deux parties. La décision émane de l'État qui, à titre de garant des règles, tranche la rivalité. Cette fois-ci, l'intervention de l'État est directe. Une décision coercitive est soit un acte de mise en œuvre d'une politique publique, soit une mise en demeure de respecter une réglementation (par ex. l'obligation de demander ou de respecter un permis de rejet en eau de surface), soit une décision de justice (par ex. une condamnation pour le non respect des normes de potabilité de l'eau de distribution). Ainsi, la décision coercitive suppose le recours aux prérogatives de la puissance publique.

b. La distribution des coûts : coûts égalitaires ou coûts redistribués

Le second attribut de l'arrangement local est la distribution des coûts. Nous regardons de quelle façon les coûts de l'arrangement sont répartis entre les deux usagers impliqués dans la rivalité. Nous entendons par coût, non pas simplement le coût financier lié à la mise en œuvre de l'arrangement local, mais aussi l'altération de l'usage : coût pécuniaire d'adaptation aux termes de l'arrangement local, suppression de l'usage, perte de valeur du titre de propriété, indemnisation ou paiement d'un tribut à l'autre partie (propriétaire). Le coût représente soit une perte de gains (diminution du *benefit stream* au sens de Bromley) liés au titre de propriété, soit une charge financière pour l'usager non propriétaire. Nous distinguons deux situations possibles pour cet attribut, une où les coûts sont répartis de manière égalitaire et l'autre où ils sont concentrés sur un seul des deux usagers.

L'attribut de distribution des coûts est apprécié au regard des coûts nets supportés par les usagers. Le coût net est une agrégation des coûts et des bénéfices auxquels chaque usager fait face dans l'arrangement local. L'attribut de distribution des coûts permet ensuite de savoir qui

---

deux parties est dans la nécessité de signer le contrat, même si les termes de celui-ci ne sont pas à son avantage.

supporte les coûts de l'arrangement local, au regard de la balance des coûts nets de chacun.

Les coûts égalitaires n'impliquent pas de redistribution. Soit les deux usagers se partagent de manière égalitaire le coût de l'arrangement local (distribution égalitaire) (par ex. une association de protection de la nature achète un terrain à un agriculteur pour faire cesser le drainage d'une zone humide), soit aucun des deux usagers ne supporte les coûts de l'arrangement local (externalisation). Les coûts sont externalisés sur les autres usagers ou sur la collectivité, à l'intérieur ou à l'extérieur du périmètre de la ressource (par ex. la prise en charge par l'État du financement d'une station d'épuration pour résoudre la rivalité entre une fédération de pêcheurs et un industriel ou l'entente entre deux propriétaires pour élargir le périmètre de la rivalité et enjoindre les autres usagers de l'eau à mettre en place des mesures environnementales, à leurs propres frais, pour que la pression globale sur la ressource diminue). Soit les deux usagers impliqués se partagent les coûts, soit ils évitent tous deux ces coûts.

Il en va tout autrement d'une situation dans laquelle les coûts sont redistribués. Cette fois, la majeure partie des coûts de l'arrangement local est imputée à un seul des deux usagers. Par exemple, un agriculteur est enjoint, suite à la mobilisation d'une association de protection de la nature, à respecter une disposition légale sur les zones humides pour un marécage situé au milieu de son champ et qu'il avait jusqu'ici l'habitude de drainer. Ainsi, dans une situation de coûts redistribués, nous identifions un « gagnant » et un « perdant ».

c. Justification des attributs de l'arrangement local

Nous avons choisi de retenir deux dimensions pour caractériser l'arrangement local. Il est concevable que d'autres attributs puissent venir compléter l'appréciation des situations observées (par ex. le degré plus ou moins formel de l'accord ou le degré de participation des tierces parties dans une enceinte de concertation). Cependant, dans un souci de parcimonie, les deux premiers attributs nous semblent être les plus importants dans la caractérisation de l'arrangement local. *A priori*, toutes les formes tangibles d'arrangements locaux peuvent être classées selon les quatre idéaux-types qui résultent du croisement de ces deux attributs. Pourquoi avoir retenu ces deux dimensions ? Nous sommes partis de l'idée que les acteurs agissent à la fois en fonction des institutions et de leurs intérêts (Scharpf, 1997 ; Mayntz et Scharpf, 2001). L'attribut de coercition apprécie le poids des institutions sur le comportement des usagers et l'attribut de coût le poids des intérêts dans la conclusion de l'arrangement local.

Le choix du degré de coercition comme attribut de l'arrangement local s'inspire des travaux de Theodore Lowi (Lowi, 1964 ; Lowi, 1970 ; Lowi, 1972). À partir d'une critique du pluralisme, Lowi montre que les caractéristiques des politiques publiques sont la cause déterminante dans le choix du processus de décision (*policy determines politics*). Les groupes sociaux se mobilisent en fonction des formes et de l'intensité de la coercition susceptible de s'exercer sur eux. « [The] most significant political fact about government is that government coerces. Different ways of coercing provide a set of parameters, a context, within which policies takes place » (Lowi, 1972 : 299). C'est donc en fonction de la nature plus ou moins coercitive de la politique publique que les groupes sociaux se mobilisent et participent au processus d'élaboration.

Avec l'arrangement local, nous regardons non pas les effets produits par l'arrangement, mais la forme que celui-ci prend à l'issue de la confrontation. Ce qui nous intéresse ici, c'est la façon dont Lowi insiste sur l'influence qu'exerce la probabilité de la coercition sur le comportement des groupes sociaux. « The most important dynamic concept tying together all of the structural variables is coercion. Inevitably there is an element of coercion in collective life » (Lowi, 1970 : 314). Il souligne particulièrement la force qu'exercent les institutions, les normes et autres structures sociales sur la vie collective et désigne l'État et son appareil politico-administratif comme la forme de coercition par excellence (Lowi, 1970 : 315). L'influence des institutions sur les acteurs se mesure donc en fonction de la coercition. Dans le cas d'un processus d'activation de règles, la coercition est soit directement exercée par l'État (par ex. une décision de justice sur le non respect d'un permis de rejet), soit indirectement par la garantie apportée à la règle.

L'attribut de la distribution des coûts de l'arrangement est, quant à lui, inspiré des travaux de James Wilson. Tout comme Lowi, Wilson explique les différences entre les processus de décision au moyen des caractéristiques des politiques publiques. Cette fois-ci, il insiste sur la répartition des coûts et des bénéfices entre les acteurs[5]. « Politics is in large measure a process of raising and settling disputes over who will benefit or pay for a program and who ought to benefit or pay » (Wilson, [1979] 1986 : 429). Ainsi, les processus de décision sur les politiques publiques se déroulent de différentes manières, selon que les coûts et les bénéfices sont plus ou moins concentrés sur les groupes d'acteurs concernés.

---

5 Son raisonnement part de l'affirmation du *public choice* selon laquelle les biens et services possèdent des qualités inhérentes qui déterminent l'efficacité relative des méthodes de production de ces biens.

Wilson insiste sur la représentation que les acteurs ont des solutions apportées aux problèmes. Les idées sont au moins aussi importantes que les intérêts (Wilson, [1979] 1986 : 444). Wilson porte davantage son attention sur les coûts perçus auxquels les acteurs doivent faire face, plutôt que sur les coûts réels (Wilson, [1979] 1986 : 428). Selon lui, les coûts l'emportent sur les bénéfices, le court terme l'emporte sur le moyen terme et les retombées individualisées sur les retombées collectives (Wilson, [1979] 1986 ; Mény et Thoenig, 1989 : 144). *A fortiori* les coûts immédiats sont davantage considérés par les acteurs que les bénéfices différés. Devant la difficulté de calculer les bénéfices possibles d'un arrangement local[6], aussi bien pour l'usager que pour le chercheur, nous choisissons d'agréger les coûts et les bénéfices en un seul attribut de coût net (valeur absolue des profits et pertes de la décision). De plus, c'est sur la perception du coût par les usagers, plutôt que le coût réel, que se portera notre regard au cours des études empiriques. Ceci nous permet plus particulièrement d'insister sur la répartition de ces coûts entre les parties.

L'importance des coûts dans les résolutions de rivalités est également soulignée par Coase. Celui-ci s'intéresse aux troubles de voisinage, pour montrer que le règlement de ces nuisances dépend de l'allocation optimale des coûts entre les différentes parties (Coase, 1960). Dans cette perspective, la résolution d'une rivalité s'opère par échange de droits de propriété dont le prix est calculé en fonction des coûts et des bénéfices marginaux supportés par les parties. La régulation publique, ou les institutions, interviennent lorsque les coûts de transaction sont trop élevés.

Ostrom insiste, elle aussi, sur l'importance des coûts et bénéfices attendus dans le choix de stratégies individuelles (Ostrom, 1990 : 37). Le contexte de négociation de l'arrangement doit inclure des gains au changement :

> [Individuals] compare the net flows of expected benefits and costs to be produced by the set of status quo rules, as compared with an altered set of rules. To explain institutional change, it is therefore necessary to examine how those participating in the arenas in which rule changes are proposed will view and weight the net return of staying with the status quo rules versus some type of change (Ostrom, 2000 : 142).

Ostrom fait de ce facteur de coût une composante essentielle de son modèle d'auto-organisation des exploitants d'une ressource naturelle pour assurer la gestion (durable) de celle-ci.

---

6 Les bénéfices sont difficilement mesurables et, de surcroît, ils sont différés dans le temps (Ostrom, 1990 : 34).

Ainsi, nous retenons deux attributs pour qualifier l'arrangement local. La forme que prend celui-ci est représentée selon son degré de coercition et la distribution des coûts entre les usagers.

3. *Les types d'arrangement local*

Pour déterminer les formes que prend l'arrangement local, nous croisons les deux attributs proposés, ce qui nous donne quatre types-idéaux d'arrangements locaux (cf. tableau 3).

Tableau 3 : Typologie de l'arrangement local

	Coûts égalitaires	Coûts redistribués
Accord consenti	Arrangement transactionnel	Arrangement concédé
Décision coercitive	Arrangement compensatoire	Arrangement par arbitrage

Le premier type d'arrangement est l'*arrangement transactionnel.* Il résulte du croisement d'un accord consenti entre les deux usagers et d'une répartition des coûts égalitaire. Les usagers négocient un accord, de manière volontaire, et prévoient de se partager les coûts nécessaires à la résolution de la rivalité. Le partage des coûts, rappelons-le, signifie que les coûts sont soit répartis d'une façon qui semble équitable aux usagers, soit non imputés aux usagers, c'est-à-dire que l'accord entre les deux usagers élargit la rivalité et impute les coûts de l'arrangement à l'ensemble des usagers. Les usagers ont relativement peu de peine à se mettre d'accord dans la mesure où la répartition des coûts est jugée raisonnable ou équitable entre les deux usagers. Un arrangement transactionnel consiste par exemple en une cession de titres ou une convention. Sa principale caractéristique est qu'il mène à la résolution de la rivalité sans qu'une intervention directe de l'État ne soit nécessaire.

L'*arrangement concédé* est un accord consenti entre les deux usagers, mais qui implique une redistribution des coûts. Cette situation équivaut à considérer qu'un usager amené à subir les coûts de l'arrangement, à être en quelque sorte le « perdant » de l'accord, accepte tout de même cet arrangement, de façon librement consentie. Une telle situation peut s'expliquer par le fait que le « perdant » se trouve en position de faiblesse pour négocier et qu'il ne dispose d'aucune alternative à la négociation. Le « perdant » n'accepte alors l'arrangement à son détriment que s'il en retire un bénéfice relatif par rapport à n'importe quelle autre alternative. Nous nous attendons toutefois à ce que cette situation demeure exceptionnelle d'un point de vue empirique.

Dans la mesure où les usagers ne parviennent pas à se mettre d'accord entre eux, ils ont recours à l'État. Une intervention de l'État, c'est-à-dire un haut degré de coercition, nous amène à deux types d'arrangements, selon que les coûts sont égalitaires ou distribués. Lorsque les coûts sont égalitaires, c'est-à-dire que les usagers se partagent les coûts ou ne les supportent pas directement, l'*arrangement* est *compensatoire*. L'État intervient financièrement dans la résolution. Il indemnise les usagers que l'arrangement local préjudicie. Par exemple, il finance la construction d'une usine de traitement d'eau potable, alors que l'opérateur ne respecte pas les normes de potabilité, une intervention qui met fin à la rivalité avec les consommateurs. De la même façon, l'État indemnise un propriétaire foncier à qui l'on impose le passage d'une conduite d'eau sur son terrain, dans le but d'alimenter le village voisin en eau potable. L'intervention de l'État permet de socialiser les coûts de l'arrangement local, dans la mesure où il prend ces coûts directement en charge[7]. Avec l'arrangement compensatoire, l'État finance la résolution de la rivalité.

La dernière forme d'arrangement local, l'*arrangement par arbitrage*, correspond à une décision d'autorité de l'État. Non seulement l'État tranche entre les règles invoquées par les usagers en situation de rivalité, mais il décide aussi de la manière dont les coûts de la résolution seront distribués entre les usagers. Le caractère redistributif de l'arrangement équivaut à ce que l'un des deux usagers en supporte seul l'essentiel des coûts. Son usage est désavoué, en quelque sorte, ou la légitimité de celui-ci n'est pas reconnue par l'autorité publique. Considérons, en guise d'exemple, le cas d'une rivière où les pêcheurs et les kayakistes entrent en conflit. Les pêcheurs se plaignent de la trop grande fréquentation des kayaks en période d'étiage. Ceux-ci raclent le fonds de la rivière par endroits et détruisent des frayères à poissons. Afin de résoudre le conflit, l'État décide d'interdire la pratique du kayak. Les pêcheurs obtiennent gain de cause. De leur côté, les kayakistes sont privés de leur usage, et ce aux plus belles périodes de l'année, sans qu'aucune compensation ne leur soit accordée, ni que des mesures de substitution ne soient envisagées. L'arrangement par arbitrage redistribue l'accès et l'usage de la ressource de manière autoritaire entre les deux usagers en

7 Le budget de l'État est alimenté par l'impôt, ce qui équivaut à imputer les coûts à l'ensemble de la collectivité.

situation de rivalité. Cet arrangement désigne un gagnant et un perdant, sans qu'il soit question d'indemniser le perdant pour le préjudice subi.

En résumé, soit les usagers s'arrangent entre eux, soit l'État intervient. La question de l'imputation des coûts de l'arrangement constitue la principale pierre d'achoppement à l'accord consenti. L'arrangement n'est pas trouvé tant que les usagers ne parviennent pas à se répartir son coût.

II. Présentation du modèle d'analyse des résolutions de rivalités

Nous présentons désormais le modèle de résolution des rivalités d'usages, ainsi que les variables explicatives et les hypothèses qui le sous-tendent. Ce modèle d'analyse propose un cheminement causal du processus de résolution. Il sert à montrer comment les usagers activent des composantes du régime pour résoudre leurs rivalités. L'arrangement local est placé au centre de ce modèle, comme le résultat d'un processus d'activation des règles par les usagers et de confrontation de ces règles. Sur le plan analytique, le processus de résolution de rivalité comporte donc deux étapes : l'activation des règles et la confrontation de ces règles (cf. figure 6). Il articule les relations entre trois variables, la ressource, les usagers et le régime institutionnel, selon la proposition suivante : compte tenu de la rareté de la ressource, les usagers se retrouvent, l'un et l'autre, placés en situation de rivalité. Cette situation n'est pas tenable à terme pour au moins l'un d'entre eux qui voit sa production de biens et services menacée. Il fait alors valoir ses droits sur la ressource face à l'autre usager, lequel active d'autres règles en réponse. Les deux usagers confrontent alors les règles qu'ils ont respectivement activées, ce qui aboutit à un arrangement local qui tranche entre les règles et résout la rivalité.

A. Construction du modèle d'analyse : définition du cadre conceptuel

Le modèle de résolution de rivalité propose une explication du comportement des usagers d'une ressource naturelle, placés en situation de rivalité, dans un cadre institutionnel donné. Nous initions notre présentation du modèle explicatif par une description du cadre conceptuel, plus large, qui met en relation les grandes variables qui agissent sur le comportement des usagers (cf. figure 6).

Figure 6 : Cadre conceptuel des résolutions de rivalité

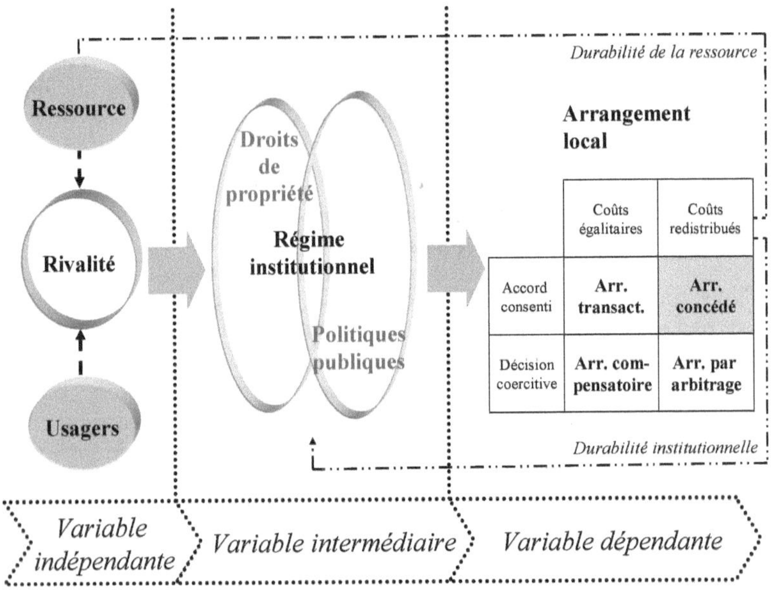

Ostrom opère une distinction entre le cadre conceptuel, la théorie et le modèle (Ostrom, 1999 : 35). Le cadre conceptuel met en relation les variables nécessaires à l'analyse des arrangements institutionnels. Il ne fournit pas lui-même l'explication, mais il organise la recherche descriptive et le diagnostic (Schlager, 1999 : 234). La théorie, quant à elle, consiste à analyser un phénomène, expliquer son processus et prédire ses résultats. Elle postule une série cohérente de relations logiques à l'intérieur du cadre conceptuel. Enfin, le modèle d'analyse est la représentation d'une situation spécifique. « Models make precise assumptions about a limited set of parameters and variables » (Schlager, 1999 : 255). Les modèles permettent de formuler des : « Explicit assumptions about elements and structure of a situation and use of the logical tools of a theory to derive predictions about the likely outcomes » (Ostrom, Gardner et Walker, 1994 : 23). Le modèle d'analyse, pour être testé efficacement, doit être basé sur des hypothèses robustes, théoriquement informées et dont les variables sont aisément opérationnalisables :

> [In] the absence of powerful procedures for hypothesis testing, we need to make greater investments in the theoretical quality of the working hypotheses we use. Moreover, since we also cannot deduce our working hypotheses from comprehensive theories, we need to combine more limited partial theo-

> ries or well-understood 'mechanisms' in modular explanations of complex cases. This approach is aided by a 'framework' within which the theory modules that are relevant for interaction-oriented policy research can be located (Scharpf, 1997 : 16).

Cette articulation entre cadre, théorie et modèle est particulièrement utile au chercheur dans la construction de sa réflexion.

Après avoir présenté notre cadre conceptuel, nous formulons une série d'hypothèses sur les relations entre les différentes variables à partir d'éléments théoriques extraits de la littérature et proposons, au final, un modèle d'analyse des résolutions de rivalités entre les usagers de ressources naturelles.

Le cadre conceptuel, à partir duquel nous élaborons notre modèle d'analyse, est inspiré du Cadre d'analyse institutionnelle (IAD) (Ostrom, 1990). L'IAD permet d'analyser le jeu des acteurs à l'intérieur d'un environnement institutionnel donné. Il tient compte des liens entre les règles, les acteurs et la ressource, une articulation que nous reprenons avec les trois variables de notre cadre conceptuel : l'état de la ressource, les usagers placés en situation de rivalité et le régime institutionnel de ressource (cf. figure 6).

Les acteurs sont placés au centre de l'explication, mais leur comportement est balisé par un environnement institutionnel. Cette idée est reprise à la fois du cadre IAD d'Ostrom et de l'Institutionnalisme centré sur les acteurs (ACI) de Fritz Scharpf et Renate Mayntz :

> The approach proceeds from the assumption that social phenomena are to be explained as the outcome of interactions among intentional actors – individual, collective, or corporate actors, that is – but that these interactions are structured, and the outcomes shaped, by the characteristics of the institutional settings within which they occur (Scharpf, 1997 : 1).

Les décisions collectives sont considérées comme le résultat d'interactions entre acteurs dont la rationalité est limitée, les ressources variables et dont les capacités, les préférences et les perceptions varient, en grande partie mais pas seulement, selon les règles institutionnelles à l'intérieur desquelles ils interagissent (Scharpf, 1997 : 195).

Nous postulons que la rivalité se déroule entre deux usagers et qu'elle émerge de la pression importante que ceux-ci exercent sur la ressource. Les usagers placés en situation de rivalité activent des composantes du régime institutionnel de ressource afin de faire valoir leurs droits sur la ressource et d'organiser un nouveau partage de la ressource. L'arrangement local correspond à l'acte de résolution de la rivalité. Sa forme dépend de la configuration de confrontation des composantes du régime activées par l'un et l'autre usager dans la défense de leur usage.

Une fois obtenue, la résolution de rivalité est susceptible de produire des effets sur la durabilité de la ressource et de modifier le régime local de gestion de la ressource. Sans insister beaucoup sur ces deux dernières relations, nous nous limiterons, sur le plan théorique du moins, à montrer comment les usagers placés en situation de rivalité aboutissent à un arrangement local. Ce cadre conceptuel repose sur les travaux antérieurs conduits sous la direction de Peter Knoepfel, Ingrid Kissling-Naef et Frédéric Varone sur les régimes institutionnels de ressource, ainsi que sur les résultats de deux projets de recherche et les publications auxquelles ils ont donné lieu[8].

La variable dépendante du modèle est l'arrangement local. C'est sur l'aboutissement du processus de résolution de la rivalité que nous concentrons notre attention. La forme prise par la variable dépendante dépend d'un enchaînement causal, soit de l'activation puis de la confrontation de droits de propriété et de politiques publiques. Face à une pression sur la ressource qui menace leur usage, deux usagers (variable indépendante) activent l'un envers l'autre des composantes du régime institutionnel de ressource (variable intermédiaire) pour parvenir à l'arrangement local (variable dépendante).

La question de la durabilité de la ressource reste volontairement de côté. Nous nous concentrons sur le processus qui conduit à l'arrangement local, sans pour autant abandonner cette question. La question des origines de la rivalité, tout comme celle des effets de l'arrangement local sur la durabilité institutionnelle du régime et la durabilité de la ressource seront soumises à l'observation empirique et utilisées comme éléments explicatifs. Simplement, à ce stade, ces deux éléments situés à l'amont et à l'aval du phénomène décrit, n'entrent pas dans le modèle d'analyse. La résolution de la rivalité constitue véritablement le cœur de notre étude.

B. Les variables explicatives (indépendantes et intermédiaires) du modèle d'analyse

Nous retenons trois variables explicatives des modes de résolution des rivalités : la ressource, les usagers et le régime. De nombreux éléments de chacune des variables sont supposés invariants, c'est-à-dire qu'ils sont considérés comme constants ou non influents.

---

[8] « Comparative Analysis of the Genesis and Effects of Institutional Resource Regimes » (IRM) financé par le Fonds suisse pour la recherche scientifique (Knoepfel, Kissling-Naef et Varone, 2001 ; Knoepfel, Kissling-Naef et Varone, 2003) et « European Water Regimes and the Notion of a Sustainable Status » (EUWARENESS) financé par le 5e programme-cadre de l'Union européenne (Kissling-Naef et Kuks, 2004 ; Bressers et Kuks, 2004).

1. L'état de la ressource : une situation de rareté et de rivalité comme point de départ

En ce qui concerne la ressource, il est nécessaire d'éclaircir deux aspects, le périmètre de la ressource et son état. Le périmètre que nous retenons est l'espace fonctionnel de la rivalité. Il s'agit de l'espace à l'intérieur duquel la rivalité se déroule, dont le périmètre englobe les deux usagers rivaux. Toutefois, l'espace fonctionnel d'un cas empirique ne devrait pas dépasser en superficie l'équivalent d'un sous-bassin hydrographique (environ 500 km^2). Il est très important de savoir quelles sont les frontières de la ressource pour appréhender une rivalité. Un arrangement n'est possible que lorsque les frontières de la ressource sont bien délimitées (Ostrom, 1990 ; Barham, 2001).

Pour considérer l'état de la ressource, nous utilisons le concept de rareté. Nous estimons la quantité de ressource disponible pour satisfaire les usages à l'intérieur du périmètre retenu. Cette quantité de ressource vaut en volume et en qualité. Elle varie en fonction des aléas climatiques et de l'intensité des usages. Nous émettons l'idée que la rivalité n'apparaît que dans une situation de rareté. Toutefois, nous ne comptons pas nous lancer dans un exercice de mesure du seuil de rareté nécessaire au déclenchement de la rivalité. Du fait que nous ne nous intéressions pas à l'émergence de la rivalité, mais à sa résolution, nous considérons simplement que la rareté est invariante, que la ressource est suffisamment rare pour que la rivalité se déclenche. Il n'en demeure pas moins possible que la rivalité puisse se trouver résolue du fait d'une amélioration de l'état de la ressource, mais nous préférons, à ce stade, « bloquer » la variable ressource. Nous postulons que la ressource est rare.

2. Les usagers en situation de rivalité

Dans la lignée des travaux de Scharpf et d'Ostrom, nous plaçons les usagers (ou acteurs) au centre du cadre conceptuel (Scharpf, 1997 ; Ostrom, 1990 ; Ostrom, 2000). C'est de leur comportement que dépend le résultat. Les usagers sont des individus ou des groupes qui sont effectivement impliqués dans le processus de résolution de rivalité et dont les choix déterminent l'arrangement. Ils sont caractérisés par des capacités, des perceptions et des préférences spécifiques (Scharpf, 1997 : 43). Les acteurs ont une rationalité limitée (March et Simon, [1958] 1974) et sont mus par leur intérêt. Le concept d'intérêt est étendu ; il n'est pas limité à l'utilité pécuniaire : « [Les] intérêts visent la survie à long terme : ce sont des objectifs d'action centrés sur le sujet et que celui-ci doit s'efforcer d'atteindre pour assurer sa propre survie » (Mayntz et Scharpf, 2001 : 110). Scharpf et Mayntz incluent par exemple, selon cette définition, la liberté d'action, le bien-être physique, l'accès au pouvoir, la reconnaissance sociale et la possession d'un domaine protégé. La notion d'intérêt n'est pas figée. L'usager adapte sa stratégie et ses objectifs aux conditions institutionnelles dans lesquelles il évolue (Ostrom, 1999).

Nous limitons le nombre d'usagers impliqués dans la résolution de rivalité à deux, que ce soient deux usagers ou deux groupes d'usagers. Par ex. les deux propriétaires se mettent d'accord pour faire partager les coûts aux autres en élargissant le cercle de la rivalité. Ce face à face nous permet de bien analyser la confrontation entre deux types de règles activées. Il est possible que d'autres acteurs participent à la résolution de la rivalité, mais ceux-ci prennent partie pour l'un des deux usagers.

Les variables sur les caractéristiques (qualitatif/quantitatif, exploitation/protection, direct/indirect, etc.) des biens et services ne sont pas introduites dans le modèle d'analyse. La rivalité est une opposition entre deux biens et services facilement qualifiables, mais nous ne formulons pas d'hypothèse sur le fait que la nature des biens et services contribuerait à expliquer le type d'arrangement local qui met fin à la rivalité (par ex. si le bien produit est vital pour l'usager, s'il est essentiel à sa survie (cf. Ostrom, 1990)). Nous faisons le postulat que l'activation des composantes du régime est indépendante des caractéristiques des biens et services tirés de la ressource par les usagers.

Nous évitons, à cette étape de la recherche de distinguer les deux usagers *a priori* en fonction d'un type donné qui pourrait distinguer un initiateur et un défenseur ou bien un dominant et un dominé. Nous partons de l'usager et de son usage et non pas d'une qualification particulière. La seule qualification de l'usager est établie en fonction des règles que celui-ci active. C'est l'activation d'un droit de propriété, respectivement d'une politique publique, qui fait de l'usager un propriétaire, respectivement un bénéficiaire final. Les usagers sont alors, selon le régime, propriétaire ou non propriétaire et groupe cible ou bénéficiaire final (cf. figure 7). Chacune des composantes du régime, droit de propriété ou politique publique, est garantie par l'État et crée des relations triadiques entre les acteurs. S'agissant des droits de propriété, les usagers se distinguent entre propriétaires et non propriétaires en fonction des titres qu'ils détiennent. Ces titres (ou droits) sont garantis par l'État et donnent au propriétaire la capacité d'exclure les tiers (non propriétaires). S'agissant des politiques publiques, la distinction entre les usagers est de nature différente, entre les groupes cibles et les bénéficiaires finaux. Les groupes cibles sont les usagers dont le comportement doit changer afin de satisfaire les objectifs de la politique publique. Ils sont soumis aux injonctions (positives ou négatives) de l'État, à l'intervention de l'État dans la conduite de leur usage au bénéfice des usagers reconnus comme bénéficiaires finaux de la politique publique. La politique publique donne au bénéficiaire final une capacité d'action (indirecte, par l'intermédiaire des injonctions de l'État) sur le comportement de l'usager reconnu comme groupe cible de la politique.

Figure 7 : Triangles des acteurs et statut de l'acteur

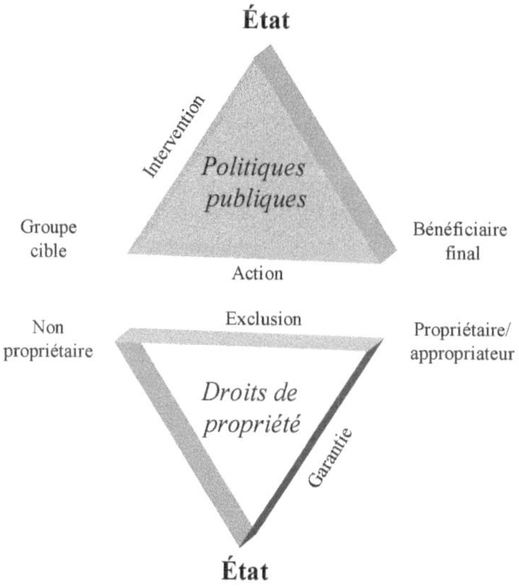

Un usager placé en situation de rivalité utilise des ressources d'action autres que le droit pour faire valoir son usage vis-à-vis de l'autre. Ces ressources sont le personnel, l'argent, l'information, l'organisation, le consensus, le temps, l'infrastructure, le soutien politique et la force (cf. encadré 1). Les usagers possèdent des moyens d'action, soit une dotation en ressources d'action, très inégaux les uns vis-à-vis des autres. Au cours de l'examen empirique des processus de résolution de rivalité, nous regarderons quelles ressources d'action sont mobilisées pour l'activation des règles et la confrontation. Nous verrons également quelles ressources d'action un non propriétaire, voire un non usager mobilise pour faire valoir son usage de la ressource ou pour accéder à la ressource (dans le cas d'un nouvel usage, notamment). Les ressources d'action sont des conditions de facilitation de l'activation des règles et de la conclusion de l'arrangement local. Elles contribuent davantage à expliquer le processus de décision de l'arrangement local que la forme que celui-ci prendra *in fine*.

Encadré 1 : Les ressources d'action des usagers

Droit :	Base légale et réglementaire. Procure légitimité et capacité d'action. Dotation définie par l'ensemble des règles produites par le législateur
Argent :	Capacité financière d'intervention
Personnel :	Nombre de membres et qualification (formation), y compris possibilité de sous-traiter
Information :	Connaissance technique, possession ou développement d'une expertise
Organisation :	Complément de la ressource personnel qui inclut la structure, le degré de hiérarchie et les processus d'interaction
Patrimoine :	Ensemble des biens tangibles à la disposition des usagers qu'ils en soient propriétaires ou qu'ils en aient acquis un droit d'usage
Temps :	Volatil et limité (délais). Objet de conflits (délai transitoire, etc.)
Consensus :	Source de légitimation secondaire. Nécessite un entretien constant
Appui politique :	Capacité d'exercice d'une influence sur les autorités publiques
Force :	Contrainte légitime ou illégitime

Source : Knoepfel, Larrue et Varone (2001 : 70ss).

3. Le régime institutionnel (local) de gestion de l'eau

Le régime institutionnel de ressource constitue l'ensemble des droits de propriété et des politiques publiques qui affectent l'accès à la ressource et les usages de celle-ci. Les arrangements locaux ne sont pas la simple production des usagers, mais ils s'inscrivent à l'intérieur du cadre institutionnel que constitue le régime. À ce stade, nous n'établissons pas de lien entre la nature du régime (simple, complexe, intégré, etc.) et la forme de l'arrangement local. Le type de régime est considéré comme invariant entre les cas empiriques ; nous avons à faire à un régime complexe qui tend vers l'intégration, c'est-à-dire un régime dont l'étendue est importante, dans lequel tous les biens et services sont régulés, mais dont la cohérence est moyenne, c'est-à-dire que la coordination entre les différents biens et services régulés reste partielle.

L'État est le garant du régime. Il arbitre les conflits entre les règles en cas d'activation par les usagers. Son intervention se limite à arbitrer entre des règles dont il est le garant. Il fait le lien entre des règles, particulières (propres à la ressource) ou générales (indépendantes de la ressource), et leur activation face à des situations concrètes de rivalité.

C. L'articulation du modèle d'analyse par rapport à l'arrangement local

Notre modèle d'analyse des résolutions de rivalité comporte deux séquences : l'activation des éléments du régime par les usagers impliqués dans la rivalité, d'une part, et la confrontation des règles activées par chacun des deux usagers, d'autre part. Dans quelles conditions les usagers activent-ils plutôt les droits de propriété ou les politiques publiques ? À partir de quel moment l'État intervient-il ? Dans quelles circonstances l'État couvre-t-il les coûts ou décide-t-il d'une redistribution entre les usagers ? Nous formulons désormais les hypothèses sur les relations entre les différentes variables explicatives.

1. Hypothèses d'activation des règles

Pourquoi tel usager active-t-il telle ou telle composante du régime ? Quelle est la nature de l'opposition entre les deux usagers A et B ? Pourquoi A, respectivement B, choisit-il plutôt un droit de propriété ou plutôt une politique publique ? Sur quelle confrontation de règles cela débouche-t-il ? Dans une première phase de la résolution de rivalité, l'usager fait prévaloir ses droits sur la ressource vis-à-vis de l'autre usager. À cette fin, il active les composantes du régime qui protègent son usage.

Il existe quatre types d'usagers en fonction du régime : le propriétaire, le non propriétaire, le groupe cible et le bénéficiaire final (cf. figure 8). Nous émettons l'idée que l'usager va mobiliser en priorité les composantes du régime qui reconnaissent son usage de manière positive et, réciproquement, l'usage de l'autre usager de manière négative. D'une part, la politique publique établit la distinction entre groupes cibles et bénéficiaires finaux. L'usager qui active une politique publique privilégie les composantes qui le reconnaissent comme bénéficiaire final et/ou qui identifient son adversaire comme un groupe cible de la politique.

D'autre part, nous distinguons l'usager qui est propriétaire de celui qui ne l'est pas. Pour les économistes, il n'existe pas d'usager non propriétaire. En effet, si un usager a accès à l'eau, c'est qu'il peut par conséquent se prévaloir d'un droit d'usage. Sous l'angle du droit, cependant, nous pouvons nous apercevoir que l'accès à la ressource est offert parfois à des usagers qui ne sont pas propriétaires. Cet accès est rendu possible par l'intermédiaire d'un propriétaire formel ou d'un appropriateur. Il s'agit, en majeure partie, d'usagers finaux de la ressource (par ex. le consommateur d'eau potable, le baigneur, le kayakiste, l'amateur de nature, etc.)[9]. L'usager mobilise les droits de propriété qui font de lui un propriétaire et de l'autre usager un non propriétaire.

Figure 8 : Choix de l'usager dans l'activation des composantes du régime

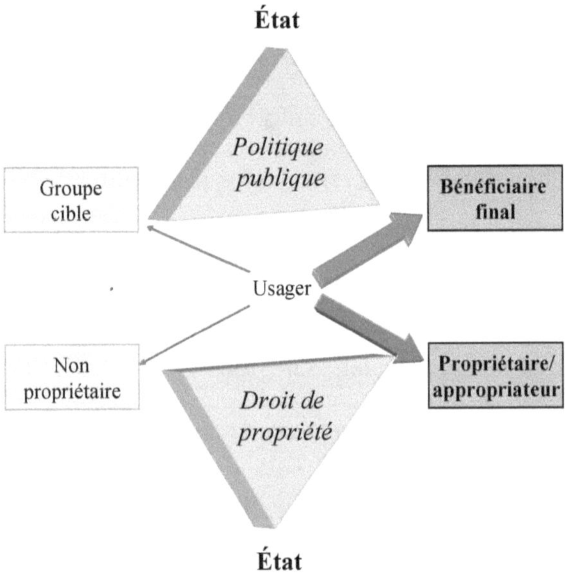

L'usager active les composantes du régime qui font de lui un propriétaire ou un bénéficiaire final. Par opposition, ces composantes activées font de l'usager rival un non propriétaire ou un groupe cible. Nous postulons que les usagers activent le régime en priorité par rapport à leur position propre, plutôt que par rapport à la position de leur adversaire. Les deux premières hypothèses insistent donc sur la recherche par l'usager d'une reconnaissance positive de son propre usage par le régime institutionnel de ressource :

- H_1 : *L'usager non propriétaire active une politique publique si celle-ci le reconnaît comme bénéficiaire final ;*
- H_2 : *L'usager active un droit de propriété si celui-ci lui confère un droit d'appropriation ou d'usage sur la ressource.*

Il convient désormais de hiérarchiser les composantes à connotation positive[10]. Dans une situation de rivalité, l'existence d'un droit de pro-

---

9 Nous établissons qu'un droit de propriété est un droit dont l'usager peut se prévaloir au moyen d'un titre (par ex. droit d'accès à la rivière par un terrain privé à des fins de pratique de la pêche).

priété (formel, d'appropriation ou d'usage) crée une distinction entre usager propriétaire et usager non propriétaire. Nous postulons que la possession de ce droit de propriété place l'usager dans une situation plus favorable que celui qui n'en possède pas. De la sorte, l'usager devrait en toute logique activer en priorité un droit de propriété. Pourtant, il est possible qu'un usager reconnu propriétaire au titre des droits de propriété mobilise tout de même une politique publique. Par exemple, dans une rivalité entre un producteur d'eau potable et un agriculteur sur la pollution aux nitrates d'une nappe aquifère, l'agriculteur peut invoquer une politique publique qui l'encourage à épandre le lisier plutôt que son droit de propriété formel sur le terrain. Si l'agriculteur ne peut pas exclure le producteur d'eau au moyen de son titre de propriété, alors il tente d'activer une politique publique qui favorise la conservation de son usage. Ceci nous amène à formuler l'hypothèse suivante :

- *H_3 : Si l'usager se trouve dans l'impossibilité d'exclure l'autre usager au moyen d'un droit de propriété, alors il active une politique publique qui le reconnaît comme bénéficiaire final.*

Chaque usager active soit une politique publique (PP), soit un droit de propriété (DP). Le fait que chacun des deux usagers mobilise le régime dans la rivalité nous amène à trois configurations différentes :

- *Droit de propriété versus droit de propriété* (1) : les deux usagers A et B mobilisent des droits de propriété. Ces droits de propriété sont différents (par ex. l'appropriateur d'un captage d'eau potable dans le réservoir d'un barrage s'oppose au propriétaire formel du barrage qui turbine toute l'eau pour fabriquer de l'électricité). Cette situation s'apparente à celle des troubles de voisinage qui sert de fondement au théorème de Coase (1960). Ces droits de propriété peuvent cependant être identiques dans la mesure où un usager rappelle à un autre quels sont ses devoirs et ses obligations (par ex. un usager de l'eau d'un ruisseau auquel il abreuve ses bêtes, qu'il soit ou non propriétaire du champ, rappelle au propriétaire de la source d'où jaillit le ruisseau qu'il est tenu de laisser s'écouler naturellement l'eau qui coule de sa source, du fait de la servitude d'écoulement) ou bien souhaite utiliser le droit de l'autre à d'autres fins (par ex. un opérateur de distribution d'eau veut racheter le champ d'un agriculteur pour protéger l'aquifère qu'il exploite contre les risques de percolation des pesticides et des nitrates). Dans tous ces cas, les deux usagers mobilisent un droit de propriété pour mettre un terme à la rivalité.

---

[10] Nous reviendrons plus longuement sur la hiérarchisation des préférences de l'usager au cours de la comparaison des cas empiriques.

- *Politique publique versus politique publique* (2) : dans cette configuration, il est moins probable que la même composante des politiques publiques soit utilisée par les deux usagers rivaux. Nous pensons que deux usagers ont activé deux politiques publiques (par ex. une politique d'exploitation et une politique de protection), dont ils sont chacun bénéficiaire final et qui entrent en contradiction l'une avec l'autre (par ex. un producteur d'eau potable fait valoir le périmètre de protection de son captage sur une parcelle agricole où l'agriculteur est encouragé à épandre du lisier porcin). Nous faisons face à une incohérence du régime, interne aux politiques publiques (problème de coordination inter-politiques). Dans l'un des deux cas, si ce n'est les deux, la politique publique souffre d'une carence de sa mise en œuvre.
- *Droit de propriété versus politique publique* (3) : Cette dernière configuration devrait être la plus fréquemment rencontrée. Ici, nous sommes dans la configuration type où le bénéficiaire final d'une politique publique peine à faire reconnaître son droit face à un propriétaire récalcitrant (par ex. une association ornithologique réclame l'application de dispositions sur la protection des marais face à un agriculteur qui draine la zone en invoquant le droit de propriété ou le contrat d'affermage qui lui permet de mettre cette parcelle en culture). Dans cette configuration, nous sommes dans la situation complexe où le droit public se heurte au droit privé. L'exécution de la norme de droit public est compromise par la protection de la propriété par le Code civil (et la Constitution).

Ainsi, l'activation des composantes du régime par les usagers de la ressource crée trois configurations possibles dans lesquelles les propriétaires, les non propriétaires, les groupes cibles et les bénéficiaires finaux entrent en confrontation pour tenter de trouver une issue à la situation de rivalité à l'intérieur de laquelle ils se trouvent pris.

2. *Relation entre la configuration de confrontation et l'arrangement local : hypothèses de confrontation*

Quel est le résultat de la confrontation entre les deux usagers ? Dans quelles conditions parviennent-ils à un succès ? Comment s'opère la redistribution des usages ? Qui gagne et qui perd ? Dans quelle mesure un nouvel usager parvient-il à contester la position de l'usager en place ? Dans quelles conditions l'usager non propriétaire qui active une politique publique gagne-t-il sur le propriétaire ? Nous tentons de montrer que la forme que doit prendre l'arrangement local pour résoudre la rivalité dépend de la configuration de confrontation. L'arrangement local repose sur les composantes du régime qui ont été activées par les usagers et, par conséquent, diffère en fonction de la configuration initiale de la confrontation.

La configuration « *droit de propriété versus droit de propriété* » (1) évoque un manque de coordination interne aux droits de propriété dans le régime. Les usagers y revendiquent des droits de propriété qu'ils peuvent éventuellement s'échanger. Ils peuvent également décider de se répartir l'accès et l'usage de la ressource, sur la base des titres qu'ils possèdent. Nous émettons l'idée que deux propriétaires peuvent toujours trouver un terrain d'entente compte tenu de la possibilité qui leur est offerte, de par leurs titres, d'externaliser les coûts sur les autres usagers de la ressource. Soit les propriétaires acceptent de partager les coûts, soit ils les font endosser aux autres. En aucun cas l'un des propriétaires n'entend subir les coûts de la résolution. Nous émettons donc l'hypothèse qu'il n'y a pas de redistribution au détriment des droits de propriété. Si la résolution implique une redistribution des coûts entre les deux usagers, alors l'État est appelé à intervenir pour trancher le litige :

- *H_4 : La confrontation de droits de propriété conduit à un arrangement transactionnel (accord consenti et coûts égalitaires).*

La configuration « *politique publique versus politique publique* » (2) reflète une situation toute autre. Elle est liée à un manque de cohérence interne des politiques publiques dans le régime. Les *designs* des diverses politiques publiques entrent en contradiction, ce qui conduit à la situation dans laquelle les usagers s'opposent en invoquant tous deux une politique publique. Aucun n'admet devoir supporter les coûts de la résolution, du fait que chaque politique publique reconnaît le bien fondé de chacun. La primauté d'une politique publique sur l'autre ne peut être établie que par l'État et cela au détriment de l'un des deux usagers. La redistribution appelle à une intervention de l'État pour que celui-ci tranche la rivalité. Le « perdant » n'est pas compensé. L'État retire ce qu'il a octroyé, sans être tenu par une quelconque obligation d'indemnisation :

- *H_5: La confrontation de politiques publiques conduit à un arrangement par arbitrage de l'État (décision coercitive et coûts redistribués).*

Dans le dernier cas, nous avons affaire à une configuration « *droit de propriété versus politique publique* » (3). Un usager défend ses droits de propriété sur la ressource face à un autre usager qui revendique l'application d'une règle de droit public (politique publique) en sa faveur. Cette configuration résulte d'un manque de cohérence externe du régime (ou d'une non application de certaines composantes des politiques publiques). La rivalité met en cause le titre de propriété dont le propriétaire se prévaut. En raison de la protection constitutionnelle de la propriété (principe de l'expropriation, y compris matérielle), l'indemnisation du propriétaire par l'État est nécessaire pour rendre applicables les dispositions de droit public. *A priori*, le propriétaire n'est pas disposé à subir les coûts de la résolution de la rivalité. Ainsi, nous émettons l'hypothèse que cette configuration n'aboutit à une résolution de rivalité que dans la mesure où le propriétaire ne subit pas les coûts de l'arrangement. Nous sommes dans une situation de coûts égalitaires. Pour sa part, l'État est appelé à intervenir pour rendre applicables les dispositions de droit public qu'il a lui-même édictées. Il indemnise le propriétaire pour rendre possible l'usage de l'usager qui se revendique de la politique publique :

- *H_6 : La confrontation d'un droit de propriété et d'une politique publique débouche sur un arrangement compensatoire (décision coercitive et coûts égalitaires).*

3. *Synthèse du modèle d'analyse*

Quelles sont les formes d'arrangement local nécessaires pour qu'il y ait résolution de la rivalité (succès) ? La figure 9 présente la synthèse du modèle explicatif. Les usagers entrent en rivalité du fait de la rareté relative de la ressource. Pour essayer de sortir de cette situation, ils mobilisent le régime. Ils privilégient le recours aux droits de propriété dont ils peuvent se prévaloir. Le résultat de cette confrontation produit trois configurations différentes : (1) « droit de propriété versus droit de propriété » ; (2) « politique publique versus politique publique » ; et (3) « droit de propriété versus politique publique ».

Ensuite, il convient de voir quelles sont les conditions qui permettent, à partir de ces configurations, d'aboutir à la résolution de la rivalité. Nous présumons que la forme de l'arrangement local nécessaire à la résolution de la rivalité, aussi bien dans le degré de coercition que dans la distribution des coûts, dépend de la configuration de confrontation observée. De la manière dont nos hypothèses de confrontation sont formulées, les trois configurations aboutissent à des formes d'arrangement local différentes. Si les usagers sont dans une configuration « droit de propriété versus droit de propriété », alors l'arrangement est transactionnel. S'ils sont dans une configuration « politique publique versus politique publique », alors l'État arbitre, et s'ils sont dans une configuration « droit de propriété versus politique publique », l'État compense, c'est-à-dire qu'il prend à sa charge les coûts de l'arrangement local.

Figure 9 : Intégration des hypothèses dans le modèle d'analyse

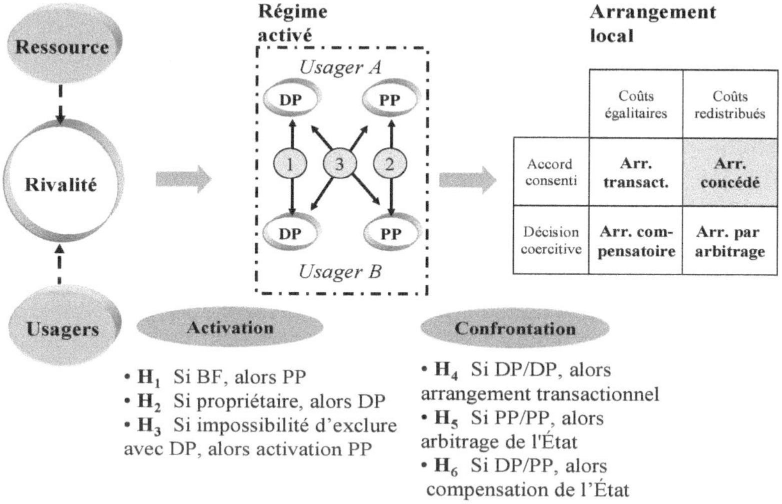

III. Méthode de recherche et opérationnalisation

Le modèle d'analyse est testé empiriquement au moyen d'une comparaison d'études de cas qui s'appuie sur une grille d'analyse commune.

A. La méthode comparée

L'utilisation de la méthode comparée a pour objectif de tester empiriquement le modèle d'analyse. La comparaison consiste à décrire, comprendre et expliquer des régularités empiriques entre différents phénomènes sociaux (Varone, 1998 : 120). Elle contribue à mettre en évidence des similitudes et des différences entre des relations causales ou entre des cas. « L'important est de retenir que comparer c'est à la fois assimiler et différencier par rapport à un critère » (Sartori, 1994 : 22). La comparaison est certainement la méthode de contrôle la mieux adaptée à notre démarche[11]. Elle se prête bien au caractère exploratoire de celle-ci et permet un test rigoureux du modèle d'analyse à partir d'un nombre de cas limité (*small N*).

L'approche retenue est *centrée sur les cas*, c'est-à-dire qu'elle entre dans la singularité des situations et adopte une perspective historique du déroulement du phénomène étudié (Skocpol, 1985 ; Tilly, 1984 ; Vigour, 2005 : 205 ; Dogan et Pélassy, 1982 ; Ragin, 1987). Les unités

[11] Selon Durkheim, la comparaison est l'unique outil d'administration de la preuve en sociologie (Durkheim, [1894] 1988).

de la comparaison sont des résolutions de rivalités entre usagers hétérogènes de l'eau. Chacune des rivalités identifiées fait l'objet d'une étude de cas spécifique qui permet de collecter les données nécessaires au test du modèle d'analyse. Il s'agit d'identifier le poids des règles dans les interactions entre usagers placés en situation de rivalité (Dente, Fareri et Ligteringen, 1998). L'acteur (ou l'usager) est situé au cœur de l'analyse, dans une démarche qui s'inspire de l'individualisme méthodologique (Boudon, 1992 : 14).

La démarche est hypothético-déductive, c'est-à-dire qu'elle permet de tester une explication générale construite *a priori* sur des cas particuliers, afin d'en apprécier la validité (Crète et Imbeau, 1996 : 28-29). En d'autres termes, il s'agit d'éprouver le modèle d'analyse proposé au moyen d'un test d'hypothèses formulées clairement et *ex ante* sur un petit nombre de cas. Avec la démarche déductive, nous n'en oublions pas pour autant que les sciences sociales sont des sciences de l'interprétation qui étudient des objets historiques en mouvement (Passeron, 1991 : 243-244). Il ne s'agit pas simplement de valider des hypothèses, mais de construire une interprétation des phénomènes observés à partir de la validation ou non du modèle d'analyse.

La comparaison est le point final d'une analyse qui doit être minutieusement préparée et conduite (Hassenteufel, 2000 : 110). En ce sens, les données furent collectées au moyen d'études de cas sélectionnées en fonction de critères communs et conduites selon une grille d'analyse commune. Également, pour éviter toute décontextualisation, chaque étude de cas est présentée selon une approche séquentielle qui reconstruit les étapes de la résolution de rivalité qui conduisent à l'arrangement local dans leur déroulement historique (Büthe, 2002 ; Nahrath, 2003). La méthode comparée nous permet donc de tester nos hypothèses et d'apprécier *ex post* les similitudes et les différences entre les six cas retenus.

B. Opérationnalisation des variables

Le modèle d'analyse tourne autour de trois séries de variables : les usagers, les règles (ou les composantes du régime institutionnel de ressource) et l'arrangement local.

Pour rappel, l'arrangement local est défini comme l'ensemble des décisions et des actions qui conduisent à la résolution de la rivalité. À partir de cas où la résolution est effective, nous l'opérationnalisons en fonction de ses deux attributs : le degré de coercition et la distribution des coûts. Pour mesurer l'*attribut de coercition*, nous regardons d'abord s'il existe une décision formelle et contraignante de l'État. En l'absence de décision de l'État, nous recherchons un document écrit qui atteste de l'arrangement local entre les usagers. En l'absence de document, nous nous référons aux témoignages des usagers sur les décisions prises de manière informelle. En fin de compte, nous examinons la nature du consentement et des types de pressions qui s'exercent sur les usagers qui « consentent ». S'agissant de l'*attribut de coût*, nous identifions les coûts et les bénéfices de l'arrangement local pour les usagers, dans le but d'établir une estimation des coûts nets de chacun[12]. Nous cherchons ensuite à savoir comment ces coûts nets sont perçus par les usagers.

Les règles regroupent les politiques publiques et les droits de propriété. Les droits de propriété (et de disposition) se réfèrent le plus souvent à l'existence d'un titre de propriété, d'un acte légal détenu par l'usager. Pour les politiques publiques, il s'agit de lois ou de décisions administratives, quelle que soit l'autorité publique qui les a édictées. Nous considérons qu'une règle est activée à partir du moment où elle est revendiquée par l'usager vis-à-vis de son rival. Cette revendication peut être verbale ou faire l'objet d'une démarche administrative ou judiciaire. Les règles activées sont identifiées lors des entretiens avec les usagers.

Les usagers sont les acteurs impliqués dans la rivalité qu'ils soient producteurs ou protecteurs de la ressource. Les usagers sont identifiés en même temps que les rivalités au moyen d'entretiens exploratoires à l'intérieur des sous-bassins versants. Pour présenter les usagers, nous regardons quel statut leur confère le régime institutionnel : propriétaire, non propriétaire, groupe cible ou bénéficiaire final. Nous voyons si, d'une part, leur statut leur donne la possibilité d'exclure d'autres usagers et, d'autre part, s'ils dépendent de la ressource d'une manière vitale ou non (Ostrom, 1990).

Les informations sur les variables des processus de résolution des rivalités sont recueillies principalement au moyen d'entretiens auprès des usagers ou des tiers-acteurs. Nous insistons sur la perception propre de la rivalité par chaque usager, ce qui nous conduit à tenir des entretiens séparés où chacun livre sa version du processus et de ses résultats. Ensuite, Nous tentons d'apprécier la rivalité et sa résolution de manière objective au moyen d'une confrontation des témoignages recueillis et des documents collectés (Dente, Fareri et Ligteringen, 1998 ; Grimble et Wellard, 1997 : 175-176).

---

12 Trois éléments sont regroupés dans la détermination du coût pour l'usager : le coût financier de l'arrangement, le préjudice financier subi et la perte de valeur du patrimoine. Les bénéfices, plus difficilement chiffrables, sont appréciés par rapport aux objectifs initiaux des usagers.

C. Choix des cas

Nous limitons notre investigation à deux sous-bassins hydrographiques, pour des raisons matérielles, et nous regardons ce qui se passe à l'intérieur, avant de sélectionner des cas où la rivalité est résolue. Cette sélection s'opère de telle sorte que la variance des variables explicatives soit maximale, tout en maintenant une parité entre les configurations de confrontation.

Notre sélection de cas s'apparente à une comparaison de « cas très différents » (*Most Different System Design*), bien que la variance entre les cas reste modérée (Przeworski et Teune, 1970 ; Vigour, 2005 : 161 ; Varone, 1998). Cela consiste à comparer des cas qui ne présentent aucun point commun, excepté la présence du résultat que l'on cherche à expliquer, ainsi que celle d'un ou deux éléments que l'on estime importants pour le résultat (Landman, 2000 : 27). En effet, en ce qui nous concerne, la variable à expliquer est identique dans tous les cas, c'est-à-dire que la rivalité est résolue, que chaque cas s'illustre par la présence d'un arrangement local. Ceci nous incite à retenir les cas dont les caractéristiques sont les plus différentes, afin d'accroître la validité du test du modèle d'analyse.

Tout d'abord, chaque cas présente un arrangement local qui vient résoudre la rivalité d'usages. Entre tous les cas qui satisfont à ce premier critère, nous cherchons une représentativité des différentes configurations de confrontation. Après cela, nous optons pour les cas dont les caractéristiques des usagers et des rivalités sont les plus différentes. D'une part, la nature des usages varie. Ces usages peuvent être qualitatifs ou quantitatifs, de production ou de protection, directs ou indirects, matériels ou immatériels et utiliser l'eau sur place (*in situ*) ou la prélever (*ex situ*). Ces différentes caractéristiques influent à leur tour sur la nature de la rivalité et le type de pressions exercées sur la ressource. D'autre part, le régime institutionnel varie. Nous sélectionnons deux pays, la Suisse et la Belgique, où le régime diffère dans plusieurs de ses éléments. Ainsi, nous tentons d'expliquer la régularité dans les processus de résolution de rivalité, alors même que les usagers en présence et l'environnement régulatif diffèrent d'un cas à l'autre.

En résumé, le choix des cas est effectué selon quatre critères : la concentration géographique, le choix de rivalités résolues, une représentativité des configurations de confrontation et une variance des caractéristiques des usagers et du régime. Sur cette base, les deux sous-bassins hydrographiques choisis sont ceux de la Vesdre en Belgique et du Val de Bagnes en Suisse. Trois cas sont retenus à l'intérieur de chaque sous-bassin :

– $C_{1\ \text{Verviers}}$: Le saturnisme à Verviers (Vesdre) ;
– $C_{2\ \text{Inondations}}$: Les inondations dans la basse vallée de la Vesdre ;
– $C_{3\ \text{Spa}}$: La protection des captages de Spa (Vesdre) ;
– $C_{4\ \text{Louvie}}$: La construction de l'aqueduc de Louvie (Bagnes) ;
– $C_{5\ \text{Mauvoisin}}$: Le rehaussement du barrage de Mauvoisin (Bagnes) ;
– $C_{6\ \text{Champsec}}$: Le retour de la concession de Champsec (Bagnes).

D. Collecte des données

Les études de cas découlent de travaux antérieurs (Aubin et Varone, 2004 ; Reynard et Mauch, 2003 ; Mauch et Reynard, 2004) qui ont facilité la préparation des études de terrain et le ciblage des acteurs clés. Cette préparation a été complétée par la lecture de sources secondaires qui ont permis une première reconstitution du processus de résolution de rivalité pour chaque cas. Le travail de terrain qui a suivi a permis de compléter les sources documentaires (primaires, soit les textes de lois, les conventions, etc.) et d'obtenir, de la part des usagers concernés, leur récit du processus et leur représentation de la rivalité et de sa résolution au moyen d'entretiens semi-directifs (Bongrand et Laborier, 2005 ; CURAPP, 2000).

Chaque étude de cas consiste à reconstruire le déroulement de la rivalité, à identifier et présenter les usagers impliqués, puis à savoir quelles règles sont activées au cours du processus. La grille d'analyse, qui découle de l'opérationnalisation des variables, fut préparée d'après le modèle proposé par Bruno Dente (Dente, Fareri et Ligteringen, 1998) (cf. encadré 2). Une fois achevées, les études de cas furent soumises aux usagers pour validation.

Encadré 2 : Grille d'analyse pour les études de cas

Présentation du bassin et identification des rivalités (pour chaque bassin) :

1. *Périmètre de la ressource* : localisation et relief, caractéristiques de la ressource : quantité et qualité, indicateurs d'état de la ressource etc. ;
2. *Présentation des usagers* : identifier tous les acteurs impliqués ou non dans les rivalités. Détailler tous les usages et les usagers présents dans le bassin, ainsi que les acteurs politico-administratifs ;
3. *Régime institutionnel de ressource local* : présenter le régime local au cours de la période, sans négliger ses éventuels changements ;
4. *Identification des rivalités* : préciser quels sont les cas retenus dans le bassin et présenter les modalités de résolution de ces rivalités. Se référer brièvement aux éventuelles pressions extérieures au processus de résolution.

Déroulement de la rivalité (pour chaque cas) :

Préciser la nature de la rivalité, le processus de résolution, ainsi que l'arrangement local obtenu.

1. *Résumé du cas ;*
2. *Description historique du processus de résolution de rivalité (inclure une chronologie du cas) :* événements, décisions prises et temporalité du processus ;
3. *Mise en œuvre de l'arrangement local ;*
4. *Quelles décisions les usagers ont-ils prises ? Sont-ils gagnants ou perdants par rapport à leur usage ?* Partir du résultat final. Adopter une frontière large des événements.

Activation des règles par les usagers (pour chaque usager)

La recherche se déroule en deux temps : (1) Quelles sont les règles activées et pourquoi ? (2) Comment les usagers étaient-ils en mesure de les activer ?

1. *Usager 1 : monographie :* présentation générale de l'usager : usages de la ressource et règles qu'il lui est possible d'activer (au moment de la rivalité) ;
2. *Usager 1 : rivalité et objectifs :* manière dont l'usager voit la rivalité, les objectifs et les enjeux qui lui sont propres ;
3. *Usager 1 : règles activées et ressources d'action :* quelles sont les règles effectivement activées, ainsi que les ressources d'action mobilisées dans l'activation ?

Usager 2 : etc.

Tiers-acteurs ou coalitions d'usagers : Acteurs présents et absents.

Configuration de confrontation (pour chaque cas)

Codage de la variable à expliquer : coûts nets pour les parties et degré de coercition de l'accord.

1. *Arrangement local :* description de l'arrangement local. Quelle est la rivalité objective (du point de vue de l'analyste) ? Écart entre situation réelle et situation désirée pour chaque usager. Pressions extérieures à la résolution du problème ;
2. *Coercition :* Quelle est la nature de la confrontation (négociation, marchandage, confrontation, conflit, etc.) et sur quel type d'arrangement local débouche-t-elle ?
3. *Alternatives et identification des changements de stratégie ;*
4. *Coûts :* description des coûts de l'arrangement local pour les différents usagers (coût financier, préjudice financier et perte de valeur du patrimoine) ;
5. *Bénéfices :* description des bénéfices de l'arrangement local pour les différents usagers ;
6. *Perception de l'arrangement :* par les usagers (succès/échec) ;

Conclusion et influence de l'arrangement sur la durabilité.

DEUXIÈME PARTIE

VALIDATION EMPIRIQUE DU CADRE D'ANALYSE

CHAPITRE 3

Rivalités d'usages dans le bassin de la Vesdre

I. Présentation du bassin et identification des rivalités

Le sous-bassin de la Vesdre est localisé au nord-est de la Région wallonne en Belgique, à approximativement 100 km de Bruxelles. Ce bassin occupe une surface de 710 km² et compte une population de 210 000 habitants. La Vesdre est une rivière qui prend sa source à l'intérieur du bassin et se jette dans l'Ourthe à Liège, puis dans la Meuse. L'eau est naturellement acide à sa source. Le relief à l'intérieur du bassin est relativement montagneux et les paysages variés. La pluviométrie est importante, de 800 à 850 mm en moyenne avec une pointe à 1 200-1 400 mm dans les Ardennes au sud-est du bassin, et influence le débit du cours d'eau (10,5 m³/s en moyenne, avec des pointes à 165 m³/s en hiver et 2 m³/s à l'étiage, en été). À peu près la moitié du bassin est couverte de forêts. L'industrie et l'habitat sont concentrés le long de la Vesdre, principalement entre Verviers et Liège. Les activités agricoles, situées au nord sont extensives et ont un impact faible sur la qualité des eaux. La Vesdre est une rivière particulièrement polluée en raison des rejets domestiques et industriels. Le passé industriel de la vallée a causé des dommages environnementaux durables et a contribué à concentrer la population sur un périmètre restreint. L'eau potable est principalement produite à partir des barrages de la Vesdre à Eupen et de la Gileppe à Jalhay, à l'Est de Verviers.

Un grand nombre d'*usages de l'eau* se retrouvent dans le bassin de la Vesdre. Les plus importants d'entre eux sont la production d'eau potable, la production industrielle, l'auto-épuration et la lutte contre les inondations. La production d'eau potable est principalement alimentée par les eaux de surface (26,8 mio m³ en 1997), alors que les eaux souterraines ne représentent que 10 % de la production totale (2,2 mio m³ en 1995), dans un contexte de baisse de la consommation (105 l/j/hab. en 2003) (MRW, 1999, 2005). En dépit d'une désindustrialisation massive du bassin, les usages de production demeurent importants, tout en ayant changé de nature. L'utilisation de l'eau dans le *process* industriel a fortement décliné, dépassée par la production d'eau minérale, sans cesse croissante à Chaudfontaine et à Spa. L'usage d'auto-épuration diminue avec la multiplication des stations d'épuration. Enfin, la lutte contre les inondations demeure un sujet central dans le bassin, en dépit des aménagements réalisés dans la gestion des barrages. Les autres usages sont la pêche, la production hydroélectrique, l'eau comme milieu naturel, de plus en plus important avec l'amélioration de la qualité des eaux de la Vesdre, l'eau comme paysage et sujet de promenade, ainsi que l'activité thermale, en plein renouveau. Outre les usagers, les différents acteurs institutionnels sont les communes, la Province de Liège, les administrations régionales (direction générale des Ressources naturelles et de l'Environnement, ministère de l'Équipement et des Transports, direction générale de l'Aménagement du Territoire, du Logement et du Patrimoine et direction générale de l'Agriculture), ainsi que les opérateurs du cycle anthropique de l'eau (Société wallonne des eaux, Compagnie intercommunale liégeoise des eaux, Association intercommunale pour le démergement et l'épuration et Société publique de gestion de l'eau).

La gestion de l'eau en Belgique est principalement organisée au niveau régional. La Belgique est un État fédéral depuis 1993. Les compétences en matière de gestion de l'eau sont intégralement dévolues aux Régions, bien que les droits de propriété soient toujours formellement définis au niveau fédéral, dans le Code civil[1]. Ce transfert de compétences vers les Régions fut réalisé en deux temps : en 1980 pour les aspects qualitatifs de la gestion de l'eau et en 1988 pour les aspects quantitatifs. Le *régime institutionnel de l'eau* constitue le résultat d'une sédimentation de règles. Il est nécessaire de remonter dans le temps pour appréhender l'éventail de règles disponibles à l'activation (cf. tableau 4).

Concernant les *droits de propriété*, leurs principes remontent au Code civil de 1804 (ou Code Napoléon). Initialement mis en place en faveur de l'agriculture et de la navigation, ils ont également très bien convenu, par la suite, à l'industrie. Selon le Code civil donc, l'eau fait l'objet d'une répartition complexe des droits de propriété. Les eaux courantes n'appartiennent à personne, mais il est possible de se les approprier, par captage. Pour les petites rivières (ou cours d'eau non navigables), les droits de disposition sur l'eau courante sont organisés autour de la riveraineté (droits de pompage, de rejet ou de barrage) (art. 644 CC). Pour les plus grandes rivières et les fleuves (ou cours d'eau navigables), l'eau relève du domaine public et est gérée par l'État (art. 538 CC). Les propriétaires riverains ont moins de droits d'usage que sur les petites rivières et leurs prélèvements et rejets font l'objet d'une autorisation de l'État. Quant aux eaux de pluies, aux mares et aux sources, elles sont en propriété privée, rattachées à la propriété foncière

[1] Toute modification du Code civil se produit au niveau fédéral, du moins en ce qui concerne la propriété des biens.

(art. 552 et 641 CC). Les eaux souterraines n'appartiennent en principe à personne, mais seuls les propriétaires fonciers situés au-dessus des aquifères ont la possibilité de les capter.

Tableau 4 : Récapitulatif des régimes institutionnels de l'eau en Wallonie de 1804 à 2004

Phases	Droits de propriété	Politiques publiques
1804-1893 : Répartition des droits et des usages	Code civil adopté en 1804 Priorité au drainage, à l'irrigation et à la navigation (*lois de 1848 et 1851 sur l'irrigation et le drainage*)	Protection des sources d'eau minérale de Spa (*loi de 1889*) Lutte contre la pollution des rivières avec des matières en suspension (*Code rural de 1886*) et des métaux lourds (*AR de 1865 pour le lavage des minerais*)
1893-1945 : Construction des réseaux de distribution d'eau		Priorité à la distribution d'eau (*lois de 1907 et 1922 sur les intercommunales*) Contrôle de l'eau vendue dans le commerce (*loi de 1933 sur la protection des eaux de boisson*)
1945-1980 : Premières tentatives de lutte contre la pollution	Présomption de propriété publique des cours d'eau non navigables Limitations des droits de disposition des propriétaires riverains	Protection des eaux de surface et souterraines (*RGPT de 1946, loi de 1950 sur la protection des eaux et lois de 1971 sur la protection des eaux de surface et souterraines*), mais carences dans la mise en œuvre Normes de potabilité (*AR de 1965 et 1966*) Curage des rivières aux frais des pouvoirs publics (*loi de 1967 sur les CENN*)
1980-1995 : Régime effectif de protection des eaux au niveau régional	Transfert du domaine public à la Région Autorisation préalable au pompage de l'eau souterraine et propriété du site à l'exploitant Réglementation des usages (*CWATUP de 1984*)	Transfert des compétences environnementales à la Région Préservation de la qualité des eaux potabilisables (*directive 1980 sur l'eau potable ; décret de 1985 sur la protection des eaux de surface ; décrets de 1990*) Contrats de rivière (1993)
1995- : Tentatives vers une gestion intégrée	Réglementation des usages : interdiction de construire sur les berges et de perturber la faune et la flore (*CWATUP de 1997*)	Permis d'environnement (*décret de 1999*) Coordination du cycle anthropique (*décret de 1999 sur le cycle de l'eau*) Code de l'eau (*décret de 2004*)

Source : Adapté de Aubin et Varone (2001 : 66).

Dans un but de préservation de l'intérêt public et des rapports de bon voisinage, la propriété peut être limitée par des servitudes (art. 637 et 639 CC) (par ex. le propriétaire riverain d'un cours d'eau navigable a l'obligation de laisser le libre accès aux berges, art. 650 CC). Dans la plupart des cas, la propriété de l'eau est rattachée à la propriété du sol ; elle est incorporée au foncier. La permanence de la règle est inscrite dans le temps, du moins dans ses grands principes. Toutefois, le comportement du propriétaire fut graduellement limité par les « lois et les règlements » (art. 544 CC), c'est-à-dire par les politiques publiques. Le seul changement notable sur la période fut le transfert de la charge du domaine public de l'État aux Régions.

Concernant les *politiques publiques*, l'intervention publique débute avec la lutte contre les pollution les plus graves (par ex. le lavage des minerais et le rejet de cadavres d'animaux dans les rivières) et les premières mesures de protection des captages sur le territoire de la Ville de Spa (1889)[2]. Ces dernières instaurent un périmètre de protection dans le centre-ville et limitent les usages à l'intérieur, principalement les activités de terrassement. La première moitié du XXe siècle est marquée par le développement de la distribution publique de l'eau et la mise en place de normes de qualité de l'eau, notamment pour les eaux vendues en bouteilles (loi de 1933). Les lois sur les intercommunales (1907 et 1922) favorisent les associations de communes pour réaliser les investissements, tandis que l'État crée la Société nationale de distribution d'eau (1913). Par ailleurs, la politique de protection des captages de Spa est progressivement élargie à toutes les sources d'eau minérale du royaume (loi de 1924). À partir de 1945, la protection de l'environnement devient une préoccupation. D'une part, les activités industrielles sont encadrées et nécessitent des permis d'exploitation (Règlement général pour la protection du travail de 1946) et, d'autre part, la politique d'épuration des eaux usées se met progressivement en place (lois de 1950 et 1971). La protection des eaux souterraines, mis à part les eaux minérales, reste très faible (loi de 1971). C'est aussi à cette période que sont adoptées les normes de potabilité de l'eau (arrêtés royaux de 1965 et 1966), ainsi que la première loi sur la protection de la nature (1973). En 1980, le processus de régionalisation est entamé. La Région wallonne devient compétente pour la gestion de la qualité de l'eau, puis pour les aspects quantitatifs à partir de 1988, notamment la gestion des barrages. Les décennies 1980 et 1990 voient la montée progressive des politiques publiques en faveur de l'écologie, ainsi que la reconnaissance du caractère multifonc-

2 Notre étude remonte à 1804, mais les usages de l'eau ont, pour ainsi dire, toujours fait l'objet de réglementations publiques (cf. Deligne, 2003).

tionnel de l'eau avec les contrats de rivière (1993), des forums participatifs à destination des usagers.

Ainsi, les politiques publiques de l'eau se développent sur une longue période et se superposent. Elles portent principalement sur la qualité des eaux de surface (par ex. les permis de prélèvement et de rejet), la protection des aquifères (par ex. l'autorisation de captage ou le périmètre de protection) ou, plus récemment, sur la pratique d'activités récréatives (par ex. la pêche, le canoë ou la baignade). Il n'existe toutefois pas de politiques en matière de gestion des barrages et de lutte contre les inondations et l'aménagement du territoire reste peu contraignant sur les modalités de gestion des constructions en zones inondables.

De manière générale, sur la période couverte par les cas, le régime institutionnel de l'eau est considéré comme complexe, c'est-à-dire qu'il couvre tous les usagers de la ressource existants, mais que les différentes régulations ne sont pas toutes cohérentes entre elles et suscitent des problèmes de coordination des actions menées (Knoepfel, Kissling-Naef et Varone, 2001 : 35ss ; Aubin et Varone, 2001 : 13). Néanmoins, le cas $C_{3\ \mathrm{Spa}}$ présente déjà des signes d'intégration des aspects écologiques dans les autres politiques, même si cette intégration passe tout autant par la politique de protection des captages que par celle de la gestion des forêts publiques.

À l'intérieur du bassin de la Vesdre, et sur la période considérée (1975-2005), nous retenons *trois rivalités* qui sont autant de cas pour notre étude (cf. carte 1) : le saturnisme à Verviers ($C_{1\ \mathrm{Verviers}}$) ; les inondations dans la basse vallée de la Vesdre ($C_{2\ \mathrm{Inondations}}$) ; et la protection des captages de Spa contre la pollution diffuse ($C_{3\ \mathrm{Spa}}$). Le cas $C_{1\ \mathrm{Verviers}}$ porte sur un conflit entre les consommateurs d'eau de Verviers et la Ville sur le respect des normes d'eau potable qui s'achève par la décision de l'État de construire une station de traitement et de séparer les eaux potables et industrielles, ainsi que par une condamnation de la Ville en justice. Le cas $C_{2\ \mathrm{Inondations}}$ se déroule également dans les années 1980 et porte sur la fonction des barrages dans la lutte contre les inondations. Il implique la Commune de Chaudfontaine, un producteur d'eau et le Service des barrages du ministère des Travaux publics. Il aboutit à un compromis négocié qui prévoit la constitution d'une réserve d'empotement derrière le barrage en cas de fortes pluies. Le dernier cas est plus récent et porte sur la compatibilité entre la production d'eau minérale de Spa monopole et la production forestière, notamment de bois résineux, au-dessus des aquifères, assurée par la Division de la nature et des forêts de la Région wallonne. Il aboutit à un *modus vivendi* en 2001 qui concilie les deux usages.

Carte 1 : Identification des rivalités d'usages dans le bassin de la Vesdre

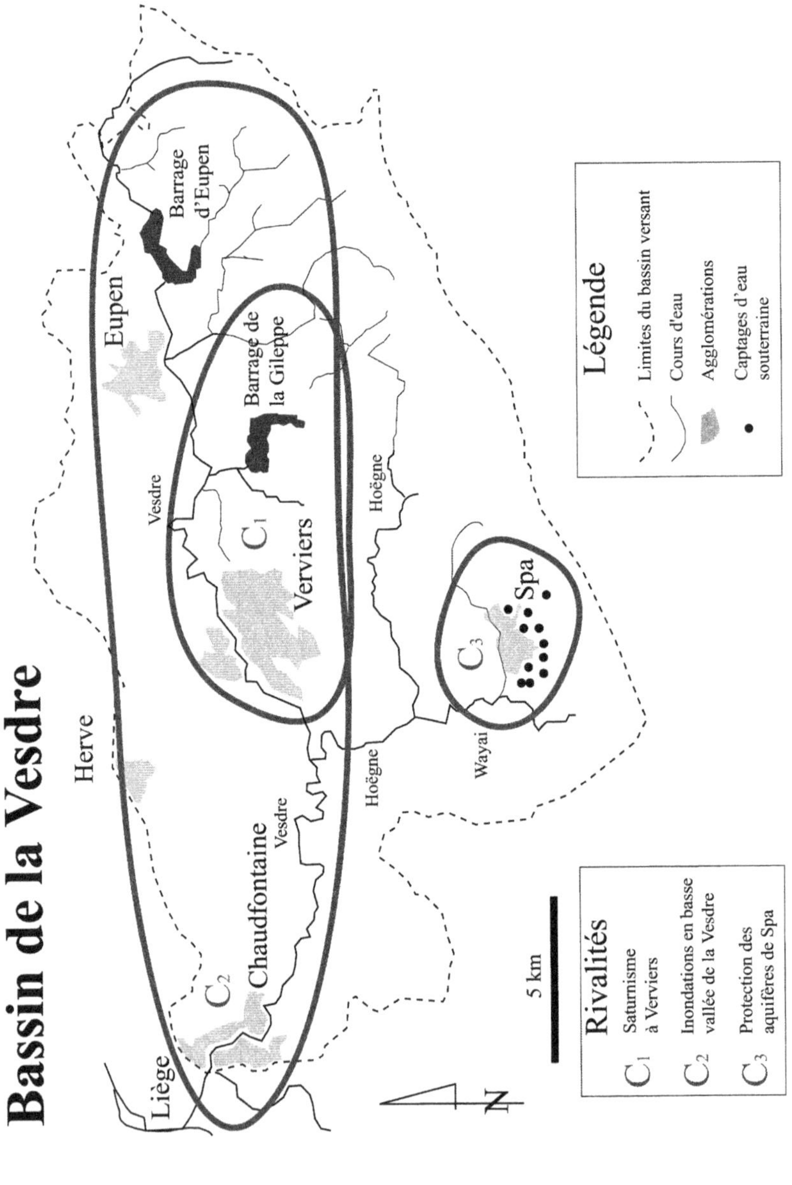

II. Cas 1 : Le saturnisme à Verviers

Dans la ville de Verviers, une rivalité entre la distribution d'eau potable et la distribution d'eau industrielle a donné lieu à un conflit au cours des années 1980 entre un groupe d'habitants et leur municipalité[3]. Des citoyens de Verviers se sont opposés à la Ville (distributrice d'eau), réclamant que l'eau du robinet respecte les normes de potabilité. L'eau brute provenait du lac du barrage de la Gileppe et n'était alors pas traitée avant d'être distribuée. D'origine des Fagnes, cette eau naturellement acide corrodait les tuyauteries en plomb, ce qui provoqua un saturnisme hydrique de grande ampleur à Verviers pendant plus d'un siècle. Cette eau acide était prioritairement destinée à alimenter les industries qui appréciaient son agressivité pour leur *process*. De même, la Ville de Verviers ne voulait pas d'un traitement de cette eau, qu'elle voyait comme son seul atout économique dans un contexte de reconversion industrielle. Il fut donc nécessaire de concilier la distribution d'eau potable et la fourniture industrielle au moyen d'un double réseau de distribution, de potabiliser l'eau à usage domestique sans modifier l'approvisionnement industriel. La station de traitement de l'eau de Stembert entra en service en avril 1992.

A. Apparition de la rivalité

À la fin des travaux d'exhaussement en 1971, l'approvisionnement à partir du barrage de la Gileppe recommença. Durant les travaux, le réseau de distribution de Verviers était alimenté par le barrage d'Eupen, dont l'eau était traitée. C'est alors que réapparurent, de manière accrue, le saturnisme et les problèmes de corrosion des tuyauteries. Le *saturnisme* était bien connu à Verviers depuis la naissance de la Distribution d'eau de la Gileppe à la fin du XIXe siècle. C'est en 1878 que le barrage de la Gileppe fut inauguré, dans le but d'améliorer l'approvisionnement en eau d'une industrie de la laine en plein essor. Ce barrage fut construit et financé par l'État. La Ville de Verviers obtint une concession sur les eaux du réservoir, un droit exclusif de prise d'eau, établi en contrepartie du financement de l'aqueduc qui permettait de fournir de l'eau en abondance à l'industrie de la laine. Rapidement, la population demanda elle aussi à être raccordée à la distribution d'eau, ce que la municipalité mit en œuvre en installant un réseau de canalisations, en fonte principalement, raccordées aux habitations par des conduites en plomb. L'eau de distribution était donc de l'eau brute, non traitée. Pendant plus d'un siècle, le saturnisme s'est développé, dissimulé par les intérêts économiques locaux, ainsi que par une faible connaissance des causes de la

[3] Merci à M. Hubert Brépoels pour la relecture de cette étude de cas.

maladie. L'industrie tenait à cette eau acide et à très bon prix. Les ingénieurs de la Ville défendaient la distribution domestique de cette eau qu'ils qualifiaient de « naturelle » et saine en raison d'une capacité supposée d'auto-épuration du réservoir et de l'aqueduc. Ils formaient l'*École verviétoise des eaux de surface.* Aucune bactérie n'était censée résister à un séjour dans le lac et à un trajet dans l'aqueduc[4].

Du saturnisme, causé par l'attaque de l'eau acide sur les tuyauteries en plomb, il n'était pas question. Il fallut attendre le début des années 1970 pour que des *preuves scientifiques* de la contamination par le plomb soient établies (De Graeve, Jamin et Rondia, 1975 ; Sartor et Rondia, 1980). Celles-ci prouvèrent que le saturnisme à Verviers était bien d'origine hydrique. Auparavant, en 1962, il avait déjà été démontré que les concentrations en plomb dans l'eau de Verviers dépassaient largement les concentrations moyennes des autres villes (CEBEDEAU, 1962). Dès le début des années 1970, il était établi que l'eau de distribution de Verviers présentait des concentrations excessives de plomb et que la consommation de cette eau provoquait de graves problèmes de santé[5].

Face à cette endémie, *deux solutions* furent envisagées. La première consistait à *remplacer toutes les canalisations en plomb*, par des tuyaux en plastique, afin que l'eau acide ne se charge plus en plomb pendant son trajet. Si cette solution, qui exigeait une mise en œuvre scrupuleuse[6], mettait fin à la plombémie, elle ne répondait pas aux autres problèmes. Tout d'abord, elle ne permettait pas de réagir rapidement à une pollution bactériologique. Ensuite, elle ne mettait pas fin à l'apparition fréquente de boue dans l'eau du robinet. Ce fut pourtant cette première option qui fut partiellement mise en œuvre par la Ville à partir de 1953. La seconde option, plus radicale, consistait à *construire une station de traitement* en aval du barrage. Le pH de l'eau brute devait être relevé de 4,5 à 8 après préchloration et floculation. Cette option avait déjà été évoquée à de multiples reprises depuis la construction du barrage dans les années 1870.

---

4 À la décharge de l'École verviétoise de l'eau, il est notable que Verviers n'ait connu aucune épidémie pendant tout le siècle de distribution d'eau non traitée.

5 Diverses actions en justice avaient été menées avant l'action du Groupe Eau (par ex. Cour d'Appel de Liège, 26 juin 1965 et 8 octobre 1969, *affaire Thomanne contre Villes de Verviers et de Limbourg ;* Cour d'Appel de Liège, 9 décembre 1963, *Lovens contre Commune de Stembert ;* et Cour d'Appel de Liège, 1er juillet 1938). Toutefois, ces procès n'ont jamais dépassé les cas individuels et le problème du saturnisme n'est pas devenu un problème social, en dépit des nombreuses personnes touchées.

6 En effet, il était non seulement nécessaire de remplacer les conduites centrales, mais aussi tous les raccordements domestiques avant et après compteur.

Dans les années 1960, les autorités nationales s'inquiétèrent de la faiblesse des ressources hydriques du pays dans un contexte de hausse exponentielle de la consommation domestique (CRPE, 1966-1967). Alors que la station de traitement d'Eupen était saturée, le ministère de la Santé publique imagina un raccordement du lac de la Gileppe aux grands adducteurs d'eau qui alimentaient Liège, ce qui réclamait un traitement préalable de l'eau.

Les autorités nationales prirent le dossier en charge. Sous la pression, le Conseil échevinal de la Ville de Verviers marqua son accord de principe le 14 janvier 1974 pour le traitement (d'une partie) de l'eau de la Gileppe et le lancement d'une étude pour la réalisation de la station de traitement[7]. Toutefois, il abandonna le projet le 9 décembre 1975. Ce fut le ministre des Travaux publics, Guy Mathot, qui relança le projet de station de traitement le 27 janvier 1978 en l'inscrivant au Programme national d'investissement prioritaire (PIP) dont, malheureusement, l'adoption fut régulièrement repoussée jusqu'au 8 novembre 1983. Dans le contexte de la régionalisation du pays, les Flamands exigeaient une compensation à cet investissement. Dès juin 1978, le Service des barrages du ministère des Travaux publics entamait pourtant les études chimiques relatives au traitement, ainsi que les procédures d'expropriation des terrains, au grand dam du ministère de la Santé publique qui voulait conserver la maîtrise d'ouvrage du projet.

La Ville de Verviers s'indignait de ces retards dans diverses motions[8], alors que la date estimée d'entrée en service était régulièrement repoussée. Le déblocage du dossier au niveau national fut certainement accéléré suite à *l'initiative de la Région wallonne du 27 avril 1983* (MRW, 1992). Sous l'impulsion des ministres Wathelet et Damseaux, tous deux Verviétois, l'exécutif wallon vota un emprunt de 600 mio BEF (14,9 mio EUR) et lança les adjudications pour l'un des trois modules de traitement prévus. Cette impulsion aboutit à un accord entre les Régions et à l'inscription de la station de traitement aux Grands travaux hydrauliques à la fin du mois de novembre[9]. La première pierre de la station de traitement fut posée le 12 novembre 1985 et, suite à divers retards de chantier, celle-ci entra en service le 5 avril 1992. C'est cette station, financée à 100 % par l'État, qui est au cœur de la résolution de rivalité.

---

[7] Accord de principe « sur le traitement de l'eau destinée aux besoins alimentaires ; [et] sur la mise à l'étude du dédoublement du réseau de distribution » (*Bulletin du Conseil échevinal*, janvier 1974, décisions n° 216 et 240 et *Bulletin communal verviétois (B.C.V.)*, 24 mars 1975, n° 132).

[8] *B.C.V.*, 28 septembre 1981, n° 610, et 14 décembre 1981, n° 769.

[9] Arrêté royal du 8 novembre 1983 définissant le caractère national des certains grands travaux hydrauliques (*Moniteur belge (M.B.)*, 19 novembre).

Le *conflit* proprement dit se déroula entre la Ville de Verviers et le Groupe Action Eau, un groupement de citoyens verviétois, dans la première moitié des années 1980. Les citoyens étaient las de cette mauvaise qualité de l'eau de distribution, non seulement à cause du plomb, mais aussi de son goût et de sa couleur. C'est une mère de famille, Mme Delhez, qui fut à l'origine du mouvement. Irritée par les problèmes d'eau récurrents qu'elle rencontrait, elle décida de lancer une pétition et manifesta sa colère en pendant à ses fenêtres du linge fraîchement lavé, mais souillé de boue. Alerté par cette affaire, M. Hubert Brépoels, membre du Comité de Quartier Heusy-Village, lui proposa son aide. Le comité de quartier mena, en premier lieu, des *actions de sensibilisation* parmi la population heusytoise puis, face à l'absence de réaction des autorités locales, certains membres du comité décidèrent d'*assigner la Ville en justice*. La plainte fut déposée le 26 janvier 1983. Le Groupe Action Eau demandait le respect des normes de potabilité et une réduction du prix de l'eau « ménagère » tant que celle-ci n'était pas potable. Il perdit son procès en première instance à Verviers le 22 novembre 1983. Après réflexion, le Groupe Action Eau interjeta appel et gagna cet appel le 28 juin 1985. La *Cour d'Appel de Liège* reconnut l'obligation de la Ville de Verviers de distribuer une eau conforme aux normes. Mécontent de cette décision, le Conseil communal de Verviers décida de *se pourvoir en Cassation*. Face aux dépenses encourues par une telle démarche et satisfait de la décision de la Cour d'Appel, le Groupe Action Eau préféra en rester là. Il accepta la *proposition de conciliation* de la Ville de Verviers. Par ailleurs, les démarches entamées par le Groupe Action Eau auprès de la Commission européenne débouchèrent sur une condamnation de la Belgique par la Cour de Justice des Communautés européennes en 1990[10].

10 Affaire C-42/89, 5 juillet 1990. La Belgique est condamnée aux dépens pour le non respect de la directive européenne 80/778/CEE relative à la qualité de l'eau destinée à la consommation humaine. L'arrêt mentionne explicitement le cas de Verviers.

Encadré 3 : Chronologie du cas du saturnisme à Verviers ($C_{1\ Verviers}$)

1866, 1er fév.	Arrêté royal autorisant la Ville de Verviers à pratiquer une prise d'eau dans le réservoir à construire dans la vallée de la Gileppe
1953	Abandon de l'usage des canalisations en plomb par la Ville
1959, 14 juil.	Appel de la Ville aux abonnés, par voie de presse, à ne pas consommer l'eau ayant stagné dans les canalisations de plomb
1965, 24 avril	Arrêté royal relatif à l'eau alimentaire. Premières normes belges sur la qualité de l'eau potable (complété par l'AR du 6 mai 1966)
1974, 14 janv.	Accord de principe du collège échevinal pour l'épuration d'une partie de l'eau de la Gileppe. Lancement d'une étude de la SNDE
1975, 24 mars	Motion de la Ville en faveur de la station de traitement
1975, 9 déc.	Abandon du projet de station de traitement par la Ville
1977, déc.	Négociations entre l'État et la Ville : maintien d'une distribution communale et construction de la station par l'État
1978, 27 janv.	Inscription de la station de traitement au Programme d'investissements prioritaires du ministère de la Santé publique
1980, 15 juil.	Adoption de la directive européenne relative aux normes de qualité des eaux destinées à la consommation humaine (80/778/CEE)
1981, 27 oct.	Projet de station de traitement bloqué au gouvernement national
1981, 11 déc.	Pétition de Mme Delhez relative à la mauvaise qualité de l'eau
1982	Constitution du Groupe Action Eau
1982, 15 juil.	Délai de transposition de la directive eau potable
1983, 26 janv.	Assignation de la Ville par le Groupe Action Eau devant le Tribunal de première instance de Verviers
1983, 27 avril	Décision de l'Exécutif régional wallon de préfinancer la station de traitement. Lancement de la procédure d'appel d'offre
1983, 8 nov.	Arrêté royal définissant le caractère national de certains grands travaux hydrauliques, dont la station de traitement de la Gileppe
1983, 22 nov.	Défaite du Groupe Action Eau devant le Tribunal de première instance
1983, 29 nov.	Saisine par le Groupe Action Eau de la Commission européenne qui décide d'examiner l'affaire
1983, 28 déc.	Appel du Groupe Action Eau contre la décision du TPI de Verviers
1984, 27 avril	Arrêté royal de transposition de la directive 80/778. Dérogations aux normes de toxicité (dont le plomb à Verviers)
1985, 4 fév.	Dépôt de la demande de permis de bâtir pour la station de traitement
1985, 28 juin	Victoire du Groupe Action Eau en appel. Négociation avec la Ville de Verviers pour éviter un pourvoi en Cassation
1985, 6 nov.	Mise en route d'une solution transitoire qui permet progressivement d'alimenter 24 000 hab. de Verviers avec l'eau traitée d'Eupen
1985, 12 nov.	Début des travaux (première pierre)
1989, 20 fév.	Recours de la Commission européenne devant la Cour de Justice pour carence d'État de la Belgique
1989, 20 juil.	Arrêté de l'Exécutif wallon relatif à la qualité de l'eau potable, transposition de la directive
1990, 5 juil.	Condamnation de la Belgique par la Cour de Justice pour manquement aux obligations de la directive eau potable
1991, 1er oct.	La SWDE obtient la gestion du Service de la Gileppe
1992, 5 avril	Entrée en service de la station de traitement

B. Activation des règles par les usagers

Pour entrer désormais dans les détails de l'affaire, nous distinguons trois protagonistes principaux, le Groupe Action Eau, la Ville de Verviers et les industriels verviétois (cf. figure 10). Les règles activées par les usagers dans leur confrontation sont des droits de propriété pour les uns (Ville et industriels) et une politique publique pour les autres (Groupe Action Eau).

Figure 10 : Liens entre acteurs et coalitions formées dans le cas du saturnisme à Verviers ($C_{1\ Verviers}$)

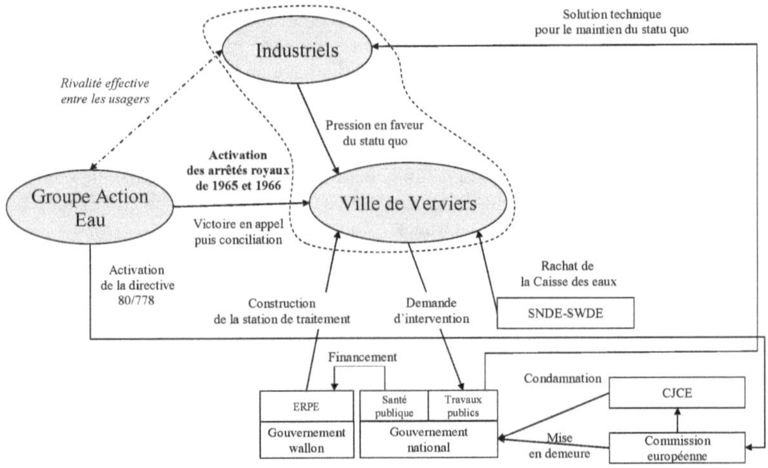

Le *Groupe Action Eau* est une association de fait composée de six familles verviétoises créée en 1982 au sein du comité de quartier Heusy-Village. M. Hubert Brépoels, animateur du Groupe Eau est un employé, syndicaliste et membre du comité de quartier. C'est lui qui soulève le problème de l'eau au comité et qui attire l'attention sur l'action de Mme Delhez, une mère de famille qui avait lancé une pétition en décembre 1981 contre la mauvaise qualité de l'eau. Le comité de quartier prend contact avec elle et décide de soutenir son action. Le Groupe Action Eau est une émanation de ce comité. Après avoir soutenu diverses initiatives visant à rendre publique la protestation, le Comité de quartier refuse l'action en justice que le Groupe Eau veut conduire et se désolidarise, par crainte du coût de la procédure et de représailles de la Ville. Au début de son action, le Groupe Eau organise une quête dans le quartier et recueille un soutien financier (environ 100-200 EUR) ou moral ; 539 personnes se constituent intervenants volontaires, c'est-à-dire qu'elles s'associent formellement à la revendication et demandent à subir les effets du jugement.

L'objectif du Groupe Eau consiste à ce *que soit distribuée de l'eau potable sur tout le territoire de la ville de Verviers*. Il consiste également à ce que les habitants ne paient pas l'eau « ménagère » au prix de l'eau potable. Dans sa requête, le Groupe Eau revendique que le prix de l'eau soit ramené à 7 BEF le m^3 contre 22 BEF payés en 1983 (respectivement 0,17 EUR et 0,55 EUR), tant que l'eau n'est pas potable. De manière subsidiaire, il pousse à la reconnaissance du problème du saturnisme à Verviers. Ce second objectif apparaît au cours du montage du dossier avec la découverte de l'ampleur du problème du saturnisme dans la ville. Les membres du Groupe Eau n'ont pas d'intérêt financier dans l'affaire qu'ils soulèvent. Ils s'indignent de l'inaction de la Ville, alors que celle-ci aurait les moyens d'éviter les souffrances et les décès. Ils considèrent cette indifférence comme injuste.

Avant de se lancer dans la procédure judiciaire, le Groupe Eau conduit de nombreuses actions. Ses membres organisent des réunions, distribuent des tracts, contactent un grand nombre d'organisations, demandent des entrevues ou visitent des victimes. En dépit de leurs efforts pour susciter des réactions, la population ne se mobilise pas. Le Groupe se tourne alors vers une action judiciaire. Dans son action, il invoque les arrêtés royaux du 24 avril 1965 et du 6 mai 1966 qui, respectivement, établissent que l'eau distribuée au consommateur doit être potable et précisent les paramètres de potabilité[11]. Sur cette base, le Groupe Eau demande au juge de se prononcer sur la non potabilité de l'eau de distribution, de réduire le prix de l'eau « ménagère » et de condamner la Ville à livrer une eau de qualité alimentaire. Peu après sa défaite en première instance, le Groupe Eau active la directive européenne sur l'eau potable de 1980[12]. Il contacte la Commission européenne qui entame la procédure de recours en manquement d'État.

En terme de *ressources d'action*, le Groupe Eau a d'abord dû trouver un avocat. Aucun avocat verviétois n'acceptait d'endosser cette affaire contre la Ville. Les frais d'avocat sont financés par les membres du Groupe Eau. M. Brépoels ne reçoit aucun appui de son syndicat ni du Parti socialiste dont il est membre. La presse reste à l'écart ; elle ne relaie pas leurs communiqués de presse. En revanche, des personnes

---

11 Arrêté royal (AR) du 24 avril 1965 relatif à l'eau alimentaire (*M.B.*, 16 juin), en application de la loi du 20 juin 1964 sur le contrôle des denrées alimentaires et autres produits et complété par l'AR du 6 mai 1966 (*M.B.*, 13 juillet). Une eau est potable tant qu'elle ne porte pas atteinte à la santé des consommateurs, que son pH est supérieur à 6,5 et que sa concentration en plomb est inférieure à 0,05 mg/l.

12 Directive 80/778/CEE du 15 juillet 1980 relative à la qualité des eaux destinées à consommation humaine (*J.O.C.E.*, L229), laquelle fixe notamment un plafond de 0,05 mg/l (ou 50 µg/l) pour la concentration de plomb.

extérieures leur prodiguent des conseils qui leur évitent des erreurs dans leur parcours judiciaire.

Verviers est une ville de 55 000 habitants, située dans la vallée de la Vesdre. La Ville assure la distribution d'eau en régie directe jusqu'en 1991, laquelle distingue l'approvisionnement industriel (Caisse des eaux) de la distribution publique (Service de distribution d'eau de la Gileppe) pour un chiffre d'affaire total de 120 mio BEF par an (2,97 mio EUR), 13 500 abonnés et une centaine d'employés. La consommation industrielle représente les trois quarts de la consommation totale d'eau (avec 6,5 mio m^3 contre 2,5 mio m^3 d'eau « ménagère » en 1980) et bénéficie de tarifs très avantageux (en moyenne 2,88 BEF/m^3 contre 22 BEF/m^3 pour l'eau « ménagère » en 1983, respectivement 0,07 EUR et 0,55 EUR), en conséquence de quoi la Caisse des eaux est très fortement déficitaire (152 mio BEF en 1984, soit 3,77 mio EUR) et le réseau vétuste (environ 50 % de fuites). La Caisse des eaux gère l'aqueduc, distribue l'eau aux industries et approvisionne le Service de distribution d'eau de la Gileppe. Ce dernier distribue et facture l'eau « ménagère » aux particuliers et entretient le réseau. Ces deux entités sont des services communaux dont les décisions relèvent directement du Conseil communal. Celui-ci est, au long de la rivalité, dirigé par des majorités politiques différentes, mais les trois grands partis nationaux, le Parti social-chrétien (PSC), le Parti socialiste (PS) et le Parti libéral réformateur (PRL) y sont représentés en permanence.

La Ville de Verviers craint avant toute chose *que la construction de la station de traitement de l'eau ne lui coûte*. À la fin des années 1970, elle reste focalisée sur son industrie, en dépit d'un secteur lainier déjà sinistré. L'usage industriel de l'eau reste prioritaire et devient un enjeu de reconversion économique. Verviers fonde son attractivité sur la fourniture d'une eau abondante et bon marché, la moins chère de Belgique. La situation financière de la Caisse des eaux et du Service de distribution d'eau de la Gileppe est catastrophique. Il est hors de question pour la Ville de financer une usine de traitement, ni de reconnaître le saturnisme. Il est tout autant exclu de remplacer massivement les canalisations en plomb, c'est-à-dire la plupart des raccordements domestiques[13]. La vétusté du réseau pose d'autres problèmes. Tant que la Ville ne payait pas cette eau, elle pouvait accepter une facturation limitée à 40 % du volume injecté dans le réseau, mais il en va tout autrement à partir du moment où elle doit payer l'eau qui entre dans le réseau après traitement. C'est une des raisons pour lesquelles la Ville craint de se voir dépossédée de son réseau de distribution, au profit de la SNDE. Sur

[13] Depuis 1953, la Ville a abandonné l'usage du plomb pour les conduites principales qu'elle remplace progressivement par du plastique.

ces motifs, la Ville décide de ne rien décider et reste passive face à la situation sanitaire de sa population, dans l'attente d'une décision de financement par l'État[14]. Son objectif premier consiste à éviter toute hausse du prix de l'eau industrielle.

Dans cette rivalité, la Ville de Verviers adopte une *attitude passive et défensive*. Elle compte gagner du temps sur la nécessaire adaptation du réseau de distribution et sur l'augmentation du prix de l'eau industrielle. La Ville de Verviers s'appuie d'abord sur des droits de propriété, en particulier sur un droit de disposition exclusif sur les eaux du barrage de la Gileppe, propriété formelle de l'État. En vertu des arrêtés royaux de 1866 et 1897, elle dispose d'un droit exclusif de captage des eaux résiduelles du lac en contrepartie de la construction d'un aqueduc et d'un réseau de distribution pour l'industrie[15]. La Ville est également propriétaire de l'aqueduc et du réseau de distribution[16]. En second lieu, elle s'appuie sur le terme d'eau « ménagère », qu'elle substitue à celui d'eau potable. Elle estime qu'elle n'a jamais déclaré distribuer de l'eau potable et qu'elle échappe de la sorte aux dispositions « trop contraignantes » de l'arrêté royal de 1965. En troisième lieu, elle considère avoir répondu à ses obligations en matière de distribution d'eau du fait qu'elle a averti les habitants de la non potabilité de l'eau et des mesures de précaution à prendre[17]. En terme de *ressources d'action*, la Ville de Verviers conserve des moyens financiers conséquents et exerce un certain contrôle sur les élites locales, y compris la magistrature. Elle bénéficie également de relais d'opinion importants[18], ainsi que de relais politiques aux échelons national et régional, notamment les ministres Wathelet (PSC) et Damseaux (PRL).

Les *industriels de Verviers* sont les survivants ou les successeurs d'une mono-industrie concentrée sur le traitement de la laine et qui

---

14 Ce point de vue fut présenté au Sénat par M. Parotte, futur bourgmestre Verviers et M. Gillet, sénateur verviétois, le 23 novembre 1976.

15 Arrêté royal du 1er février 1866 (*M.B.*, 20 février), révisé par celui du 21 décembre 1897 (*M.B.*, 6 janvier 1898, annoncé mais non publié). Cet AR de 1897 vient officialiser une situation de fait due au non respect de l'AR de 1866, rendu inapplicable par le désintérêt des industriels pour l'eau de la Gileppe et par son prix élevé au regard du coût du pompage direct dans la Vesdre (Delforge, 1985 : 171-172).

16 Toutefois, dans l'action judiciaire, la Ville ne mentionne ni sa propriété sur l'eau, ni l'AR de 1866.

17 Faire couler l'eau abondamment avant de l'utiliser et, en cas de présence de coliformes fécaux, la faire bouillir pendant 15 minutes (cf. circulaire du Gouverneur de la Province de Liège du 7 juillet 1959 et avis dans le journal *Le Jour* du 14 juillet 1959).

18 L'ingénieur Depouhon, ancien directeur de la Caisse des eaux, défend avec conviction le principe d'auto-épuration du lac et rejette l'option du traitement de l'eau (cf. *Technique de l'Eau*, mars-avril 1970).

disparaît à la fin des années 1970. Après avoir été déclarée région sinistrée, la Ville élabore une stratégie de reconversion à partir de 1959, afin d'attirer de nouvelles industries (Barbière *et al.*, 1994). L'eau à bon marché est un argument de poids dans cette stratégie. De nombreuses industries verviétoises sont déjà de grandes consommatrices d'eau et s'opposent au traitement de l'eau, le plus souvent pour une simple question de coût[19]. Le prix de l'eau industrielle est négocié avec la Ville, par l'intermédiaire de la Chambre de commerce et d'industrie (CCIV).

Les industriels freinent la construction de la station de traitement par crainte d'une augmentation du prix de l'eau. L'eau industrielle de Verviers est la moins chère de Belgique. C'est *l'incertitude liée à tout changement* qui guide l'action des industriels. Ils ne veulent pas du traitement de l'eau, qui pourrait conduire à une reprise de la distribution d'eau par la SNDE et à la connexion du barrage de la Gileppe aux grands adducteurs wallons[20]. Les industriels craignent d'être privés de « leur » eau et aussi que la Ville ne perde le contrôle de la distribution et des prix[21]. Sur ce point, leur position est tout à fait convergente avec celle de la Ville. Leurs intérêts (économiques) s'entremêlent.

Cette fourniture d'eau à bas prix dérive d'un *droit d'usage sur les eaux de la Gileppe* octroyé à l'industrie par l'arrêté royal du 1er février 1866 et qui interdit à la Ville de réaliser un profit sur la distribution d'eau. L'industrie est, en principe, prioritaire dans l'approvisionnement et seul le surplus est distribué à la population. Avec le temps, cet usage prioritaire au prix de revient s'est transformé en droit coutumier à une eau à bas prix[22]. Toutefois, les industriels n'entrent pas en confrontation directe avec les citoyens, mais exercent plutôt une pression politique très forte sur le conseil municipal qui devient le porte-parole de leurs intérêts[23]. Les élus locaux tendent à soutenir inconditionnellement les posi-

---

19 Une dizaine d'industries ont une consommation supérieure à 40 000 m³/an. Seule Mabelpap reconnaît son intérêt pour l'acidité de l'eau, pour le traitement du papier (Gonda, 1981).

20 *Bull. CCIV*, n° 6, juin 1955.

21 *Bull. CCIV*, numéro spécial, n° 4, 1977, pp. 23-24.

22 En quelque sorte, celui-ci dérive du droit de riveraineté que les industries possédaient sur la Vesdre et qui leur permettait de puiser l'eau gratuitement dans la rivière (art. 644 CC et 15 à 21 du Code rural). Dans les premières années de l'exploitation du barrage, les industries reliées à l'aqueduc n'utilisaient ce service qu'à titre exceptionnel. L'eau de la Vesdre, gratuite, leur suffisait la plupart du temps. En conséquence, la Ville ne parvenait pas à équilibrer le résultat de la Caisse des eaux et dût fortement baisser ses prix afin de convaincre les industriels de l'avantage d'un approvisionnement constant en eau de distribution (Delforge, 1985).

23 La CCIV tente d'éviter la reprise de la distribution d'eau par la SNDE (*Bull. CCIV*, février 1974, n° 2, p. 45) et demande un réseau séparatif pour l'eau industrielle en cas

tions de la CCIV, en particulier la solution du double réseau de distribution[24]. La Ville est acquise aux positions des industriels et prend clairement parti en leur faveur dans la rivalité qui l'oppose à ses citoyens. Les industriels n'y prendront pas part ; leur usage est déjà garanti avant même que le Groupe Eau ne se mobilise.

S'agissant des tiers acteurs, les mobilisations contre le saturnisme sont nombreuses et pas nécessairement liées à l'action du Groupe Eau. Au cours des débats sur le saturnisme, la *Section verviétoise de l'Ordre des médecins* minimise le problème et le réduit à l'accompagnement médical des personnes atteintes. Le saturnisme est pourtant un problème bien réel à Verviers. Dans les années 1970, le professeur Rondia de l'*Université de Liège* conduit une étude médicale en collaboration avec la *Croix-Rouge de Belgique* qui démontre l'anormalité des taux de plombémie dans le sang de la population verviétoise (De Graeve, Jamin et Rondia, 1975). Ces résultats sont relayés par la *Ligue des familles* qui propose, en novembre 1976, de réaliser un bilan de l'endémie[25]. La *Société nationale de distribution d'eau* (SNDE) est, en revanche, un acteur absent du conflit qui s'était pourtant fort impliqué dans la reprise du réseau verviétois. Autre tiers-acteur, les Travaux publics répondent à la demande d'intervention de la Ville, qui ne peut conduire seule le projet de station de traitement, et fournissent la solution technique du double réseau. Le ministère de la Santé publique finance la station de traitement et l'Entreprise régionale de production d'eau la construit.

---

de traitement de l'eau domestique (*Bull. CCIV*, janvier-février 1977, n° 1, p. 15-17). L'influence de l'industrie sur la Ville s'observe particulièrement lors des négociations sur le prix de l'eau (*Bull. CCIV*, mai-juin 1975, n° 3, p. 55 et *B.C.V.*, 28 mars 1977, n° 173). Les articles de la presse locale l'illustrent également (cf. *Le Jour*, 24 octobre 1976, et *Le Courrier*, 6 novembre 1976).

24 M. Raxhon, futur bourgmestre : « Si notre eau industrielle était portée à un coût 'national', nous serions immédiatement privés d'un incitant économique régional essentiel et cela non plus, nous ne le voulons pas » (*Le Jour*, 27-28 novembre 1976). L. Lecloux, échevin : « [...] Comme des entreprises réclament de l'eau brute, nous conserverons un réseau industriel » (*Le Courrier*, 24 novembre 1978). M. Damseaux : « [En] insistant sur le problème de la santé publique et en voulant une eau fort pure, [M. Henrard] va compromettre un nombre d'emplois considérable à Verviers. Si certaines industries se sont installées dans notre ville, c'est justement parce que l'eau de la Gileppe présente certaines caractéristiques et notamment un pH de 4,65 » (*B.C.V.*, 27 février 1978, n° 135).

25 En 1976, le Centre de toxicologie de l'Université de Liège procède sur deux mois à cent analyses de plomb demandées par l'hôpital de Verviers (*Le Courrier*, 15 novembre 1976). Sur plus de trois cents malades qui se présentent chaque année, cinquante constituent des cas graves d'intoxication.

C. Dénouement de la rivalité

Dans un premier temps, le Groupe Action Eau est débouté par le Tribunal de première instance de Verviers suite à une plainte déposée le 26 janvier 1983. Bien que la plainte, fondée sur les arrêtés royaux de 1965 et 1966, soit jugée recevable, le juge déclare l'action non fondée. Il estime que le problème de non respect des normes de potabilité est particulier à la région de Heusy, que la Ville n'a pas une obligation de résultats vis-à-vis du respect des normes de potabilité, que celle-ci s'est engagée à fournir une eau « ménagère » et non pas une eau potable et, finalement, qu'en « vertu du principe de la séparation des pouvoirs, il n'appartient pas au judiciaire de donner des injonctions à l'exécutif »[26]. La motivation de la décision du tribunal ne satisfait pas le Groupe Eau qui décide d'interjeter appel.

L'arrêt rendu par la Cour d'Appel de Liège le 28 juin 1985 invalide la position du Tribunal de première instance de Verviers. Il établit que les arrêtés royaux s'imposent bien à la Ville de Verviers, en dépit du fait que celle-ci affirme qu'il s'agisse d'eau « ménagère ». De plus, la Cour d'Appel estime que « la Ville de Verviers était bien consciente des obligations qui s'imposaient à elle » puisqu'elle prenait des mesures pour réaliser les prescriptions légales[27]. En conséquence, elle condamne la Ville à livrer de l'eau potable, mais demande un complément d'information, afin d'évaluer une éventuelle exonération de la Ville et la nature du préjudice subi par les plaignants. La reconnaissance du bien fondé de la revendication du Groupe Eau est établie. Toutefois, la Ville de Verviers n'attend pas le jugement définitif pour contester cette décision. Le 4 novembre 1985, elle décide immédiatement de se pourvoir en Cassation. Plutôt que de poursuivre l'action judiciaire, faute de moyens et pensant aussi que sa tâche est accomplie, le Groupe Eau répond à l'offre de la Ville de négocier. La Ville de Verviers s'engage à rembourser les frais de justice et à trouver une solution au problème, en contrepartie d'un arrêt des poursuites.

L'arrangement local ne comporte pas uniquement une décision de justice. Sa mise en œuvre nécessite des réalisations techniques et des moyens financiers substantiels. Tout d'abord, l'État belge et la Région wallonne financent la station de traitement. Cette décision est antérieure à l'action du Groupe Eau. Ensuite, le consensus sur la construction de la station de traitement n'aurait pas pu être obtenu sans que les intérêts de l'industrie n'aient été pris en compte. C'est le Service des barrages qui

---

26 TPI de Verviers, arrêt du 22 novembre 1983, *Brépoels et consorts contre Ville de Verviers*. Aucun fondement légal ne vient étayer cette affirmation tout à fait farfelue.

27 Cour d'Appel de Liège, 28 juin 1985.

propose, dès janvier 1974, de dédoubler les réseaux de distribution d'eau industrielle et domestique[28]. La conduite d'eau brute est financée par le ministère des Travaux publics sur son propre budget, pour une valeur de 100 mio BEF (soit 2,48 mio EUR). Toute la question, maintenant, est de *savoir si la décision de la Cour d'Appel de Liège fut déterminante dans la résolution de la rivalité.* Si l'on reprend la chronologie des événements, nous nous apercevons que celle-ci n'est pas antérieure à la décision de construire la station de traitement. Cependant, les discussions aux niveaux régional et national et la revendication locale semblent se rejoindre en un moment particulier. Le 26 janvier 1983, le Groupe Eau dépose sa plainte en justice et trois mois plus tard, le 27 avril 1983, l'Exécutif wallon vote le préfinancement de la station de traitement. *Cette succession de décisions suggère une relation entre les deux événements.*

Rien n'est moins sûr. En effet, le 13 décembre 1982, le ministre Damseaux informe le Conseil communal de l'intention de l'exécutif wallon de préfinancer la station de traitement pour un montant de 600 mio BEF (soit 14,9 mio EUR). Cette décision vient en réaction au fait que les négociations entre les Régions sur le nouveau programme d'infrastructure prioritaire doivent se poursuivre au-delà de la date prévue du 31 décembre[29]. Si l'influence de la démarche du Groupe Eau semble faible, elle n'en est pas pour autant totalement nulle. La décision de l'Exécutif wallon est adoptée dans un contexte d'agitation à Verviers. Les habitants de Heusy protestent contre la qualité de l'eau et contre une nouvelle provision réclamée aux consommateurs d'eau depuis le 20 octobre 1982[30]. C'est dans ce climat de tension à Verviers que l'Exécutif wallon, sous la pression des ministres Wathelet et Damseaux, prend la décision de préfinancer la station le *27 avril 1983*. L'arrangement local est donc la conjonction de trois décisions, c'est-à-dire le dédoublement du réseau de distribution, le financement de la station de

---

28 « Cette étude sera réalisée progressivement pour assurer le traitement de la Gileppe et donner à chacun, industriel ou consommateur privé, l'eau, traitée ou brute, dont il a besoin » (*Le Courrier*, 6 mars 1974).

29 M. Damseaux *:* « Nous allons, en fait, faire la soudure en supportant les frais d'emprunts. [...] Grâce à notre initiative, les discussions qui ont lieu actuellement avec l'Exécutif flamand d'une part et l'Exécutif bruxellois d'autre part ne retardent pas la mise en route de la station de traitement de la Gileppe [...]. Nous allons donc supporter, aussi longtemps qu'il n'y a pas d'accord, les intérêts des emprunts nécessaires pour réaliser les six cents premiers millions » (*B.C.V.*, 13 décembre 1982, n° 317).

30 M. Lejeune, conseiller communal *:* « Les habitants de Heusy, et beaucoup d'autres de Verviers, ont émis des protestations sur la qualité de l'eau. Il faut bien admettre que cette provision, d'un montant élevé, suscite des difficultés dans certaines familles... » (*B.C.V.*, 13 décembre 1982, n° 305).

traitement par l'État et, enfin, la décision de la Cour d'Appel de Liège. L'arrangement local remonte au 27 avril 1983, à un moment où la plainte du Groupe Eau n'est même pas encore jugée en première instance. Le conflit à proprement parler entre la Ville de Verviers et le Groupe Action Eau s'éteint avec l'arrêt de la Cour d'Appel de Liège du 28 juin 1985. Enfin, la rivalité n'est effectivement résolue que le 5 avril 1992, au moment où la station de traitement de Stembert entre en service. Les trois événements qui constituent l'arrangement local sont découplés.

De premier abord, la solution est *coercitive*, si l'on s'en tient à la décision judiciaire. La justice tranche et condamne la Ville, qui doit s'exécuter avec l'appui financier de l'État. Les deux parties incriminées par les citoyens, la Ville et les industriels, ne sont toutefois pas contraintes de se plier à la loi. L'industrie obtient le maintien d'une distribution d'eau brute, tandis que la Ville impute la responsabilité des retards dans le traitement de l'eau à l'État. Bien que la responsabilité de la Ville soit mise en cause par la Cour d'Appel en 1985, la station de traitement n'entre en service qu'en 1992. Que se passe-t-il entre-temps ? La Ville met en place des solutions transitoires qui consistent à raccorder certains quartiers à l'adducteur Eupen-Seraing, mais qui arrivent de manière tardive entre novembre 1985 et la fin 1990 et ne concernent pas toute la population[31]. À aucun moment les industries ne se retrouvent privées d'eau brute[32]. L'irrespect de cet arrangement, de nature coercitive, n'est pas assorti de sanctions. Il n'en demeure pas moins imposé à la Ville de Verviers pour autant. Celle-ci a finalement dû céder aux pressions de l'État et les décisions prises échappent à son contrôle.

En terme d'*alternatives*, pour le Groupe Eau, l'action en justice est un pis aller, décidé après l'échec de diverses actions de sensibilisation. Pour la Ville de Verviers, toute alternative à la passivité aurait pu contribuer à accélérer le dénouement du conflit. En guise d'alternatives, elle aurait pu mener une pression politique accrue sur les autorités nationales ou céder plus tôt son réseau à la SNDE. Elle aurait également pu offrir des solutions transitoires à sa population dès la seconde moitié des années 1970. Enfin, Verviers aurait pu être alimentée par le barrage d'Eupen pendant la durée des travaux de construction de la station de traitement. Du côté des industriels, ceux-ci auraient pu séparer la question du prix de celui de la qualité physico-chimique de l'eau livrée. Ils

---

[31] 10 000 Verviétois, soit 20 % de la population, continuent à recevoir de l'eau non potable jusqu'à l'entrée en service de la station de traitement (cf. *Le Jour*, 31 octobre 1990).

[32] De surcroît, l'entrée en service de la station de traitement est retardée par l'achèvement de la conduite d'eau brute (La Meuse, 13 novembre 1991).

auraient également pu accepter de payer cette eau un peu plus chère, dans l'intérêt de la santé publique. La Ville a refusé d'arbitrer entre les deux usages et préféré maintenir le statu quo uniquement pour des questions économiques.

En termes de *coûts*, le Groupe Eau n'est pas rentré dans les frais engagés dans son action. Ensuite, il a dû continuer à supporter une eau de mauvaise qualité jusqu'à ce que Heusy soit raccordée à l'eau traitée d'Eupen au début de l'année 1987. Pour la Ville de Verviers, le coût est dérisoire. Les travaux menés pour mettre en place le double réseau de distribution ont été largement subventionnés et les mesures transitoires consistaient simplement à mettre en service les nouvelles conduites de manière anticipée. Les industriels, pour leur part, n'ont pas subi les coûts de l'arrangement local et continuent à bénéficier de l'eau « la moins cher de Belgique ». Le coût de l'arrangement est pour l'essentiel externalisé, pris en charge par l'État.

En guise de *bénéfices*, le Groupe Action Eau est tout de même parvenu à ce que soit construite la station de traitement de l'eau. Il a également obtenu gain de cause devant une juridiction civile, contre une ville qui contestait le bien-fondé de son action. Pour la Ville, le bénéfice est bien supérieur. Celle-ci a pu répondre à ses obligations en matière de service public de l'eau et moderniser son réseau de distribution à moindres frais. De plus, l'affaire du saturnisme est définitivement enterrée.

L'arrangement et la portée de leur action inspirent un sentiment mitigé aux membres du Groupe Eau. Certes, ils pensent que sans leur intervention, la situation aurait encore duré des années. Leur action leur paraît avoir été décisive et avoir provoqué une prise de conscience politique. Il ne s'agit pas d'une victoire pour autant. Le public ne s'est pas vraiment intéressé à l'affaire et ce sont finalement les Verviétois qui ont dû payer la solution mise en place. En 2001, le prix du mètre cube d'eau était de 103 BEF (2,55 EUR), le plus cher de toute la Wallonie. Du côté de la Ville de Verviers, on semble satisfait de l'arrangement trouvé[33].

La question de santé publique posée par l'acidité de l'eau de la Gileppe fut finalement prise en compte sans qu'elle n'induise une redistribution défavorable aux industriels. La rivalité opposa ceux-ci aux consommateurs d'eau qui, sous l'égide du Groupe Action Eau, activèrent une politique publique relative à la qualité de l'eau de distribution

[33] Le bourgmestre, André Damseaux vante les mérites de : « ce fleuron illustrant la volonté manifestée par l'Exécutif wallon en matière de politique de l'eau. [...] La solution mise sur pied a permis un juste équilibre entre le prix de l'eau à payer par le consommateur et la nécessité de préserver la compétitivité des entreprises établies sur le territoire de l'agglomération » (*Le Jour-Le Courrier*, 28 septembre 1992).

dont ils étaient les bénéficiaires finaux, les groupes cibles étant les distributeurs d'eau potable. Pour leur part, les industriels invoquèrent un droit d'usage coutumier et refusèrent toute modification de la qualité de l'eau brute. Les deux groupes d'usagers ne s'affrontèrent pas directement, mais par l'intermédiaire de la Ville de Verviers, incapable de financer une station de traitement et favorable aux industriels. Au final, l'action du Groupe Action Eau n'a pas permis de résoudre la rivalité, même si elle a certainement contraint les autorités communales à faire avancer le dossier de la station de traitement au niveau national et à prévoir des mesures transitoires pour la fourniture d'eau potable.

Encadré 4 : Codage des variables et premier test des hypothèses pour le cas du saturnisme à Verviers ($C_{1\ Verviers}$)

Usagers : *Ville de Verviers* : Propriétaire (H_2)
Industriels verviétois : Propriétaires (H_2)
Groupe Action Eau : Bénéficiaire final (H_1)

Règles activées : *Ville de Verviers* : Droit de propriété (concession selon AR 1866)
Groupe Action Eau : Politique publique (AR 1965)

Configuration de confrontation : Politique publique versus droit de propriété (H_6)

Nature de l'arrangement : Décision coercitive
Distribution des coûts (nets) : Coûts égalitaires (externalisés)
Forme de l'arrangement local : Arrangement compensatoire (financement de l'État)

Test des hypothèses :
Activation : H_1 : *L'usager active une PP s'il est reconnu bénéficiaire final* → Validée
H_2 : *L'usager active un DP s'il est reconnu propriétaire* → Validée
Confrontation : H_6 : *Si configuration PP/DP, alors compensation de l'État* → Validée

Commentaires : Le comportement de la Ville de Verviers est beaucoup plus proche de l'immobilisme que de l'activation. Elle souhaite conserver la situation établie par l'AR de 1866 qui prévoit un approvisionnement prioritaire de l'industrie. L'arrangement local lui est imposé, mais elle échappe aux coûts induits par celui-ci en gagnant du temps sur le règlement de la rivalité. En dépit d'une violation flagrante de l'AR de 1965 qui fixe les normes de potabilité pour l'eau de distribution, ce dont elle est consciente, la Ville de Verviers parvient à gagner 25 ans sur la mise en place de la station de traitement et à éviter tout préjudice aux industriels. L'action du Groupe Eau ne détermine pas la résolution de la rivalité, mais elle permet d'accélérer la prise de décision.

III. Cas 2 : Les inondations dans la basse vallée de la Vesdre

Les inondations récurrentes dans la basse vallée de la Vesdre ont fait naître une rivalité entre la production d'eau potable et la protection contre les crues[34]. La rivalité fut causée par le barrage de la Vesdre à Eupen, qui retient d'importantes quantités d'eau en amont du bassin. Le barrage fut construit dans le but de satisfaire des besoins croissants en eau industrielle et en eau potable. En cas de fortes pluies hivernales, lorsque le lac de barrage était déjà plein, le gestionnaire, soit le Service des barrages du ministère de l'Équipement et des Transports (MET) (à l'époque le ministère des Travaux publics), laissait passer le trop-plein d'eau pour des raisons de sécurité. En conséquence, les communes du bas de la vallée de la Vesdre subissaient des inondations importantes. C'est pourquoi, à la demande de Chaudfontaine, la commune la plus concernée par les inondations dans le bassin, le Service des barrages décida en 1985 de créer une réserve d'empotement dans le réservoir du barrage, avec l'accord du producteur d'eau, le Service de la production et du grand transport d'eau du ministère de la Région wallonne (ERPE).

A. Apparition de la rivalité

Le bassin de la Vesdre comporte deux retenues d'eau de taille importante, les barrages de la Gileppe et de la Vesdre, qui ont été construites pour faire face à une pénurie chronique d'eau des industries, lainières et sidérurgiques, installées le long de la Vesdre entre Eupen et Liège. Le premier barrage de la Gileppe fut inauguré en 1878. Il alimentait exclusivement l'industrie verviétoise, au moyen d'un soutien à l'étiage de la Vesdre et d'un aqueduc qui acheminait l'eau brute vers Verviers. Le *barrage de la Vesdre* à Eupen, pour sa part, est plus récent. Sa construction fut entamée à la veille de la Seconde Guerre mondiale pour s'achever en 1949. Il possède une capacité identique au barrage de la Gileppe (25 mio m^3), mais il recueille les eaux d'un bassin versant de 10 595 ha (environ 100 km^2), qui est deux fois plus important que celui de la Gileppe (5 410 ha). Une station de traitement d'une capacité de 75 000 m^3/j lui fut adjointe en 1951. Progressivement, un adducteur entre Eupen et Seraing raccorda plusieurs agglomérations de la province de Liège au barrage. Aujourd'hui, les barrages de la Vesdre et de la Gileppe sont interconnectés pour la fourniture d'eau potable.

---

[34] Merci à MM. Luc Esch et Jacques Huveneers pour la relecture de l'étude de cas et pour leurs commentaires.

Contrairement au barrage de la Vesdre, le barrage de la Gileppe n'a jamais vraiment posé de problème en ce qui concerne les inondations. Il a pu de tout temps jouer un rôle d'écrêteur de crue. La capacité du réservoir du barrage surhaussé ne fut jamais exploitée au maximum, en raison du déclin de la demande en eau industrielle et de la stabilisation de la consommation domestique.

L'*écrêtage de crue* consiste à retenir toutes les eaux qui s'écoulent dans le réservoir au moment où la rivière est en crue ou menace de crue. Il permet d'éviter ou de minimiser les pics de crue, c'est-à-dire de réduire les débits au moment où la crue et les risques d'inondations sont les plus importants. Les « tableauteurs », c'est-à-dire les employés qui actionnent les vannes, ferment celles-ci ou ne laissent s'écouler qu'une quantité négligeable d'eau. Pour cela, ils doivent avoir constitué, avant l'intempérie, une *réserve d'empotement*, en ayant lâché préventivement de l'eau avant la crue et sans conséquence pour l'aval. Le volume d'empotement correspond au volume laissé libre pour accumuler l'eau entrante derrière le barrage. Au moment de la crue, les tableauteurs relèvent les déversoirs et ferment les vannes. Le barrage se remplit et, une fois plein, l'eau en excès, le trop-plein, s'évacue au-dessus des déversoirs. Afin d'éviter de parvenir au trop-plein, une fois que la crue diminue, les gestionnaires du barrage ordonnent aux tableauteurs de relâcher progressivement de l'eau, en abaissant les déversoirs (voir figure 11). De la sorte, la réserve d'empotement est reconstituée en prévision de prochaines intempéries et les crues successives sont écrêtées. La rétention, ou l'écrêtage de crue, permet de réduire le débit de la rivière au moment où la crue devrait être la plus forte. La rivière atteint un débit moindre que celui qu'elle aurait eu pendant les pointes de crue, en l'absence de barrage. Le problème de la rétention de crue ne se pose qu'au moment où les barrages sont pleins. Si ce n'est le cas, l'empotement se fait sans difficulté.

Les *problèmes posés par le barrage de la Vesdre en matière d'empotement des crues* furent autrement plus importants. En premier lieu, le bassin versant de ce barrage est deux fois plus grand que celui de la Gileppe, pour des réservoirs de volume égal. Le barrage de la Vesdre se remplit plus vite, mais il est aussi plus vite plein. Les besoins en eau étaient également plus importants en raison de l'utilisation maximale de la station de traitement, à saturation au moment de la rivalité. De nombreuses agglomérations dépendaient de cet approvisionnement en eau potable[35]. La demande en eau potable avait augmenté très fortement dans les années 1960, compte tenu des travaux d'exhaussement du

---

[35] L'adduction dessert la région d'Eupen, la périphérie de Liège et celle de Verviers, la ville de Spa, le plateau de Herve et le campus du Sart-Tilman à Liège (ERPE, 1990).

barrage de la Gileppe. En dépit de l'achèvement de ceux-ci en 1971, la demande ne décroissait pas pour autant. La station de traitement fonctionnait à plein régime dans la première moitié des années 1980. Le Service des barrages devait pouvoir assurer à l'ERPE une production de 75 000 m³/j à tout moment de l'année. À cela s'ajoutait, de manière subsidiaire, l'obligation de soutenir l'étiage de la Vesdre en été, en faveur des industries d'aval. La protection contre les crues n'était pas le but premier des barrages. Historiquement, leur première fonction était de fournir de l'eau industrielle et de l'eau potable. S'y ajouta ensuite le soutien à l'étiage, pour satisfaire les besoins des industries riveraines et évacuer la pollution, importante dans la Vesdre. Le troisième fut la production d'électricité, afin d'assurer l'approvisionnement de la station de traitement de la Vesdre et des installations des deux barrages. C'est seulement en quatrième lieu qu'apparut le rôle de rétention des crues[36].

Figure 11 : Cote du lac de la Vesdre du 9 au 24 février 1999

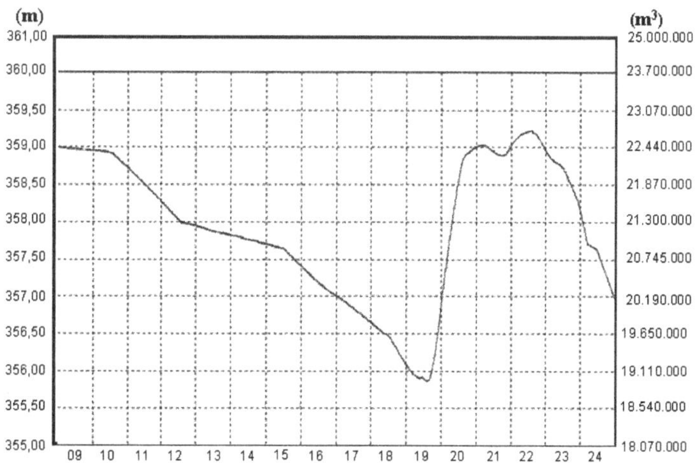

Source : MET-D241 – Direction des barrages de l'Est.

[36] Même si la première note sur la gestion des crues date de 1952, les gestionnaires ne constituaient pas pour autant une réserve d'empotement dans le lac du barrage de la Vesdre.

Encadré 5 : Chronologie du cas des inondations dans la basse vallée de la Vesdre ($C_{2\ Inondations}$)

1878, 28 juil.	Inauguration du barrage de la Gileppe
1920-1921	Sécheresse reconduite sur deux ans (reconduction d'années sèches)
1950, 9 fév.	Inauguration du barrage de la Vesdre
1952	Premières instructions pour la gestion du barrage de la Vesdre en cas de crue
Années 1960	Projet de barrage sur la Hoëgne (abandonné)
1964	Augmentation importante de la production de la station de traitement de la Vesdre (inaugurée en 1951)
1965, 10 janv.	Crue de la Vesdre
1966, 10 déc.	Crue de la Vesdre
1967	Début des travaux de surhaussement du barrage de la Gileppe. Le barrage de la Vesdre alimente la ville de Verviers
1970	Pic de production atteint pour la station de traitement de la Vesdre
1970	Relevé topographique des zones inondables réalisé par le Service des barrages (inachevé)
1971, 20 oct.	Inauguration du barrage surhaussé de la Gileppe
1975-1976	Sécheresse reconduite sur deux ans (reconduction d'années sèches)
1976	Arrivée à saturation de la station d'Eupen (capacité de production maximale atteinte)
1980, 8 août	Première phase de régionalisation. Le Service des barrages est scindé en deux
1983	Année record de production pour la station de traitement de la Vesdre
1983, 1er juil.	Transfert de 90 agents du ministère des Travaux publics vers le ministère de la Région wallonne (MRW). Création de la Direction de production et de grand transport d'eau (ERPE)
1984	Crues de la Vesdre (7 fév., 8 sept. et 23 nov.)
1985	Crues de la Vesdre (2 fév. et 6 juil.) et inondations dans la vallée de la Magne, un petit affluent de la Vesdre (5 juil.)
1985	Pression de la Commune de Chaudfontaine pour réguler les lâchers d'eau des barrages
1985	Décision du Service des barrages de revoir sa courbe de remplissage (réserve permanente d'empotement portée à 2,5 mio m^3 pour le barrage de la Vesdre) et, en conséquence, modification de la note de manutention des eaux (note de service interne qui fournit les instructions en matière de gestion du barrage)
1988, 22 déc.	Révision de la note de manutention des eaux
1993 et 1995	Crues de la Vesdre
1991, 23 sept.	Révision de la note de manutention des eaux
1992, 5 avril	Entrée en service de la station de traitement de la Gileppe
1998, 14 sept.	Crue de la Vesdre
2003	Réserve permanente d'empotement portée à 3,5 mio m^3 pour le barrage de la Vesdre

La *réponse aux besoins de l'ERPE* exigeait une gestion minutieuse du remplissage du barrage et une surveillance des niveaux d'eau. Le Service des barrages devait assurer une fourniture d'eau potabilisable de l'ordre de 75 000 m^3/j, pratiquement en continu et quelle que soit la saison. Pour ce faire, il a établi des *courbes de remplissage du barrage*. Ce sont des représentations graphiques qui fixent dans le temps le niveau théorique du lac au-dessous duquel on ne peut descendre si l'on veut être sûr d'assurer un approvisionnement constant pendant toute l'année qui suit. Le niveau de la courbe est toujours calculé non pas en fonction de l'été qui vient, mais de l'été suivant, sur deux ans en quelque sorte[37]. Il permet de supporter une reconduction d'années sèches, soit un niveau de précipitations très faible pendant deux années consécutives[38]. Si le Service des barrages voulait fournir 75 000 m^3/j à l'ERPE, il fallait que le réservoir soit plein à ras bord entre fin janvier et mi-février, c'est-à-dire au moment où les précipitations sont les plus fortes. Une fois plein, le barrage ne jouait plus sa fonction d'écrêteur de crue. Il laissait passer toute l'eau entrante, quelles qu'en fussent les conséquences pour l'aval.

Le Service des barrages était confronté à un *dilemme dans la gestion du barrage* de la Vesdre. D'une part, il devait retenir l'eau au maximum afin d'assurer la sécurité des approvisionnements en eaux potable et industrielle en période d'étiage et, d'autre part, il devait assurer la protection contre les crues des habitants de l'aval. Suite à des crues répétitives, certaines d'entre elles donnant lieu à des inondations, la population et les communes d'aval, plus particulièrement Chaudfontaine, concernée au premier chef, protestèrent contre la gestion des débits de la Vesdre[39]. Nombre de personnes accusaient le Service des barrages de procéder à des lâchers d'eau intempestifs au moment des pics de crues. Elles pensaient que les barrages vidaient leur trop-plein d'eau lors de pluies exceptionnelles, la nuit surtout, et qu'à cette occasion, la vallée, inondée une première fois par les intempéries, voyait arriver une seconde vague d'eau, artificielle cette fois. Ils avaient le sentiment que les barrages attendaient le dernier moment pour lâcher, une fois que les riverains avaient les pieds dans l'eau. Cette légende est aujourd'hui démentie,

37 Le barrage est à son niveau le plus bas en juillet, août et septembre.

38 Par exemple, les années 1920-1921, qui ont mis le barrage de la Gileppe à sec, ou les années 1975-1976. Une fois vide, il faut deux ans pour recharger complètement un réservoir de barrage, à la différence des nappes souterraines qui se rechargent tous les ans. Lorsque deux années consécutives sont sèches, ce n'est pas la première année qui est catastrophique pour la fourniture d'eau, mais la seconde.

39 Une crue correspond au moment où une rivière sort de son lit, tandis que l'on ne parle d'inondation qu'à partir du moment où des habitations sont noyées.

aussi bien par le Service des barrages que par l'administration communale de Chaudfontaine[40]. Il n'en demeure pas moins que le mécontentement était important dans la population. C'est à ce moment-là, en 1985, que le bourgmestre de Chaudfontaine contacta le directeur du Service des barrages, afin d'examiner les solutions possibles au problème des inondations chroniques.

Le *problème des inondations* était récurrent dans la vallée, très encaissée, de la Vesdre et le Service des barrages n'aurait pu y mettre un terme simplement en modifiant la gestion des barrages. Même entièrement consacrés à l'écrêtage de crue, les barrages ne pouvaient pas résoudre le problème. En effet, de nombreux affluents de la Vesdre, dont la Hoëgne et la Magne, ont des régimes torrentiels et ne sont absolument pas contrôlés. La Hoëgne, dont le bassin versant équivaut au tiers du bassin versant total de la Vesdre, peut s'emballer en une nuit et atteindre un débit de crue quasiment identique à celui de la Vesdre. De la sorte, les deux barrages peuvent atténuer les crues et éviter nombre d'inondations, mais sans pour autant les faire disparaître.

B. Activation des règles par les usagers

La rivalité se déroule entre la Commune de Chaudfontaine et l'ERPE, bien que les deux usagers ne s'affrontent pas directement (cf. figure 12). Chaudfontaine s'adresse au Service des barrages afin que celui-ci s'implique davantage dans la lutte contre les inondations. Avant de prendre sa décision, le Service des barrages consulte l'ERPE qui répond favorablement à la proposition d'arrangement local.

Le *Service des barrages* est aujourd'hui une administration d'environ quarante cinq personnes qui dépend de la direction générale des Voies hydrauliques du ministère wallon de l'Équipement et des Transports (MET) et gère trois barrages (la Vesdre, la Gileppe et Nisramont). Avant la régionalisation, il était rattaché au ministère national des Travaux publics. Ce service fut d'abord scindé en deux en 1980, une partie régionalisée sur les compétences liées à la production et à l'adduction d'eau, la future ERPE, et une partie en charge de la gestion des barrages, restée nationale avant d'être régionalisée à son tour en 1988. À l'époque de la résolution de la rivalité, l'ERPE est déjà séparée

40 Le Service des barrages affirme, non sans raison, que les barrages n'ont jamais causé d'inondations. En règle générale, en temps de crue, le débit qui sort des barrages ne peut jamais être supérieur au débit qui entre. Les barrages diminuent toujours le débit. Ce que la population appelait un lâcher d'eau, c'étaient en fait les déversoirs qui entraient en fonction, au moment où les lacs étaient pleins. Le débit entrant était alors égal au débit sortant, ce qui équivalait à une absence de barrage.

du Service des barrages et celui-ci est une direction du ministère des Travaux publics.

Figure 12 : Liens entre acteurs et coalitions formées dans le cas des inondations dans la basse vallée de la Vesdre ($C_{2\ \text{Inondations}}$)

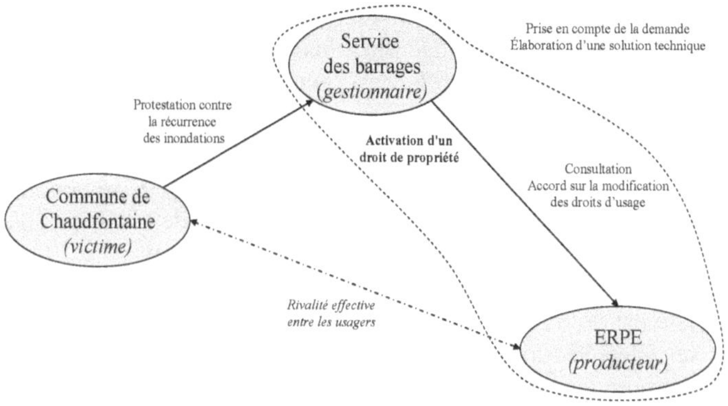

Le Service des barrages a pour mission de *répondre à la demande d'eau potabilisable*, c'est-à-dire de constituer et de gérer des réserves d'eau potable. L'écrêtage de crue n'est pas sa première priorité, mais il prend une place grandissante à mesure que diminue la consommation d'eau potable. Dès 1952, le service élabore une première note pour gérer les crues de la Vesdre. Il existe bien un réel souci de participer à la lutte contre les inondations. Il a fallu cependant attendre la fin des années 1970 pour que le Service se soucie des réclamations des riverains et systématise la gestion des crues. Avant l'arrangement conclu avec l'ERPE et Chaudfontaine, il n'y avait aucune instruction relative à celle-ci. Le Service des barrages ne subissait aucune injonction politique pour renforcer l'écrêtage de crue. Tout le monde admettait la priorité à la production d'eau potable. L'enjeu pour le Service des barrages consistait à assurer un débit distribuable le plus élevé possible tout en ayant la possibilité d'avoir une réserve d'empotement pour écrêter les pics de crue.

Le barrage de la Vesdre fut construit et entièrement financé par l'État, plus précisément par le ministère des Travaux publics, tout comme la station de traitement. Le barrage et le réservoir sont donc la propriété de l'État. La question de la propriété de l'eau ne s'est jamais posée. Le Service des barrages est le gestionnaire de cette masse d'eau et il lui revient d'en distribuer l'usage. Aucun texte ou règlement ne précise la manière dont sont réparties les eaux. Seul l'arrêté royal de 1866, relatif au barrage de la Gileppe, fournit des indications sur la gestion des barrages en général, mais sans qu'il ne s'applique aux autres barrages[41]. Il répartit les usages entre le soutien à l'étiage et la fourniture d'eau industrielle. Ainsi, la priorité donnée à la production d'eau potable est purement coutumière, mais elle guide le comportement des gestionnaires du barrage. C'est donc en propriétaire que le Service des barrages décide de la réallocation de son bien, en fonction des utilités tirées de celui-ci par chacun. En terme de ressources d'action, le Service des barrages possède les compétences techniques nécessaires à la modification de la gestion du barrage. De plus, les agents du Service des barrages conservent de très bonnes relations avec leurs anciens collègues de l'ERPE.

Chaudfontaine, le second usager impliqué dans la rivalité, est une ville thermale d'environ 20 000 habitants, réputée pour ses eaux carbogazeuses et sa production d'eau minérale. Le bas de Chaudfontaine est établi le long de la Vesdre peu avant sa confluence avec l'Ourthe et rencontre de fréquents problèmes d'inondations. L'administration communale est dotée d'un personnel compétent et spécialisé, en particulier les services Sécurité et Travaux en charge des inondations. Le rôle de la commune dans ce cas consiste essentiellement à barrer les routes et à pomper l'eau. L'évacuation des riverains n'a jamais été nécessaire. Dans la résolution de la rivalité, c'est le bourgmestre qui discute directement avec le directeur du Service des barrages. Celui-ci réagit à une série de crues et à un certain ras-le-bol de la population.

L'objectif de la Commune de Chaudfontaine consiste à *ne plus devoir subir d'inondations dans le bas de la vallée*. Les autorités communales se sont déjà impliquées dans un certain nombre de travaux, notamment le surhaussement du pont Brackers en 1967 et l'aménagement du ruisseau du Fonds des Cries selon les conseils du Service des barrages. Dans cette rivalité, il importe aussi aux autorités communales de répondre à la grogne de leurs citoyens, lesquels sont persuadés que les barrages lâchent des eaux au moment des pics de crue.

Mis à part les démarches (par ex. des entretiens avec le chef du Service des barrages) que le bourgmestre effectue au Service des barrages afin de faire valoir les intérêts de ces concitoyens, il y a peu à faire. Aucun texte légal ne précise la manière dont doivent être gérés les barrages et les crues. Il n'existe pas de politique de lutte contre les

---

[41] Arrêté royal du 1er février 1866 (*M.B.*, 20 février), art. 2 : « Il sera fait de l'eau du réservoir deux usages différents : une quantité de 3 000 000 m³ sera affectée annuellement à augmenter directement le débit de la Vesdre aux époques où les riverains en feront la demande ; le surplus de l'eau sera attribué à la ville de Verviers ». Art. 4 : « L'eau que la ville est autorisée à prendre devra être, en suivant l'ordre des dates, entièrement mise à la disposition des établissements industriels reliés, ou pouvant être, dans des conditions économiques convenables, reliés à la canalisation ».

inondations, ni de définition de la responsabilité des propriétaires de barrages. De ce fait, la gestion quantitative de l'eau dans ce bassin relève uniquement des droits de propriété. Par extension, nous pouvons affirmer que le bourgmestre représente les propriétaires riverains qui subissent le préjudice des inondations. Toutefois, les barrages ne sont pas responsables des crues. Tout au plus, peuvent-ils contribuer à atténuer celles-ci. Le bourgmestre s'en remet donc au bon vouloir du gestionnaire propriétaire, lequel peut décider d'accroître le rôle d'écrêteur de crue, mais de manière discrétionnaire. Dans la gestion de la rivalité, la Commune dispose d'une expérience certaine des crues, mais elle est relativement dépourvue de ressources politiques. L'équipe municipale ne dispose pas de relais auprès des autorités régionales et nationales et, quand bien même, le Service des barrages a une tradition d'autonomie vis-à-vis de son pouvoir politique de tutelle. C'est plutôt de diplomatie dont la Commune fait preuve.

L'*Entreprise régionale de production et de grand transport d'eau* (ERPE), le troisième usager, est une émanation du Service des barrages rattaché à partir de 1980 à la direction générale des Ressources naturelles et de l'Environnement (DGRNE) du ministère de la Région wallonne (ERPE, 1990). Avec ses trois stations de traitement de la Vesdre à Eupen, de l'Ourthe à Nisramont et du Ry de Rome à Couvin (auxquelles s'ajoutera la station de la Gileppe en 1992), l'ERPE assure une production d'eau potable de 45 mio m^3, soit 11 % de la production totale de Wallonie.

Depuis 1976, la production d'eau potable a pratiquement atteint le maximum de la capacité de l'usine de traitement de la Vesdre, soit 27 mio m^3/an. Ce n'est seulement qu'à partir de 1983, que la production commence à décliner pour repasser sous la barre des 25 mio m^3/an. La mission de l'ERPE consiste à garantir un approvisionnement continu en eau potable des sociétés de distribution d'eau. L'entreprise ne peut pas mettre en danger cet approvisionnement. Elle ne pourrait admettre le fait que l'écrêtage de crue prenne le dessus sur la production d'eau dans la gestion du barrage. De plus, le souvenir d'août 1976 et du réservoir pratiquement à sec reste très présent. Les esprits des dirigeants de l'ERPE évoluent cependant à mesure que la consommation d'eau potable diminue. Le seul enjeu pour l'ERPE consiste à sécuriser son approvisionnement en eau potable.

Lorsque l'ERPE accepte de discuter avec le Service des barrages sur la révision de la courbe de remplissage, elle est bien consciente de ses droits sur le barrage, bien que ceux-ci soient coutumiers. L'ERPE bénéficie d'un droit de disposition exclusif sur les captages d'eau dans le réservoir du barrage, à l'image de celui dont dispose la Ville de

Verviers sur l'eau de la Gileppe selon l'arrêté royal de 1866[42]. Toutes les parties acceptent le fait que la vocation première du barrage de la Vesdre soit d'assurer la production d'eau potable. La légitimité de l'usage de l'ERPE n'est pas du tout remise en question. Toutefois, l'ERPE doit s'assurer d'un remplissage en hiver suffisant pour couvrir les besoins estivaux. S'agissant des ressources d'action, l'ERPE possède avant tout des relations privilégiées avec le Service des barrages.

C. Dénouement de la rivalité

En 1985, le Service des barrages trouva une *solution technique* au problème des inondations chroniques en basse vallée de la Vesdre. Il procéda au recalcul de la courbe de remplissage des barrages, afin de constituer une réserve minimale d'empotement, à la suite de consultations informelles avec les usagers concernés, c'est-à-dire l'ERPE, au premier chef, et la Commune de Chaudfontaine. L'ERPE, le principal utilisateur du barrage, observait une baisse de la consommation d'eau. La station de traitement de la Vesdre ne fournissait plus constamment 75 000 m^3/j. Suite aux calculs effectués par ses ingénieurs, le Service des barrages lui proposa d'adapter la courbe de niveau des eaux au débit distribuable nécessaire, afin de constituer une réserve de crue[43]. Le projet consistait à faire passer le niveau maximal de remplissage du barrage à l'équivalent d'une fourniture de 70 000 m^3/j en été au lieu des 75 000 m^3/j initiaux. Ceci diminuait la hauteur maximale du lac de 1,50 m, et constituait une réserve d'empotement de 2 mio m^3 entre janvier et mars. En contrepartie, le Service des barrages s'engageait à rattraper la courbe d'évolution du niveau du lac équivalente aux 75 000 m^3/j à la fin de la période hivernale. Évidemment, en cas de sécheresse exceptionnelle de mars à mai, il serait difficile de retrouver la courbe. Le risque de n'avoir qu'une production de 70 000 m^3/j à l'été suivant ne devait être pris que pendant deux ou trois mois. Les directeurs respectifs du Service des barrages et de l'ERPE se mirent d'accord sur cette proposition. L'ERPE acceptait de prendre ce risque, de n'avoir que 70 000 m^3/j en été en cas de reconduction d'années sèches. Pour sa part, le Service des barrages, s'engageait à rehausser le niveau maximum de remplissage au cas où l'ERPE aurait rencontré des difficultés au cours d'un été. Les deux acteurs prirent donc de commun accord la

---

42 Si les droits de disposition de l'ERPE sur l'eau du barrage de la Vesdre n'ont pas été officialisés à l'origine, c'est que le Service des barrages procédait lui-même au traitement de l'eau, une situation différente de celle de Verviers. Ces droits n'ont pas davantage été précisés au moment de la scission du Service des barrages en 1980.

43 La diminution de l'intensité de l'usage eau potable contribue à rendre possible l'arrangement local.

décision d'assumer un risque de pénurie d'eau, au bénéfice de la protection contre les crues.

Cet accord est *totalement informel.* Aucun document ne vient l'entériner. Il s'agit d'un accord verbal conclu entre les directeurs des deux services, en l'absence de régulation spécifique sur la gestion des barrages ou le contrôle des inondations. L'arrangement est soutenu par le consentement du gestionnaire de barrage à résoudre la rivalité, alors même que celui-ci a la pleine capacité de contrôle des droits de disposition sur l'eau stockée dans le réservoir. Le barrage de la Vesdre est propriété de l'État et aucun droit de disposition ou d'usage n'est formellement octroyé à l'ERPE[44]. L'ERPE dispose *de facto* d'un droit de disposition, alors que la vocation du barrage est la fourniture d'eau potabilisable, mais ce droit n'est pas entériné dans un arrêté royal, comme ce fut le cas en 1866 pour la Ville de Verviers.

Une fois l'accord obtenu, le Service des barrages envoya la courbe à l'ERPE. Cette courbe fut ensuite reproduite dans la note de manutention des eaux, c'est-à-dire la note de service qui précise les instructions pour la gestion des vannes, et distribuée en guise d'instructions aux tableauteurs. La démarche fut conduite par un groupe de deux ou trois personnes qui ont agi en gardant à l'esprit le fait que la fonction des barrages demeurait l'approvisionnement. Il est, de surcroît, difficile de dater précisément l'accord tout comme sa mise en œuvre. Le document qui présente le calcul n'est pas nécessairement celui qui l'entérine. Du coup, aucune date précise ne marque cet arrangement. La constitution de la réserve aujourd'hui disponible ne s'est pas faite en une fois, mais la démarche débute avec cet accord de 1985. La courbe est d'abord passée d'un équivalent de 75 000 m^3/j à 70 000 m^3/j, pour atteindre 65 000 m^3/j aujourd'hui et une réserve d'empotement de 3,5 mio m^3, avec chaque fois une amélioration possible sur les crues de la Vesdre. Il est désormais assez facile de gérer les crues, ce qui n'était pas du tout le cas avant 1985.

L'arrangement local est consenti entre le Service des barrages et l'ERPE, à la demande de la Commune de Chaudfontaine. La Commune de Chaudfontaine n'avait aucun moyen de faire valoir les intérêts des riverains de la Vesdre autrement que par la conviction. Toutefois, l'usager rival, l'ERPE en l'occurrence, ne fait pas de difficultés à trou-

44 Il existe un certain nombre de conventions liées au barrage d'Eupen, mais très limitées dans leur portée. La première octroie aux Câbleries d'Eupen, la première usine en aval du barrage, un débit minimal résiduel de 40 l/s. D'autres concernent la pratique de la voile sur le lac ou des lâchers d'eau occasionnels pour la pratique du kayak. Enfin, un débit de 0,5 m^3/s est turbiné en permanence afin d'approvisionner la station de traitement d'Eupen en électricité.

ver un arrangement. Son directeur est ouvert au dialogue et il constate, au même moment, une légère décroissance des besoins en eau potable. Les conditions sont réunies pour qu'il accepte de prendre le risque d'un approvisionnement réduit en cas de sécheresse. Pour sa part, le Service des barrages joue un rôle de médiateur et arbitre entre les deux usages, sans perdre de l'esprit que l'approvisionnement en eau potable reste la priorité. Il doit cette position d'arbitre à son statut, au nom de l'État, de propriétaire du barrage et, vraisemblablement, de l'eau du réservoir. C'est lui qui attribue les droits de disposition sur les eaux du réservoir, principalement le droit exclusif de captage à l'ERPE. Ainsi, l'accord est tout à fait consenti entre les parties. Il n'existait pas d'alternatives possibles pour régler ce différent, étant données la position d'arbitre du Service des barrages, la forte légitimité de l'usage de l'ERPE, ainsi que l'existence d'un vide juridique en matière de gestion des barrages et des crues[45]. Cependant, il est important de signaler que cet arrangement est à tout moment réversible, par la seule volonté du Service des barrages.

Les *coûts* pour les différentes parties sont relativement limités. Pour la Commune de Chaudfontaine, ils sont nuls. Ils restent minimes pour le Service des barrages qui se voit dans l'obligation de limiter le débit distribuable pendant quelques mois de l'année et d'assurer une gestion plus minutieuse de l'installation, mais sans aucun investissement matériel. L'ERPE, quant à elle, endosse un risque de pénurie d'eau en été susceptible de l'amener à limiter ses besoins[46].

En guise de *bénéfices* tirés de cet arrangement local, le Service des barrages conserve en permanence une réserve d'empotement de 2 mio m³ qui lui permet de renforcer le rôle d'écrêteur de crue du barrage. L'utilité publique du barrage est optimisée avec la prise en compte d'usages multiples[47]. S'agissant de la Commune de Chaudfontaine, la gestion des crues est fortement améliorée et celle-ci en subit moins les conséquences. Elle reconnaît que les barrages ne peuvent pas tout, même si ceux-ci contribuent davantage que par le passé à réduire les crues. La satisfaction de la Commune se manifeste dans un courrier adressé au Service des barrages par l'ancien bourgmestre (M. Philippe

45 Si l'on s'éloigne quelque peu du strict point de vue des acteurs, on peut envisager que passer par une nouvelle législation ou réglementation qui impose un arbitrage entre production et protection contre les crues ou instaurer une compensation des riverains par l'ERPE sont bien des alternatives, même si elles n'ont jamais été évoquées.

46 Ce risque se réduit à partir de 1992, suite à l'interconnexion des stations de traitement d'Eupen et de la Gileppe.

47 Cette prise en compte des usagers par le Service des barrages s'étend, par la suite, aux lâchers d'eau pour les kayaks, mais hors période de fraie par respect pour les pêcheurs. De plus, la pratique de la voile est autorisée sur le lac de barrage.

Grisard de la Rochette) en 1995 : « Les habitants soussignés, qui connaissent bien la Vesdre, [...] reconnaissent que la situation a changé du tout au rien, que depuis des années maintenant, l'action régulatrice des barrages est d'une efficacité remarquable [...] ». L'ERPE ne tire, pour sa part, aucun bénéfice de l'arrangement, si ce n'est la garantie d'un retour à l'ancien mode de gestion en cas de problèmes de pénurie d'eau. Elle préserve la bonne entente avec le Service des barrages sans pour autant subir un risque réel pour son approvisionnement.

Cet arrangement n'a jamais été remis en question par la suite, en raison d'une stabilité de la demande en eau potable[48]. Depuis lors, la collaboration des autorités communales de Chaudfontaine avec le Service des barrages n'a cessé de s'intensifier, notamment par le biais du Contrat de Rivière de la Vesdre. Pendant les crues, les deux parties sont en contact permanent et échangent leurs informations[49]. Les crues qui ont suivi ont toujours été écrêtées et les inondations causées ne pouvaient être évitées au moyen de l'action des barrages. En revanche, les riverains n'ont pas tous été convaincus de la bienfaisance régulatrice des barrages. La croyance des lâchers intempestifs des barrages pendant les pics de crue demeure très vive[50]. En ce qui concerne l'écrêtage de crue, le Service des barrages est très satisfait d'assurer cette fonction. Il n'a jamais remis en question l'arrangement conclu en 1985 et, au contraire, a progressivement accru les réserves d'empotement pour atteindre 3,5 mio m^3 en 2003[51]. La diminution des besoins en eau s'est confirmée. Dès lors l'ERPE n'a jamais dû pâtir de cet arrangement et ne s'en est jamais plainte.

En terme de durabilité, l'arrangement est solide et il ne s'est pas fait au détriment de la ressource, ni de la production (économique) d'eau potable. En termes sociaux, les riverains continuent de subir des inondations, mais les barrages sont moins responsables de celles-ci que les affluents non contrôlés, la Hoëgne principalement. Ainsi, l'arrangement est durable dans la mesure où la consommation reste stable.

Dans le cas des inondations en basse vallée de la Vesdre, la rivalité reposait sur un partage de l'usage des barrages entre la production d'eau potable et la protection contre les crues. Une commune en aval demanda

---

48 En 2003 aussi, le niveau du lac était fort bas, mais l'ERPE est parvenue à faire fonctionner la station de traitement sans grand problème. Le basculement de la production vers la Gileppe pour cause de manque d'eau à Eupen ne s'est jamais produit.

49 Ce fut plus particulièrement le cas au moment des crues de septembre 1998.

50 À en croire les questions et les réactions dans la salle à l'occasion de la rencontre sur les inondations organisée par le Contrat de rivière de la Vesdre le 7 octobre 2004.

51 Suite à des contacts avec le Contrat de rivière de la Vesdre et la Commune de Chaudfontaine.

que les barrages tiennent plus compte des inondations dans leur gestion. Suite à une concertation avec le producteur d'eau potable, dans un contexte de diminution des besoins en eau, le Service des barrages décida de revoir la courbe de remplissage des barrages afin de constituer une réserve d'empotement qui fût à même de retenir l'eau au moment des pics de crue. Ce fut sur la base de la propriété de l'État sur l'ouvrage (et sur l'eau qui s'y accumule), et en l'absence de droits de disposition formels du producteur d'eau sur cette eau, que le gestionnaire put arbitrer entre les deux usagers. Seulement, cet accord n'était possible que dans la mesure où le producteur d'eau acceptait de prendre un risque (de 1985 à 1992 uniquement) sur l'approvisionnement de sa station de traitement en cas de reconduction d'années sèches. De la sorte, les barrages ont limité l'ampleur de la plupart des crues et permis d'éviter un certain nombre d'inondations. L'arrangement tient en grande partie à la bonne entente entre les différents acteurs. Il est le fruit d'une entente cordiale et amicale entre eux. Ces bons rapports personnels contribuent, aujourd'hui encore, à la gestion des crues dans le bassin[52].

Encadré 6 : Codage des variables et premier test des hypothèses pour le cas des inondations en Vesdre ($C_{2\ \mathrm{Inondations}}$)

Usagers : *ERPE* : Propriétaire (H_2)
Commune de Chaudfontaine : Représentante des propriétaires fonciers riverains et absence de politique publique (H_2)
Service des barrages : Propriétaire de l'infrastructure et de l'eau

Règles activées : *ERPE* : Droit de disposition de facto sur l'eau du réservoir
Chaudfontaine : Appel au propriétaire (Service des barrages)
Service des barrages : Gestionnaire du bien de l'État (eau et installation) et arbitre de la rivalité

Configuration de confrontation : Droit de propriété versus droit de propriété (H_4)

Nature de l'arrangement : Accord consenti
Distribution des coûts (nets) : Coûts redistribués (risque pour l'ERPE)
Forme de l'arrangement local : Arrangement concédé (coûts négligeables pour l'ERPE)

Test des hypothèses :
Activation : H_2 : L'usager active un DP s'il est reconnu propriétaire → Validée
H_2 : L'usager active un DP s'il est reconnu propriétaire → Infirmée (+ absence de PP)
Confrontation : H_4 : Si configuration DP/DP, alors arrangement transactionnel → Infirmée (à discuter)

52 Ils permettent, par exemple, de court-circuiter les canaux officiels, ne serait-ce qu'en matière de diffusion des informations météorologiques ou de prévision des crues.

IV. Cas 3 : La protection des captages de Spa

Au sud du bassin de la Vesdre, dans les environs de Spa, une entreprise, Spa monopole, exploite les sources et les aquifères de la Ville de Spa pour produire de l'eau minérale[53]. Les aquifères sont situés au-dessous d'anciens terrains communaux, cédés à l'État belge par la Ville de Spa en 1913, lequel les a valorisés sous la forme d'une exploitation de bois. L'administration des Eaux et Forêts, en charge de la gestion forestière, parvint à installer une futaie feuillue et résineuse (notamment une production d'épicéas) sur ces sols pauvres. Selon Spa monopole, une intensification des plantations résineuses menaçait la qualité des aquifères situés au-dessous de la forêt. La société craignait, principalement, un accroissement de l'acidité des eaux. Au terme de longues discussions, un premier arrangement fut signé entre les deux protagonistes en 1967 et remanié en 1978. Après quelques années, et dans un contexte légal passablement modifié, Spa monopole formula le souhait de revoir cet accord. Les discussions aboutirent au *modus vivendi* du 11 mai 2001, signé entre Spa monopole, la Division de la nature et des forêts de la Région wallonne et la Ville de Spa. Le premier objectif des forêts spadoises tant communales que domaniales devint la protection du patrimoine naturel, et plus particulièrement la protection des eaux.

A. Apparition de la rivalité

Située au Sud du bassin de la Vesdre, dans les Ardennes, la région de Spa constitue un vaste espace naturel au paysage très particulier ; celui des fagnes, issu de la surexploitation du bois aux XVIIIe et XIXe siècles. Les fagnes sont des hauts plateaux marécageux constitués de tourbières alimentées par des précipitations importantes de pluie et de neige. L'eau de Spa percole au sommet des plateaux fagnards. « L'eau de pluie, filtrée par les dépôts de tourbe ou par le colluvium, pénètre dans les roches cambriennes très altérées où elle s'accumule pour former les nappes aquifères » (Nivelle *et al.*, 1990 : 276). Les sources de Spa émergent sur les pentes des collines du sud de la ville.

Spa monopole exploite les *eaux souterraines* situées sur le territoire de la Ville de Spa sous la forme d'eaux minérales en bouteilles. Plus de trois cents sources émergent dans les environs de Spa et cinquante neuf d'entre elles sont enregistrées comme sources d'eau minérale et exploitées. Cette activité est très sévèrement réglementée et nécessite une protection méticuleuse des aquifères. Le commerce de l'eau minérale est

---

53 Merci à MM. Jean Valière et Denis Simonin pour la relecture de cette étude de cas et les commentaires qu'ils ont apportés.

encadré par des législations européenne et belge[54]. Celles-ci réclament notamment une grande stabilité physico-chimique de la composition de ces eaux. La satisfaction de ces exigences passe par la protection des aquifères. Cette question est assez ancienne à Spa. En 1899, la source du centre-ville, dite Pierre-le-Grand, fut déclarée d'utilité publique et son périmètre (34,6 ha) fut soumis à des restrictions d'activité[55]. Ces mesures furent ensuite progressivement étendues à d'autres sources de Spa[56], puis généralisées au sein d'un périmètre plus vaste en 1937, suite à l'adoption de la loi sur la protection des eaux minérales[57]. Ainsi, ces législations limitent la concurrence (jusqu'à la supprimer) dans l'exploitation des sources et protègent les alentours des captages contre les activités nuisibles à cette exploitation, principalement les travaux de prospection et de terrassement. Toutefois, ces dispositions légales de protection ne mentionnent pas l'exploitation forestière parmi les activités susceptibles d'altérer les captages. De plus, elles ne protègent que les alentours des captages, et non pas la totalité des aquifères.

L'administration des Eaux et Forêts, par le passé, avait pour mission de mettre en valeur les forêts publiques, dites soumises (au régime forestier), dans un but essentiellement économique. Les forêts soumises comprennent les bois et forêts du domaine de l'État (ou de la Région wallonne depuis 1980) et ceux des communes et des établissements publics. Elles sont soumises au régime forestier, institué par le Code forestier de 1854[58] et doivent faire l'objet d'un aménagement forestier, à la différence des forêts qui appartiennent à des propriétaires privées (appelées les forêts non soumises) (Filot, 2004 : 91). C'est cette admi-

---

54 Directive 80/777/CEE du 15 juillet 1980 relative au rapprochement des législations des États membres concernant l'exploitation et la mise dans le commerce des eaux minérales naturelles (*J.O.C.E.*, L229, 30 août 1980), amendée par la directive 96/70/CE du 28 octobre 1996 (*J.O.C.E.*, L299, 23 novembre 1996) et transposée en droit belge par l'arrêté royal du 8 février 1999 concernant les eaux minérales naturelles et les eaux de source (*M.B.*, 23 avril), en application de la loi du 24 janvier 1977 relative à la protection de la santé des consommateurs en ce qui concerne les denrées alimentaires et les autres produits.

55 Loi du 31 juillet 1889 déterminant le périmètre de protection des eaux de Spa (*M.B.*, 9 août).

56 Ce fut le cas pour la source de Géronstère en 1924, pour la source Marie-Henriette en 1925 et pour les sources de Sauvenière, Barisart, Pouhon Pia, Groesbeck, Reine, Pouhon Delcor et Hornay en 1927.

57 Loi du 1er août 1924 concernant la protection des eaux minérales et thermales (*M.B.*, 22 août). En application de cette loi est adopté l'arrêté royal du 1er juillet 1937 qui étend le périmètre de protection des sources minérales de Spa (*M.B.*, 17 juillet). Le périmètre englobe une superficie de 3 409 ha et inclut les principales sources de Spa. Il restera d'application jusqu'en 2001.

58 Loi du 19 décembre 1854 contenant le Code forestier (*M.B.*, 22 décembre).

nistration qui est chargée de la gestion des bois situés au-dessus des aquifères exploités par Spa monopole. Entre 1913 et 1978, celle-ci mit en valeur l'espace forestier essentiellement par la production de bois. Le bois était, à cette époque, fort demandé et le gouvernement avait manifesté la volonté de produire du bois belge afin de limiter les importations. Un certain nombre de terrains, considérés comme incultes, furent reboisés entre 1930 et 1960 avec des épicéas, une essence qui s'accommodait de terrains et de conditions édaphiques assez pauvres. En outre, les sols de type hydromorphe (c'est-à-dire très chargés en eau) nécessitaient un drainage important. Cette exploitation forestière à base d'épicéas avait pour conséquence une acidification des sols, ce qui n'était pas nécessairement compatible avec la production d'eau minérale.

La *structure de la propriété* de l'eau souterraine et du sol à Spa est peu commune et relativement complexe. En dérogation au principe d'accession énoncé dans le Code civil[59], les propriétés de l'eau et du sol sont découplées. Le sol appartient à l'État belge, aujourd'hui la Région wallonne, et les sources et les captages à la Ville de Spa. Spa monopole jouit d'un droit de disposition exclusif sur ces eaux, au titre d'une concession octroyée par la Ville de Spa en 1974 (initialement en 1903). Cette répartition a pour origine la vente des bois communaux par la Ville à l'État belge, actée le 18 avril 1913. Dans cet acte, la Ville de Spa se réserva la propriété des sources et des captages existants, ainsi que tous ceux qui pourraient être exploités par la suite. Le sol est classé en forêt domaniale et soumis à une exploitation forestière. Ainsi, Spa monopole n'est pas propriétaire des sources et des captages qu'elle exploite. Au moment de l'acte de cession des bois communaux, l'ancêtre de Spa monopole, la Compagnie fermière des eaux de Spa possédait depuis dix ans une concession exclusive sur l'exploitation des sources. La concession actuelle, qui couvre la période 1974-2039, octroie toujours l'exclusivité des eaux de Spa à Spa monopole en contrepartie d'une redevance. La Ville de Spa est, à ce titre, responsable de la protection des captages.

Spa monopole a ressenti très tôt le besoin de *limiter l'intensité de l'exploitation forestière*. Dès les années 1960, l'entreprise entra en contact avec la Ville de Spa et l'État belge à propos des résineux. Des études scientifiques révélaient les liens entre la plantation de résineux et l'acidité des sols et des chercheurs locaux (notamment de l'Université de Liège) mirent Spa monopole en garde contre le risque d'une dégradation du milieu naturel. Après d'âpres négociations, le premier *modus vivendi* entre l'administration des Eaux et Forêts et Spa monopole fut

[59] Art. 552 CC : « La propriété du sol emporte la propriété du dessus et du dessous ».

signé en 1967, puis révisé en 1978[60]. Outre l'engagement de la première à limiter les plantations d'épicéas et le drainage en fonction de la protection des aquifères, ces accords successifs prévoyaient une série de mesures annexes de protection. Spa monopole céda à l'État la ferme de Bérinzenne, située à proximité de la Fagne de Malchamps. Elle avait acquis le bâtiment et les terrains en 1972, parce qu'ils présentaient un risque de pollution pour les aquifères, non pas en raison de l'exploitation agricole, qui y avait cessé, mais de l'intention d'un promoteur immobilier d'y bâtir un village de vacances (qui aurait nécessité une alimentation en eau et causé des rejets). Une fois rachetée par l'État, la ferme fut transformée en musée de la Forêt. À l'époque, la gestion forestière était uniquement orientée vers la productivité, même si certains développements en faveur d'une gestion plus écologique de la forêt commençaient à apparaître[61].

Au début des années 1990, un changement de l'environnement légal incita Spa monopole à rouvrir les négociations avec la Division de la nature et des forêts de la Région wallonne (c'est-à-dire l'ancienne administration des Eaux et Forêts). D'une part, un décret régional incitait à tenir compte de la protection de l'aquifère dans son ensemble et non plus seulement la protection du captage[62]. Adopté en 1990, ce décret avait pour objectif de garantir la pérennité des eaux potabilisables (souterraines et de surface) et d'assurer une exploitation rationnelle de ces eaux, une répartition équitable entre les exploitants, la protection des biens et la prévention des pollutions. À ces fins, le décret de 1990 prévoyait un permis d'environnement pour les captages, une reconnaissance d'utilité publique qui permettait les expropriations et la délimitation de zones de protection à l'intérieur desquelles les dépôts et déversements de matières polluantes étaient interdits[63].

60 *Modus vivendi* du 6 décembre 1967 entre Spa monopole et l'administration des Eaux et Forêts concernant la protection des sources et *modus vivendi* du 26 juin 1978. Les *modus vivendi* établissaient des modes de gestion pour différentes zones, soit la fagne de Malchamps, deux zones de captage dont la fagne Salmon entourant la source de Spa Reine et, en général, le périmètre de protection. Ils réglementaient la proportion d'essences feuillues dans le périmètre de protection (15 %, à l'exception des deux zones de captage où celle-ci passait à 30 %), ainsi que l'utilisation de fertilisants, herbicides et pesticides (Nivelle *et al.*, 1990 : 287).

61 Voir la loi du 13 juillet 1973 sur la conservation de la nature.

62 Décret wallon du 30 avril 1990 sur la protection et l'exploitation des eaux souterraines et des eaux potabilisables (*M.B.*, 30 juin).

63 Ces restrictions à l'intérieur des périmètres de protection sont précisées dans l'arrêté de l'exécutif régional wallon du 14 novembre 1991 (*M.B.*, 24 mars 1992).

Encadré 7 : Chronologie du cas relatif à la protection des captages de Spa ($C_{3\ Spa}$)

1889, 31 juil.	Loi déterminant le périmètre de protection des eaux de Spa (34,6 ha). Les sources sont déclarées d'utilité publique
1903	Émile Dhainaut (*Compagnie fermière des eaux de Spa*) obtient le monopole de l'exploitation des sources appartenant à la Ville de Spa
1913, 18 avril	La Ville de Spa vend ses forêts à l'État, mais conserve les sources
1921, 14 avril	Création de la *S.A. Spa monopole*. Exploitation exclusive des eaux de Spa
1924, 1er août	Loi concernant la protection des eaux minérales. Extension progressive du périmètre de protection à d'autres sources
1937, 1er juil.	Arrêté royal établissant le périmètre de protection (3 409 ha)
1947	Création de la société holding de Spa monopole (future SPADEL)
1967, 6 déc.	*Modus vivendi* entre Spa monopole et les Eaux et Forêts
1972	Achat de la ferme de *Bérinzenne* par Spa monopole
1974, 26 sept.	Nouvelle concession pour l'exploitation des eaux de Spa (1974-2039)
1978, 26 juin	*Modus vivendi* entre Spa monopole et les Eaux et Forêts. Gestion de la forêt dans le respect des aquifères et sélection des espèces cultivées contre indemnisation pour le manque à gagner
1980, 15 juil.	Directive 80/777/CEE relative aux eaux minérales naturelles
1985, 4 oct.	Arrêté royal relatif aux eaux minérales naturelles. Reconnaissance des eaux de Spa comme eaux minérales naturelles
1988, 18 janv.	Convention de concession entre la Région wallonne et l'asbl Association de gestion du Musée de la Forêt de Bérinzenne
1990, 30 avril	Décret sur la protection et l'exploitation des eaux souterraines
1991, 14 nov.	Arrêté du Gouvernement wallon relatif aux prises d'eau souterraine
1995, 14 fév.	Circulaire n° 2556 de la DNF intitulée : « La vocation de protection de l'eau et des sols »
1995, 10 oct.	Convention de collaboration entre Spa monopole et l'asbl Découverte et promotion de la nature et de la forêt (DPNF)
1997, 22 sept.	Circulaire n° 2619 de la DNF relative aux aménagements dans les bois soumis au régime forestier
1999, 8 fév.	Arrêté royal concernant les eaux minérales naturelles
1999, 17 mai	Projet d'arrêté du Gouvernement wallon relatif à l'établissement de zones de prévention rapprochée et éloignée des ouvrages de prise d'eau souterraine sur le territoire des communes de Spa, de Theux, de Jalhay et de Stoumont
2001, 11 mai	*Modus vivendi* entre la Région wallonne, la Ville de Spa, Spa monopole et l'asbl DPNF sur la protection du patrimoine hydrogéologique à l'intérieur du périmètre de protection
2001, 13 déc.	Arrêté ministériel relatif à l'établissement d'une zone de surveillance pour la protection des eaux de Spa et environs. Arrêté ministériel relatif à l'établissement de zones de prévention rapprochée et éloignée des ouvrages de prise d'eau souterraine de l'administration communale de Spa, de la S.A. Spa monopole et de la S.A. Exirus, sis sur le territoire des communes de Spa, de Theux, de Jalhay et de Stoumont. Élargissement du périmètre de protection (13 177 ha)

La mise en œuvre de ce décret se traduisit pour Spa par l'élargissement de son périmètre de protection et le renforcement des restrictions qui s'appliquaient à l'intérieur de celui-ci (cf. carte 1)[64]. Suivant le décret, un périmètre de protection est constitué d'une série de cercles concentriques à l'intérieur desquels les restrictions s'accroissent à mesure que l'on s'approche du captage : une zone de surveillance de 13 177 ha ; une zone de prévention éloignée de 5 163 ha ; et des zones de prévention rapprochée autour de chacun des captages[65]. Bien que les arrêtés d'application du décret de 1990 étaient postérieurs au troisième *modus vivendi*, la négociation de celui-ci fut fortement influencée par ce décret.

Carte 2 : Périmètre actuel de protection des aquifères de Spa

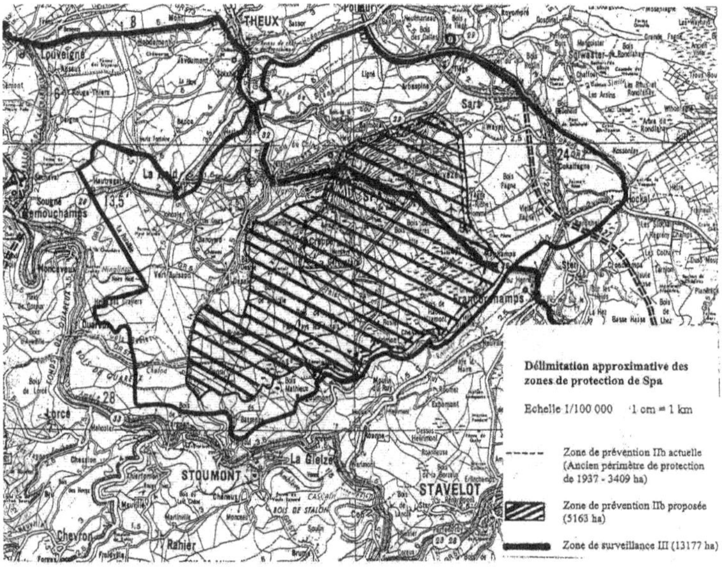

Source : *Moniteur belge.*

D'autre part, l'*aménagement forestier* en forêt soumise évolua en direction d'une approche plus écologique et multi-usages de la forêt. La DNF fut amenée à poursuivre d'autres objectifs que la production de bois, c'est-à-dire à prendre en compte les autres fonctions de la forêt que sont la fonction écologique, dont la protection de l'eau et du sol, et la

---

64 Arrêté ministériel du 13 décembre 2001 relatif à l'établissement d'une zone de surveillance pour la protection des eaux de Spa et environs (*M.B.*, 1er mars).

65 Les zones de prévention rapprochée sont des zones de 60 m de rayon autour du captage, délimitées sur la base de la convention du 26 juin 1978.

fonction sociale, soient les aspects paysagers, la promenade, l'utilisation par le tourisme et l'accueil du public en forêt. Les instructions au niveau des gestions forestières évoluaient vers la protection de l'eau et la gestion patrimoniale[66]. Ainsi, le gestionnaire forestier était invité par son administration à tenir compte des fonctions multiples de la forêt, en tête desquelles se trouvait la fonction écologique.

C'est dans ce contexte qu'intervint la demande de Spa monopole de *réviser le modus vivendi* de 1978. Spa monopole souhaitait actualiser l'ancien *modus vivendi*, afin de rendre celui-ci tout à fait conforme aux dernières avancées légales. Les responsables de l'entreprise sont venus trouver ceux de la DNF, lesquels ont immédiatement accepté d'entrer en matière.

B. Activation des règles par les usagers

La rivalité se déroule essentiellement entre Spa monopole et la DNF (cf. figure 13). La Ville de Spa, bien qu'impliquée dans les négociations, reste en retrait. Le public qui fréquente la forêt (visiteurs du CRIE, promeneurs, chasseurs, cavaliers, cyclistes, etc.) n'est, quant à lui, pas impliqué dans la résolution de la rivalité. Ses usages sont déjà entièrement réglementés par la DNF à l'intérieur du périmètre de protection (forêt soumise).

Figure 13 : Liens entre acteurs et coalitions formées dans le cas de la protection des eaux de Spa ($C_{3\ Spa}$)

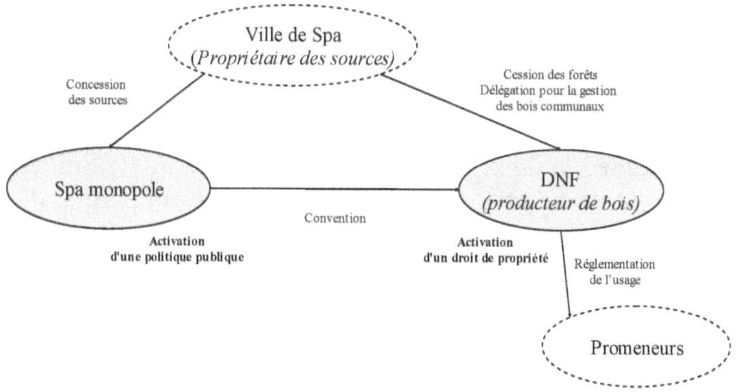

66 Cette prise en compte de la multifonctionnalité de la forêt se traduit par la circulaire ministérielle n° 2619 du 22 septembre 1997 relative aux aménagements dans les bois soumis au régime forestier : « D'un point de vue général, la fonction écologique sera considérée comme un préalable dans l'approche des autres fonctions et dans la gestion durable des forêts. Elle favorisera le maintien et le développement de la biodiversité […] » (citée par Filot, 2005 : 40).

Spa monopole, la principale filiale du groupe SPADEL (254,5 mio EUR de chiffre d'affaires en 2003), leader sur le marché des eaux minérales dans le Benelux, est le premier employeur de Spa avec plus de 600 employés. Suite à une modernisation complète de l'usine, les cinquante neuf sources exploitées alimentent quatorze lignes de production qui mettent plus de 600 mio de litres en bouteille chaque année. La capacité de production de l'outil fut doublée en vingt ans. En application de la concession, Spa monopole verse une indemnité à la Ville (1,05 EUR/m³ prélevé en 2001) qui atteignait 5,951 mio EUR en 2003, l'équivalent du quart du budget municipal.

Depuis plus d'un siècle, Spa monopole se soucie de *la préservation de la qualité des eaux*. L'eau de Spa est la matière première de l'entreprise ; elle assure sa pérennité. La préservation de la ressource, que ce soit sa quantité disponible ou la stabilité de ses qualités physico-chimiques, est tout à fait vitale pour celle-ci. Dans cette stratégie de protection de la ressource, Spa monopole considère la production forestière, en particulier à partir de résineux, comme une menace. L'épicéa accroît l'acidité des sols et sa bonne croissance nécessite le drainage du sol. Spa monopole demande des conditions d'exploitation forestière plus favorables à la percolation des eaux de pluies, soit un couvert forestier moins dense et le retrait des drains[67]. À cela s'ajoute le souci d'éviter toutes sortes de pollutions causées par les activités touristiques et forestières. Les revendications de Spa monopole sont formulées dans un contexte de forte croissance du marché des eaux minérales corrélé à une certaine saturation des captages[68].

Bien que Spa monopole bénéficie de droits de propriété sur les eaux de Spa, elle assure dans ce cas la protection au moyen d'une activation de politique publique. En premier lieu, Spa monopole possède un droit de disposition exclusif sur les eaux souterraines de Spa, au titre d'une concession signée le 26 septembre 1974 avec la Ville de Spa et établie pour une durée de 65 ans. Ce droit de disposition lui permet d'exclure tout producteur d'eau de l'accès aux sources, mais pas les usagers indirects, ceux dont l'usage en surface pourraient nuire à la qualité des aquifères. En effet, la concession ne lui donne aucun droit sur le sol

---

67 Les arguments de Spa monopole sont disputés par les forestiers, selon lesquels la qualité actuelle des eaux de Spa tient aux conditions d'exploitation actuelles de la forêt (Nivelle *et al.*, 1990 : 277-281).

68 Si la gestion forestière constitue un souci pour Spa monopole en matière de protection des aquifères, celui-ci n'est pas le principal. La société redoute avant tout les pollutions aux hydrocarbures.

situé au-dessus des aquifères[69]. Bien que la Ville, propriétaire, ait la responsabilité de protéger les sources, elle n'en a pas nécessairement les moyens. Soit les terrains appartiennent à l'État (ou à la Région wallonne), soit à la commune. Ces derniers, en tant que terrains boisés, sont placés sous la responsabilité de la DNF. Le droit de disposition de Spa monopole sur les sources ne lui permet pas d'exercer directement une influence sur le comportement de la DNF. Tout au plus, lui sert-il à légitimer son usage et sa revendication de protection.

Aussi, Spa monopole active-t-elle une politique publique, à savoir le décret de 1990 sur la protection des eaux potabilisables[70]. Ce décret impose des restrictions aux usagers directs et indirects des eaux souterraines à l'intérieur de trois périmètres de protection dessinés en cercles concentriques autour des captages et qui couvrent l'ensemble de l'aquifère. À l'intérieur de la zone de prise d'eau (dans un rayon de 10 m autour du captage), seules les activités en rapport direct avec la production d'eau sont autorisées. À l'intérieur des zones de prévention et de surveillance, le gouvernement interdit ou règlemente l'utilisation des matières polluantes, ainsi que toutes les installations et plantations susceptibles de polluer les eaux. Il est interdit d'y implanter de nouveaux parkings et campings et les dépôts d'hydrocarbures et l'épandage d'engrais et de pesticides y sont sévèrement restreints[71]. Les mesures de protection à l'intérieur du périmètre de surveillance sont moins contraignantes[72].

Cette activation de la politique publique est permise par un grand nombre de *ressources d'action* à la disposition de Spa monopole. D'abord, l'entreprise dispose de compétences techniques importantes en matière d'hydrogéologie. Elle compte deux hydrogéologues et emploie l'Université de Liège pour étudier les aquifères de Spa et établir le périmètre de protection élargi. Également, Spa monopole s'appuie sur la tradition de coopération établie avec la DNF dans le cadre de l'application des premiers *modus vivendi*. Enfin, Spa monopole dispose de relais

---

69 La stratégie de Spa monopole au cours du siècle consista, avec succès, à progressivement écarter tous les autres usagers directs ou indirects des aquifères au moyen d'une activation combinée de droits de propriété et de politiques publiques (Aubin, Cornut et Varone, 2004).

70 Décret wallon du 30 avril 1990 sur la protection et l'exploitation des eaux souterraines et des eaux potabilisables (*M.B.*, 30 juin), arrêté de l'exécutif régional wallon du 14 novembre 1991 (*M.B.*, 24 mars 1992) et arrêtés ministériels du 13 décembre 2001 relatifs à l'établissement des zones de surveillance et de prévention pour la protection des eaux de Spa (*M.B.*, 1er mars), bien que ces derniers ne soient pas encore adoptés formellement au moment de la négociation (propositions déposées le 17 mai 1999).

71 Art. 22 et 23 de l'AEW du 14 novembre 1991.

72 Arrêté ministériel du 13 décembre 2001, art. 4.

politiques. La DGRNE, organe de tutelle de la DNF, se montre particulièrement sensible à ses revendications. L'entreprise occupe une position importante dans la région, en tant que contributeur au budget communal et premier employeur de la ville.

Le second usager impliqué dans la rivalité, la *Division de la nature et des forêts* (DNF), est un département de la direction générale des Ressources naturelles et de l'Environnement (DGRNE), attachée au ministère de la Région wallonne (MRW). Son ministre de tutelle est le ministre de l'Agriculture. Elle résulte de la régionalisation en 1980 de l'administration des Eaux et Forêts et se répartit entre des services centraux et des services déconcentrés. Les services centraux de la DNF, basés à Namur, coordonnent l'ensemble des aménagements en forêt soumise et mettent en œuvre la politique de conservation de la nature. Les services extérieurs, huit directions divisées en trente six cantonnements, gèrent les forêts soumises. Le cantonnement de Spa regroupe seize triages, surveillés par quatre brigades (seize gardes forestiers). Il compte 3 000 ha de bois domaniaux et 6 000 ha de bois communaux situés sur six communes. La DNF exerce un rôle de surveillance et de contrôle sur l'exploitation forestière. Elle organise les ventes de bois par adjudication publique à des marchands de bois. Elle désigne les arbres à abattre et constitue des catalogues de lots de bois. Chaque lot représente plusieurs milliers de bois et le preneur de lot, l'adjudicataire, dispose d'une année pour « exploiter le lot », c'est-à-dire couper et évacuer les arbres. Les conditions d'exploitation des lots sont précisées dans le cahier des charges. Le prix du lot tient compte de la qualité du bois mis en vente et des conditions d'exploitation imposées par la DNF.

L'objectif de la DNF dans la rivalité consiste à *maintenir une couverture boisée* (c'est-à-dire une forêt relativement dense). Son intérêt premier n'est pas de vendre du bois, mais d'entretenir la forêt. Elle accepte de tenir compte de la production d'eau minérale, mais sans négliger la production de bois qui est, selon elle, un des objectifs primordiaux d'une forêt. Elle refuse que le milieu naturel soit modifié, qu'on laisse revenir la fagne ou qu'on supprime les résineux, et demande que la question de la gestion de la forêt soit contextualisée, y compris du point de vue paysager. La forêt participe à l'attrait touristique de la Ville de Spa. Selon la DNF, la gestion forestière n'est pas incompatible avec la production d'eau, même si des mesures de protection et de contrainte doivent être prises à l'encontre des exploitants forestiers. La DNF privilégie la multifonctionnalité de la forêt et la compatibilité des usages (production d'eau et de bois, tourisme et conservation de la nature).

À cette fin, la DNF active un *droit de propriété*. En tant que gestionnaire forestier, elle bénéficie d'un droit de disposition exclusif sur les bois domaniaux et d'une tutelle sur les bois communaux. C'est elle qui gère l'accès à la forêt et règlemente les usages de celle-ci. Le cantonnement de Spa reçoit ses instructions de Namur, en application du Code forestier qui édicte les grands principes de l'aménagement forestier[73], complété par des circulaires ministérielles qui intègrent les aspects multifonctionnels de la forêt[74]. Des zones à vocation de protection des eaux et des sols sont reconnues, qui interdisent le drainage, limitent les coupes à blanc et prévoient un traitement en densité plus faible (moins d'arbres à l'hectare). C'est donc son droit de disposition sur le sol, soumis à certaines directives, que la DNF oppose aux prétentions de Spa monopole. En guise de ressources, la DNF possède un personnel nombreux et une expertise technique qui lui confèrent un quasi-monopole sur les connaissances sylvicoles. Les positions de la DNF dépendent de la volonté de sa hiérarchie et des ministres régionaux compétents.

La *Ville de Spa*, tiers-acteur dans cette rivalité, est une commune de moyenne importance (10 569 habitants en 2004). Son budget est d'environ 20 mio EUR pour un effectif de 290 agents communaux. La majorité des sources de Spa, dont elle a la propriété, mais qu'elle a concédées à Spa monopole, sont situées sur le territoire communal. Bien qu'elle soit légalement responsable de la protection des captages, le travail effectif est réalisé par le personnel de Spa monopole. Celui-ci est présent sur le terrain, mais suit aussi de très près les décisions d'aménagement du territoire prises par la Ville. La Ville de Spa tire un grand bénéfice du développement industriel de Spa monopole. Les redevances versées par l'entreprise représentent à elles seules plus de 25 % du budget communal. Dans la rivalité, la Ville de Spa est peu impliquée. Sa participation au processus est obligatoire, mais elle reste assez formelle.

---

73 Loi du 19 décembre 1854 contenant le Code forestier (*M.B.*, 22 décembre). Le processus d'écologisation du régime forestier remonte à la loi du 13 juillet 1973 sur la conservation de la nature. Parmi les objectifs assignés aujourd'hui à la DNF figurent : le maintien de l'équilibre entre peuplements feuillus et résineux, la diversification des essences et la préservation des propriétés des sols et de la qualité de l'eau par un choix d'essences adéquat (Filot, 2004 : 107). On observe, de la sorte, une subordination des droits sur la forêt (soumise) aux droits sur le sol et l'eau.

74 En particulier, les circulaires ministérielles n° 2556 du 14 février 1995 intitulée : « La vocation de protection de l'eau et des sols : drainage et coupes à blanc dans les bois soumis au régime forestier » et n° 2619 du 22 septembre 1997 relative aux aménagements dans les bois soumis au régime forestier.

C. Dénouement de la rivalité

Les négociations proprement dites se déroulèrent entre Spa monopole, représentée par ses deux hydrogéologues, la DNF par le chef du cantonnement de Spa, la DGRNE par un membre de la direction des Eaux souterraines et la Ville par son échevin de l'Environnement et son directeur des Travaux. La négociation dura six mois et le texte faisait régulièrement la navette vers les autorités respectives, soit le bureau central de la DNF à Namur, le directeur général de la DGRNE et la direction de Spa monopole qui tranchaient les points litigieux. Le document final fut approuvé par les ministres wallons de l'Environnement et de l'Agriculture.

Le *modus vivendi*, signé le 11 mai 2001, formule des engagements réciproques entre les parties, même si la DNF en assume l'essentiel. La principale mesure de cet accord, très technique, consiste à alléger la densité de plantation dans un rayon de 100 m autour des captages. À l'intérieur de ces zones, la surface terrière est limitée à terme à 20 m²/ha pour les feuillus et 25 m²/ha pour les résineux[75]. De plus, la proportion de feuillus par rapport aux résineux passe de 21 % à 50 % pour l'ensemble du périmètre de protection. Le *modus vivendi* prévoit une mise de œuvre graduelle de ces dispositions, sur trente ans, adaptée au rythme de la gestion forestière et au cycle de vie des arbres. Les exploitants forestiers doivent respecter un cahier des charges adapté à la protection des aquifères (par ex. l'interdiction d'utiliser des engins mécaniques, remplacés par des chevaux de traie, l'interdiction des dépôts d'hydrocarbures et l'utilisation d'une huile de chaîne biodégradable pour les tronçonneuses). L'utilisation des herbicides, fongicides et pesticides est interdite, tout comme les nouveaux drainages. Des actions doivent être entreprises sur la fagne de Malchamps pour maintenir le *statu quo* en terme de couvert végétal. Sur le domaine de Bérinzenne (Centre régional d'initiation à la nature et à l'environnement (CRIE)), un raccordement à l'eau de distribution de la SWDE, financé par Spa monopole, se substitue à la source qui alimente le domaine. L'envergure des activités organisées sur le domaine doit être limitée et les trois parkings aux abords du centre doivent être étanchéifiés. La Ville, pour sa part, installe des bornes à incendie et procède à la rectification d'un virage de la route de Bérinzenne.

---

[75] La surface terrière se définit, pour un arbre, comme la surface de la section transversale de son tronc à 1,30 m de hauteur. Pour un peuplement, c'est la somme de la surface terrière de tous les arbres. Elle dépend donc de la densité de plantation et de la grosseur des arbres et se mesure en mètres carrés par hectare (m²/ha).

Ce *modus vivendi* est un *arrangement concédé*, dont les termes ont été librement consentis par les parties. Il donne la priorité à la production d'eau minérale par rapport à la production forestière et à tout autre usage du sol. Cet accord, limité à un périmètre relativement restreint, satisfait aussi bien Spa monopole que la DNF. Pour cette dernière, il traduit l'évolution des directives régionales en matière de gestion forestière (multifonctionnalité). Il s'agit bien d'un compromis. Spa monopole n'a pas dicté sa volonté à la DNF. Cet accord reste en deçà de certaines de ses exigences, principalement en matière de réduction de la densité de plantation. La DNF a fait en sorte de conserver une forêt (qui ne soit pas transformée en verger). La société accepte toutefois un compromis qui lui offre l'aide et la collaboration active de la DNF dans sa politique de protection des aquifères. Une position jusqu'au-boutiste n'aurait pas été raisonnable et aurait pu avoir un effet contre-productif. La qualité de l'eau n'est pas non plus soumise à une menace immédiate. Finalement, Spa monopole considère que cet accord est gagnant-gagnant et qu'il évite toute situation conflictuelle. De son côté, la DNF estime également avoir atteint le bon compromis.

Si l'on considère les *alternatives*, la DNF aurait théoriquement pu, en vertu de ses droits de propriété, refuser la négociation réclamée par Spa monopole. Toutefois, une telle crispation aurait été contraire aux objectifs de gestion patrimoniale de la forêt soumise, de sorte que le cantonnement de Spa de la DNF aurait pu subir des pressions politiques, voire légales. Cette option de repli sur soi n'a d'ailleurs jamais été envisagée par la DNF. Les deux usagers sont inscrits dans une tradition de coopération qui n'a jamais posé de problème. De plus, les gardes forestiers ont progressivement évolué, dans les trente dernières années, vers une approche plus intégrée de la gestion forestière. Du côté de Spa monopole, la question d'une alternative à la négociation ne s'est pas posée non plus. L'entreprise a fait la demande à la DNF qui l'a immédiatement acceptée. En cas de refus de la DNF, on peut imaginer que Spa monopole aurait interpellé les autorités régionales ou, en dernier lieu, activé le décret de 1990 devant la justice.

Les *coûts* se répartissent entre les deux usagers, bien que la DNF subisse *a priori* les charges les plus importantes. Spa monopole doit financer le raccordement de la ferme de Bérinzenne à la distribution d'eau (une centaine de milliers d'euros). Ceci répond cependant à sa demande que le CRIE ne soit plus alimenté par la source de la ferme. Quand à la DNF, les conditions d'exploitation draconiennes demandées aux forestiers entraînent un manque à gagner sur les ventes de bois de l'ordre de 30 %. Le prix des lots est, en effet, moins élevé du fait des charges d'exploitation supplémentaires. Également, le fait de planter moins dense diminue la qualité du bois ; celui-ci devient plus noueux.

Toutefois, la perte sur la vente de bois est relativisée par l'effondrement des prix. À prix constant, la valeur de l'épicéa en 2003 ne représentait plus que le tiers de sa valeur de 1960 (Filot, 2004 : 96). Pour la Ville de Spa, les coûts sont non négligeables, compte tenu de l'obligation d'égoutter le site de Bérinzenne, de rectifier un virage et d'installer des bornes à incendie. Seulement, l'obligation d'égouttage découle davantage du décret de 1990 que de la mise en œuvre du *modus vivendi*.

Les *bénéfices* se chiffrent moins facilement que les coûts. Spa monopole accroît la sécurité des aquifères et peut espérer à terme un accroissement marginal du rendement des captages en raison d'une meilleure percolation des eaux. Toutefois, ces gains sont relativement modestes. Ils ne font sens que dans la mesure où ils s'inscrivent dans une stratégie globale de protection des aquifères et viennent s'ajouter à d'autres mesures (par ex. l'inspection des cuves de mazout ou la formulation de remarques sur les permis d'environnement). La DNF bénéficie également de l'arrangement sous certains aspects. Cet arrangement conforte les objectifs de gestion multifonctionnelle de la forêt. De plus, le fait de favoriser la production d'eau est un gain pour l'économie régionale. La valeur ajoutée de l'eau minérale produite est sans commune mesure avec la perte des revenus liés à la production de bois. Enfin, la DNF réalise des économies sur les plantations du fait de devoir planter moins dense. Quant à la Ville de Spa, elle bénéficie de la politique de protection des sources dont elle reste propriétaire.

La *mise en œuvre* du *modus vivendi* de 2001 est progressive. Elle se déroule selon un plan d'action, évalué et révisé année après année au cours d'une réunion de suivi. Jusqu'ici, les parties sont satisfaites du compromis. Les exploitants forestiers sont effectivement soumis à des conditions draconiennes édictées par la DNF pour la coupe des lots de bois. Les travaux d'adduction d'eau à la ferme de Bérinzenne ont été réalisés et le CRIE, qui exploite le domaine, impose des restrictions à l'utilisation de sa salle de conférence. Dans la continuité de l'accord, d'autres conventions particulières ont pu être signées, notamment une collaboration entre Spa monopole et le CRIE relative à des projets éducatifs autour du thème de l'eau. Également, un plan communal d'aménagement, annexé au plan de secteur, est en cours de préparation. Celui-ci liera tous les acteurs présents à l'intérieur du périmètre de protection et placera tous les usagers sous une sorte de *modus vivendi* élargi.

Le *modus vivendi* de 2001 entre Spa monopole et la DNF est un accord consenti par les deux parties. Les coûts nets ne sont pas répartis de manière égalitaire. La DNF doit fournir un effort d'adaptation important et le manque à gagner sur le commerce du bois n'est pas compensé par Spa monopole. Les coûts sont redistribués. La DNF, qui jouit d'un droit de disposition sur le sol, consent à subir les coûts d'un arrangement dont elle n'est pas bénéficiaire face à un usager qui active une politique publique. Il s'agit donc d'une résolution de rivalité par arrangement concédé. Le propriétaire accepte volontairement de subir les coûts de l'arrangement, sans compensation. En terme de durabilité, l'arrangement semble satisfaisant. L'arrangement n'est pas réalisé au préjudice de la ressource qui est mieux protégée qu'auparavant, même si sa pérennité dépend de la bonne gestion du producteur d'eau minérale. D'un point de vue économique, l'eau et sol sont exploités de manière efficiente, puisque la ressource est réservée à l'activité la plus productive. En revanche, d'un point de vue social, le partage réalisé entre le producteur d'eau et le gestionnaire forestier laisse peu de place aux autres usagers.

Encadré 8 : Codage des variables et premier test des hypothèses pour le cas des captages de Spa ($C_{3\ Spa}$)

Usagers : *Spa monopole :* Propriétaire et bénéficiaire final (H_3)
DNF : Propriétaire (H_2)

Règles activées : *Spa monopole :* Politique publique de protection des captages (grâce à un droit sur l'eau ?)
DNF : Droits de disposition sur les forêts domaniales et communales (forêts soumises)

Configuration de confrontation : Politique publique versus droit de propriété (H_6)

Nature de l'arrangement : Accord consenti
Distribution des coûts (nets) : Coûts redistribués
Forme de l'arrangement local : Arrangement concédé (en ligne avec les objectifs du propriétaire)

Test des hypothèses :
Activation : H_3 : *L'usager active une PP si son droit de propriété ne lui permet pas d'exclure* → Validée
H_2 : *L'usager active un DP s'il est reconnu propriétaire* → Validée
Confrontation : H_6 : Si configuration PP/DP, alors compensation de l'État → **Infirmée**

CHAPITRE 4

Rivalités d'usages dans le Val de Bagnes

I. Présentation du bassin et identification des rivalités

Le Val de Bagnes est situé dans le Bas-Valais en Suisse. La rivière principale de ce sous-bassin hydrographique du Rhône est la Dranse de Bagnes. Elle se jette dans le Rhône à Martigny, après avoir mêlé ses eaux à la Dranse d'Entremont à Sembrancher. La région est montagneuse, entourée de quelques uns des plus grands sommets (le Grand Combin, alt. 4 314 m, et la Pigne d'Arolla, alt. 3 796 m) et glaciers des Alpes (le Giétro, Corbassière et Otemma). La Dranse est donc une rivière de montagne, d'environ 30 km de long, qui draine un bassin versant de 300 km² dont l'altitude moyenne se situe à 2 500 m. Son débit moyen est de 2,32 m³/s avec un maximum en juin (5,23 m³/s) et un étiage en janvier (0,69 m³/s), un débit fortement influencé par le barrage de Mauvoisin, situé dans la haute vallée. Ce débit a, en effet, été divisé par quatre depuis l'entrée en fonction du barrage (débit moyen de 11,4 m³/s avant 1956). La centrale hydroélectrique ne rejette pas l'eau turbinée dans le Val de Bagnes, mais directement dans le Rhône, dans la vallée voisine[1]. Le débit actuel de la Dranse est nourri essentiellement par une série de torrents affluents. Le lac de barrage possède une capacité de 210 mio m³. La majeure partie de la haute vallée est continuellement sous glace et bien sûr inhabitée. La population est principalement située dans la basse vallée dans les communes de Bagnes et de Vollèges. La population permanente est de 7 500 habitants, mais la fréquentation atteint des pointes de 30 000 personnes en hiver qui viennent séjourner dans la station de ski de Verbier.

Les activités économiques principales du bassin sont le tourisme, l'agriculture (d'élevage, principalement) et la production hydroélectrique. Cette dernière est la plus grande consommatrice d'eau, avec la

---

[1] L'eau est acheminée par dessous les montagnes, dans des conduites blindées. En effet, celle-ci n'est pas turbinée au pied du barrage à 2 000 m d'altitude, mais dans la plaine du Rhône à environ 477 m d'altitude. Ceci permet d'accroître la chute de l'eau et donc d'en augmenter son potentiel énergétique par rapport à l'utilisation de la seule pression de l'eau au pied du barrage.

rétention et l'utilisation des deux tiers de l'apport naturel en eau du bassin. L'approvisionnement en eau potable fut une préoccupation constante pour la Commune de Vollèges, qui manque de sources, et plus tard pour Verbier, avec le développement du tourisme. La construction de l'aqueduc de Louvie, inauguré en 1967, résolut ce problème. La conservation de la nature et du paysage reste une préoccupation des habitants. Les rivalités identifiées se concentrent nécessairement autour de la production d'hydroélectricité et du barrage de Mauvoisin. Elles concernent la production hydroélectrique à partir du barrage de Mauvoisin et la chute de Fionnay, avec l'instauration de débits minimaux, ainsi que l'approvisionnement de Vollèges en eau potable.

Le *système politique de la Suisse* est un fédéralisme d'exécution, un système pluraliste dans lequel les compétences, notamment en matière de gestion de l'eau, sont partagées entre l'échelon fédéral et l'échelon cantonal[2]. Les compétences assignées à la Confédération n'ont cessé de croître au XXe siècle. Toutefois, en raison du fédéralisme d'exécution, les cantons demeurent des acteurs importants. Ils sont dotés de leurs propres constitution et institutions politiques (gouvernement, parlement et tribunaux). De plus, ils sont chargés de la mise en œuvre de la plupart des politiques publiques édictées par la Confédération, laquelle leur laisse des marges de manœuvre significatives. Par ailleurs, l'autonomie locale reste importante. En matière de gestion de l'eau, les compétences de la Confédération recouvrent trois grandes tâches : la protection contre les eaux (ou la lutte contre les inondations), l'utilisation des forces hydrauliques (pour la production d'énergie) et la protection qualitative et quantitative des eaux. La Confédération édicte les politiques publiques de gestion de l'eau, dont la plupart sont soumises à référendum. La propriété de l'eau est réglée, par contre, à l'échelon cantonal, dans le respect du Code civil. Les cantons sont responsables des autorisations et des concessions pour différents usages. Ils sont également responsables de la mise en œuvre des politiques de protection des eaux et assurent la gestion des cours d'eau. Les autorités locales, quant à elles, sont principalement responsables de la gestion du cycle anthropique de l'eau (production et distribution d'eau potable, égouttage et épuration).

Les *droits de propriété sur l'eau* sont établis sur la base du Code civil suisse de 1912[3], selon les principes d'accession lié à la propriété privée (art. 667 CC) et de souveraineté de l'État sur l'eau qui limite la

---

[2] Ces paragraphes ont été élaborés sur la base du screening suisse du projet de recherche EUWARENESS (Mauch et Reynard, 2004 : 293-295) et des résultats du projet suisse IRM (Reynard, Thorens et Mauch, 2001 ; Reynard, Thorens et Mauch, 2001).

[3] Cf. Reynard, Thorens et Mauch (2001 : 112-114).

portée de la propriété privée dans l'intérêt public (Leimbacher et Perler, 2000 : 256) (cf. tableau 5).

Tableau 5 : Récapitulatif des régimes institutionnels de l'eau en Suisse de 1870 à 2001

Phases	Droits de propriété	Politiques publiques
1870-1912	Droits de propriété réglés au niveau cantonal (prépondérance de la propriété privée). Institution de la souveraineté de l'État fédéral sur la police des eaux (*art. 24 Cst. de 1874 et loi de 1877*) et l'utilisation des forces hydrauliques (*art. 24bis Cst. de 1908*)	Protection contre les crues Réduction de foyers de pollution en zones urbaines Approvisionnement du pays en énergie électrique (*loi valaisanne de 1898 sur les forces hydrauliques, LcFH*)
1912-1953	*Code civil* (1912) : distinction entre eaux publiques (eaux de surface) et privées (eaux souterraines, sources) Généralisation du système des concessions pour l'utilisation des forces hydrauliques	Protection des populations contre l'eau Protection des eaux contre la pollution Exploitation énergétique des eaux (*loi fédérale de 1916 sur l'utilisation des forces hydrauliques, LFH*)
1953-1975	Limitation de certains droits d'usage (déversement d'eaux usées et ménagères) par des mesures de protection qualitative des eaux	Renforcement de la politique de protection des eaux, en particulier contre l'eutrophisation (*art. 24quater Cst. de 1953 et loi de 1955 sur la protection des eaux*)
1975-1991	Limitation de droits d'usage par des mesures de protection qualitative et quantitative des eaux et par des mesures de protection de l'environnement	Intensification de la protection qualitative (*loi de 1971 sur la protection des eaux contre la pollution, LPEP*) Mesures de planification et de coordination (*loi de 1983 sur la protection de l'environnement, LPE*)
1991-2000	Élargissement de la limitation des droits de disposition et d'usage (*loi de 1991 sur la protection des eaux, LEaux*)	Intégration des politiques sectorielles (*loi de 1991 sur la protection des eaux, LEaux*)

Source : Adapté de Reynard, Thorens et Mauch (2001 : 126-127).

À partir du moment où l'État a la souveraineté sur l'eau, il en règle les usages par l'octroi d'autorisations ou de concessions. En l'espèce, ce sont le plus souvent les cantons ou les communes. Le Code civil distingue les eaux publiques (cours d'eau, lacs, glaciers et névés) (art. 664 CC) des eaux privées (sources et eaux souterraines) (art. 704 CC). Les sources et les eaux souterraines sont rattachées et laissées à la libre disposition du propriétaire, sous réserve de certaines servitudes (art. 705-711 CC). Ce découpage comporte quelques subtilités, qui rapprochent le système régulatif des eaux en Suisse de celui existant en Belgique. D'une part, les eaux courantes sont considérées comme des choses communes (*res communes*) placées sous la souveraineté de l'État, sans pour autant prétériter les droits des propriétaires riverains (captages et rejets). D'autre part, certaines sources sont considérées comme des eaux publiques à partir du moment où elles jaillissent des glaciers ou de rochers ou bien lorsqu'elles sont déclarées d'intérêt général. Dans le canton du Valais, les eaux de surface sont publiques ; elles appartiennent aux communes, à l'exception du Rhône et du lac Léman qui appartiennent au Canton. Si l'on considère son évolution dans le temps, le système régulatif « n'a pas subi de gros changements formels » (Reynard, Thorens et Mauch, 2001 : 116). Il laisse toutefois apparaître, au début du XXe siècle, la Confédération comme un acteur important, principalement au sujet des aspects quantitatifs de la gestion de l'eau, puis, dans la première moitié du siècle, les entreprises hydroélectriques par le biais des concessions. De plus, les eaux souterraines sont aujourd'hui considérées comme des eaux publiques (Leimbacher et Perler, 2000, cités par Reynard, Thorens et Mauch, 2001 : 114).

S'agissant des *politiques publiques*, les règles sont davantage évolutives et cumulatives que pour les droits de propriété. Elles se sont développées tout au long du XXe siècle sur trois axes : la gestion des barrages, la protection contre les crues et, plus récemment, la protection écologique (qualitative et quantitative) des eaux[4]. Dans la première phase (1870-1912), les politiques publiques entament une réponse à l'égard des dégâts causés par l'augmentation de la torrentialité et les inondations. Suite à l'adoption en 1874 de l'article 24 de la Constitution (Cst.) sur la haute surveillance de la Confédération sur la police des endiguements et des forêts dans les régions de montagne, deux lois de 1876 sur la police des forêts et de 1877 sur la police des eaux dans les régions élevées mettent ces principes en œuvre. La responsabilité des inondations est attribuée à la surexploitation des forêts alpines. Par ailleurs, les premières lois sur la pêche de 1875 et 1888 préconisent la dilution des polluants, en particulier à l'aval des villes. Elles constituent un premier pas vers la protection qualitative des eaux de surface. Ces deux axes de politique publique sont complétés par un troisième, à savoir l'utilisation des forces hydrauliques. La première loi valaisanne

4 Pour une description détaillée du régime institutionnel de gestion de l'eau en Suisse se référer aux travaux d'Emmanuel Reynard *et al.* (Reynard, Thorens et Mauch, 2001 : 101ss).

sur ce sujet est adoptée en 1898 (LcFH). Elle inspire certainement le texte de la Confédération qui s'attribue la haute surveillance de l'utilisation des forces hydrauliques suite à l'adoption de l'article 24*bis* Cst., puis de la loi de 1916 (LFH). C'est le principe de rationalité qui organise la distribution des usages des eaux de surface.

Avec les années 1950 se développe la protection qualitative des eaux (art. 24*quater* Cst. de 1953 et loi de 1955 sur la protection des eaux) sur la base d'un vaste de programme d'épuration des eaux. « L'hypothèse de base postule que la péjoration de la qualité des eaux est due à l'augmentation des déversements d'eaux usées par les ménages et les industries et exploitations agricoles » (Reynard, Thorens et Mauch, 2001 : 123). Cette politique est approfondie avec l'adoption de la seconde loi sur la protection des eaux contre la pollution de 1971 (LPEP) et de la loi sur la protection de l'environnement en 1983 (LPE). En 1975 s'ajoute un volet quantitatif à la protection des eaux avec la révision de l'article 24*bis* Cst. « qui donne à la Confédération la possibilité d'édicter des dispositions sur le maintien de débits minimums convenables » (Reynard, Thorens et Mauch, 2001 : 122).

Il faut cependant attendre 1991 pour que soit adoptée la troisième loi sur la protection des eaux (LEaux) qui applique les dispositions de cet article constitutionnel. Celle-ci « institue le principe d'une protection totale de l'hydrosystème (protection qualitative et quantitative, préservation des processus hydrologiques naturels) » (Reynard, Thorens et Mauch, 2001 : 123). Elle introduit l'écologie dans les différentes politiques publiques de gestion de l'eau et permet d'envisager une meilleure intégration des différents usages, ainsi que la prise en compte des nouveaux usages (eau comme milieu naturel ou eau comme paysage). Viennent s'ajouter à cette loi, la loi de 1991 sur l'aménagement des cours d'eau (LACE) et une révision de la loi sur l'utilisation des forces hydrauliques (LFH) en 1996. « L'hypothèse causale qui sous-tend la mise en place de cette nouvelle politique de l'eau postule qu'en protégeant totalement la ressource [...], on assure la durabilité de la gestion, notamment un bon équilibre entre les divers biens et services » (Reynard, Thorens et Mauch, 2001 : 125). De manière générale, sur la période couverte par les cas, le *régime institutionnel de l'eau* est considéré en Suisse aussi bien qu'en Belgique comme complexe, c'est-à-dire qu'il couvre tous les usagers de la ressource existants, mais que les différentes régulations ne sont pas toutes cohérentes entre elles et suscitent des problèmes de coordination des actions menées. Cependant, le cas $C_{5\ \text{Mauvoisin}}$ et davantage encore le cas $C_{6\ \text{Champsec}}$ illustrent déjà une première prise en compte des aspects écologiques de la gestion des cours d'eau et sont les conséquences d'un régime institutionnel qui évolue vers l'intégration.

Pour le Val de Bagnes, nous retenons *trois rivalités* qui sont autant de cas pour notre étude (cf. carte 3) : la construction de l'aqueduc de Louvie ($C_{4\ \text{Louvie}}$) ; le rehaussement du barrage de Mauvoisin ($C_{5\ \text{Mauvoisin}}$) ; et le retour de la concession de Champsec ($C_{6\ \text{Champsec}}$). Le cas $C_{4\ \text{Louvie}}$ porte sur une rivalité entre la distribution d'eau potable et d'irrigation et la production hydroélectrique. Alors qu'Albert Maret demande la concession sur les eaux de la Dranse à Vollèges, la Commune et le Consortage du bisse du Levron unissent leurs droits de propriété pour demander en échange le raccordement des villages à la conduite Mauvoisin-Riddes qui doit conduire les eaux du barrage à la centrale hydroélectrique. La confrontation aboutit sur une convention de droit privé. Le cas $C_{5\ \text{Mauvoisin}}$ oppose les Forces motrices de Mauvoisin qui désirent rehausser le barrage au WWF qui demande des compensations pour le cours d'eau, notamment en matière de débits résiduels minimaux. Les deux parties aboutissent à un arrangement local sous la forme d'une convention de droit privé qui prévoit, entre autres, un débit de 50 l/s au pied du barrage. Le troisième cas, $C_{6\ \text{Champsec}}$, oppose les mêmes acteurs, cette fois-ci dans le cadre d'un retour de concession. À l'occasion de la reprise de la centrale de Champsec par les FMM, le WWF est mécontent des faibles débits minimaux prévus dans le contrat de concession et demande la renégociation de ces débits, ce qu'il obtient, à nouveau sous la forme d'une convention de droit privé. L'ensemble de ces cas se déroule entre 1946 et 1992, ce qui élargit passablement la période retenue pour la sélection des cas (1975-2005). Toutefois, le cas de Louvie, bien que relativement ancien, méritait vraiment que l'on s'y intéresse.

Carte 3 : Identification des rivalités d'usages dans le Val de Bagnes

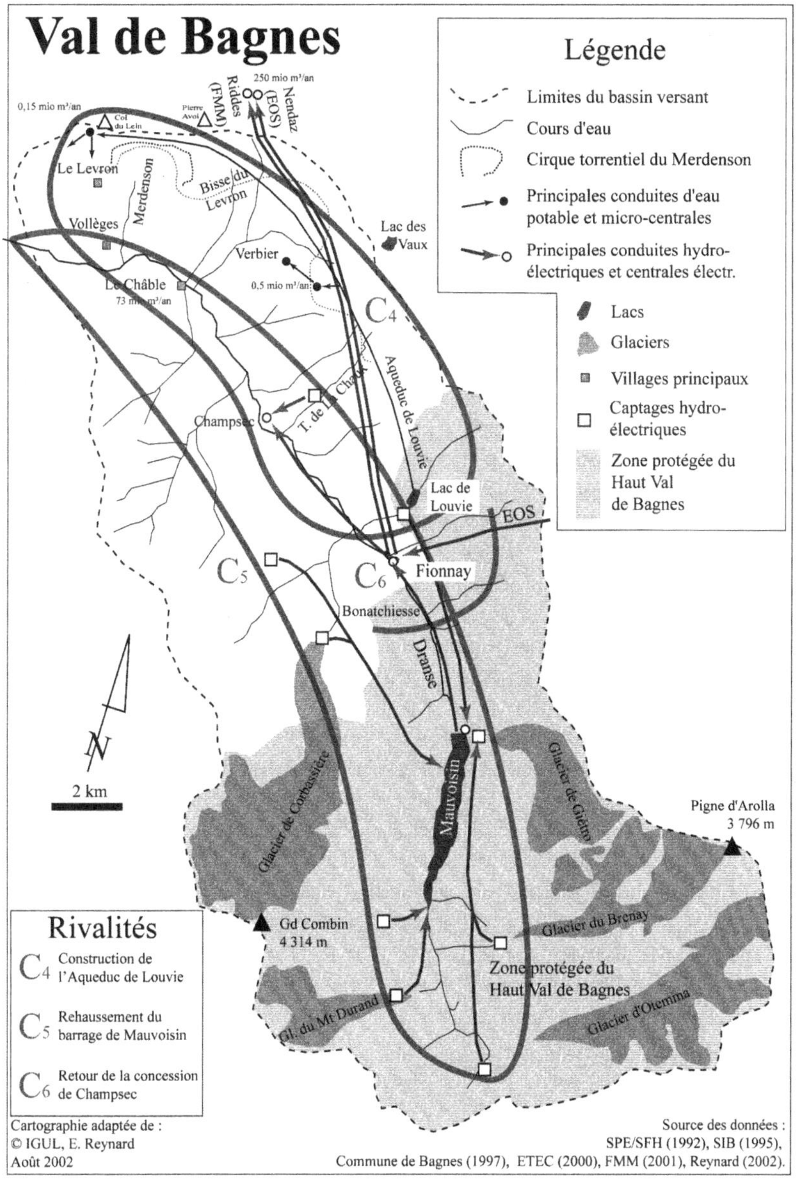

II. Cas 4 : La construction de l'aqueduc de Louvie

L'approvisionnement en eau potable est entré en rivalité avec la production hydroélectrique. Cette rivalité s'est produite au moment de la construction du barrage de Mauvoisin, mais elle n'a révélé sa véritable importance que dans les années 1960, au moment où la demande en eau de distribution explosait. La Commune de Vollèges négocia une concession sur les eaux de la Dranse en faveur des hydroélectriciens en contrepartie d'un raccordement de la commune à la conduite d'eau de l'installation hydroélectrique. De la sorte, elle parvint à pérenniser son approvisionnement en eau.

A. Apparition de la rivalité

L'approvisionnement en eau de Vollèges a toujours été une préoccupation pour ses habitants. Localisée sur le cône de déjection du Merdenson, la commune souffre de l'absence d'un arrière pays favorable (par ex. un bassin versant glaciaire ou de haute altitude) qui lui procurerait sources et torrents. La Dranse, quant à elle, coule en contrebas du village et sa qualité est médiocre après la traversée du Châble. Vollèges a donc dû prospecter à l'extérieur des limites de la commune pour trouver de l'eau. Outre quelques petites sources locales, le village a assuré son alimentation en eau d'irrigation au moyen de bisses, c'est-à-dire de petits canaux accrochés au flanc des montagnes. Ces bisses (de Vollèges, de Cries et du Levron) acheminaient à Vollèges l'eau de torrents situés sur la commune de Bagnes[5]. Le bisse du Levron est emblématique du fait des difficultés géologiques qu'il rencontre sur son chemin et des nombreux conflits qu'il a suscités avec les habitants de Bagnes. Le Consortage du bisse du Levron, gestionnaire du bisse, possède depuis 1492 un droit de disposition sur les eaux du torrent de la Chaux, qui approvisionnent le bisse. Ce bisse était régulièrement détruit sur sa partie finale, dans le cirque du Merdenson, en raison de la forte instabilité du terrain et à l'abandon depuis 1923, suite à un nouvel effondrement et à l'échec des différents projets de remise en eau[6]. Le village du Levron, le plus élevé de la commune, était alors dépendant des précipitations pour l'arrosage de ses terres, ne pouvant être alimenté par les autres bisses de la commune, trop bas en altitude.

---

5 Le bisse de Vollèges fut construit en 1434 et prend sa source au torrent du Fregnolay, sous Lourtier (Bagnes). Celui de Cries, déjà mentionné en 1433, est alimenté par le torrent de Verbier. Quant au bisse du Levron, il fut construit en 1465 (Bérard, [1967] 2002 : 26).

6 Plusieurs projets se succédèrent entre 1943 et 1946. Le projet Gross de reconstruction, incluant le percement de la Pierre Avoi, fut rejeté le 26 août 1946 par l'assemblée du Consortage, notamment en raison du projet du barrage de Mauvoisin.

Après l'obtention de la concession de la Commune de Bagnes en 1945 pour réaliser le projet du barrage de Mauvoisin dont il était l'initiateur et le concepteur, Albert Maret démarcha les autres communes propriétaires (ou ayant droit) de la Dranse (Vollèges, Orsières, Sembrancher, Martigny-Combe et Martigny-Bourg). Dans la *négociation du contrat de concession*, Vollèges et le Consortage du bisse du Levron activèrent respectivement leur droit de propriété sur la Dranse et leurs droits perpétuels sur le torrent de la Chaux. Le projet d'installation hydroélectrique était perçu comme une manne pour Vollèges, comme pour le Consortage qui escomptait pouvoir se raccorder aux conduites d'eau du barrage pour assurer son approvisionnement. À cette fin, celui-ci fit alliance avec la Commune de Vollèges pour activer ses droits sur le torrent de la Chaux. Ce torrent ne devait pas être directement capté par l'installation hydroélectrique, mais il risquait tout de même d'être tari suite au drainage des glaciers situés autour du Mont Fort, en particulier le glacier de la Chaux. Pour sa part, Maret ne voulait pas courir le risque d'un éventuel différend sur ces droits d'eau réservés[7]. Ce qu'il voulait, c'était la concession de Vollèges sur les eaux de la Dranse. Cependant, Vollèges mit dans la balance cette question des droits d'eau sur le torrent de la Chaux et demanda, en guise de compensation, le raccordement à la conduite d'eau du barrage.

Les premiers contacts entre Maret, Vollèges et le Consortage remontent au 14 mars 1946. Maret donna une suite favorable à la requête : « Notre galerie sous pression débouchera à l'est de la Pierre Avoua à une altitude de 1 750 mètres environ [...]. Nous nous chargerons du transport des eaux du bisse par la galerie » (Bérard [1967] 2002 : 194). La concession entre Vollèges et Maret fut signée le 30 mars 1947. Elle prévoyait notamment que le Consortage du bisse du Levron cède ses eaux à Maret, en contrepartie de quoi Maret garantissait un approvisionnement de toute la commune en eau d'irrigation au moyen d'un raccordement à la conduite sous pression de Mauvoisin-Riddes à une altitude de 1 760 m (100 m au-dessus du col du Lein), versant Rhône, soit la fourniture gratuite de 150 l/s d'eau d'irrigation pendant 90 jours et 12 l/s d'eau potable toute l'année. Si l'accord fut relativement rapide à trouver, sa mise en œuvre fut beaucoup plus difficile et nécessita l'intervention de la Commune de Bagnes.

7 L'essentiel pour Maret dans ce cas était d'acheter la paix, et non pas tant le volume d'eau fourni par le glacier qui alimente le torrent.

Encadré 9 : Chronologie du cas de l'aqueduc de Louvie ($C_{4\ Louvie}$)

1492, 28 juin	Sentence épiscopale octroyant un droit perpétuel sur le torrent de la Chaux au Consortage du bisse du Levron
1898, 27 mai	Loi cantonale sur les forces hydrauliques (LcFH)
1916, 22 déc.	Loi fédérale sur l'utilisation des forces hydrauliques (LFH)
1923	Rupture du bisse du Levron et abandon de son entretien
1943	Étude pour la remise en exploitation du bisse du Levron, incluant le percement de la Pierre Avoi. Projet rejeté par le Consortage en 1944
1945, 21 oct.	Concession des eaux de la Dranse par la Commune de Bagnes à Albert Maret
1946, 14 mars	Prise de contact entre le président de l'assemblée du bisse et Maret
1946, 26 mars	Accord de Maret d'approvisionner le bisse à partir de la conduite d'eau du barrage
1946, 26 août	Le Consortage rejette le projet Gross de remise en eau du bisse
1947, 5 mars	Rencontre entre Vollèges, le Consortage et Maret. Accord sur les transferts d'eau et projet de convention
1947, 16 mars	Le Consortage autorise la signature des deux conventions Vollèges-Maret et Vollèges-Consortage (convention du 24 avril 1949)
1947, 30 mars	Concession des eaux de la Dranse par la Commune de Vollèges à Maret. Le Consortage cède ses droits perpétuels sur le torrent de la Chaux en contrepartie d'un approvisionnement garanti en eau
1947, 15 sept.	Dépôt de l'avant-projet de Mauvoisin au Canton et demande d'homologation des concessions
1947, 29 sept.	Transfert des concessions de Maret à la *Société des forces motrices du Val de Bagnes*
1947, oct.	Concession du reste des eaux de la Dranse à Maret par les autres communes riveraines jusqu'à Martigny, excepté Sembrancher
1948, 7 sept.	Homologation des concessions par le Conseil d'État
1949, 25 juin	Approbation du projet de Mauvoisin par la Confédération
1950-51	Autorisation de construire de l'État du Valais et début des travaux
1952	Maret quitte les Forces motrices de Mauvoisin (FMM)
1956	Élection de Maret comme conseiller communal et président de Bagnes, une fonction qu'il conserve jusqu'en 1964
1957	Mise en exploitation des FMM et première mise en eau complète de la retenue en 1958
1955-59	Problèmes de salubrité des réseaux d'eau potable et risque de pénurie en eau potable suite au développement touristique
1959, juil.	Étude pour le projet du lac et de l'aqueduc de Louvie
1960, 14-31 oct.	Convention entre les Communes de Bagnes et Vollèges relative au projet d'aqueduc de Louvie
Années 1960	Remaniement parcellaire des terres agricoles dans la vallée
1961, 28 avril	Décret concernant l'octroi d'une subvention cantonale en faveur de l'irrigation de Bagnes et Vollèges
1962, 1er janv.	Début de la concession pour l'exploitation du barrage de Mauvoisin (80 ans selon la LFH)
1964	Début des travaux de construction de l'aqueduc de Louvie
1967	Entrée en service de l'aqueduc de Louvie (alimentation de Verbier)
1986	Surélévation de la digue de Louvie, financée par Bagnes
1993	Remise en eau partielle du bisse du Levron à des fins touristiques

B. Activation des règles par les usagers

L'arrangement local qui permet de résoudre cette rivalité entre la production hydroélectrique et la distribution d'eau est conclu entre le Consortage du bisse du Levron, la Commune de Vollèges et Albert Maret, à la suite d'une activation de droits de propriété. Sa mise en œuvre fait également intervenir les Forces motrices de Mauvoisin qui succèdent à Maret dans la réalisation du projet de barrage et la Commune de Bagnes (cf. figure 14).

Figure 14 : Liens entre acteurs et coalitions formées dans le cas de l'aqueduc de Louvie ($C_{4\ Louvie}$)

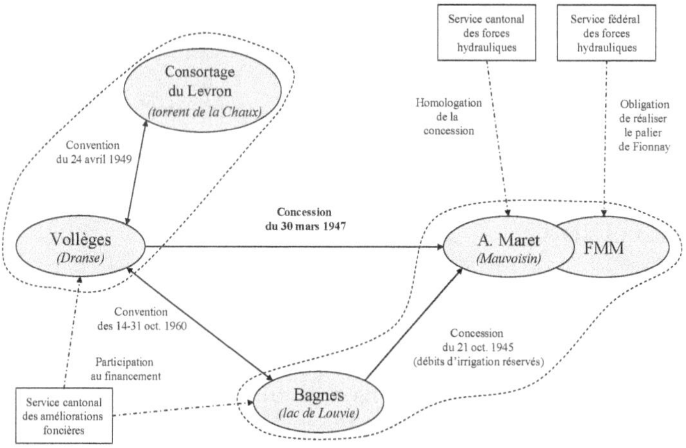

Le *Consortage du bisse du Levron* a construit et gère le bisse du Levron qui alimente le village du même nom (1 307 m) à partir d'une eau captée depuis le XVe siècle dans le torrent de la Chaux, au lieu-dit du Chardonnay, sur le territoire de la commune de Bagnes. « Un consortage est une association de propriétaires s'unissant pour construire un canal d'irrigation. Les membres d'un consortage sont appelés "consorts" » (Reynard, 2002). Les activités des Levronins sont essentiellement agricoles avec l'élevage bovin (race d'Hérens) et la culture d'herbages. La plupart d'entre eux sont propriétaires fonciers et consorts du bisse. Le Levron fait partie de la commune de Vollèges. En 1947, le Consortage administre toujours le bisse et négocie avec les autorités cantonales pour la remise en eau de celui-ci, abandonné depuis 1923.

L'objectif du Consortage dans cette résolution de rivalité est de *s'assurer un approvisionnement constant en eau au point haut du village.* La construction du barrage représente une opportunité de résoudre de façon durable ce problème. À cette fin, le Consortage avance le fait que les eaux du torrent de la Chaux, susceptibles d'être taries par le barrage, lui ont traditionnellement servi de source unique d'approvisionnement en eau. Il exige une source d'approvisionnement alternative, en d'autres termes que le projet hydroélectrique supplée aux besoins en eau de la commune[8]. Le désir des Levronins de coupler leur projet d'irrigation à celui du barrage repose également sur les incertitudes que la construction du barrage fait peser sur la pérennité de l'approvisionnement du bisse.

Le Consortage du bisse du Levron active un *droit séculaire et perpétuel sur le torrent de la Chaux*, attesté dans une sentence épiscopale de 1492[9] et resté valide et reconnu[10]. Il ne concerne pas la totalité des eaux du torrent, mais un volume équivalent à la capacité du bisse, c'est-à-dire au volume d'eau que celui-ci peut capter et transporter (Bérard, [1967] 2002 : 196). Au moment où Maret signe la concession des eaux de la Dranse avec la Commune de Bagnes, ce droit fait partie des eaux réservées ; il n'entre pas dans le champ de la concession. Maret doit donc négocier directement avec le Consortage pour obtenir la cession de ce droit, ou bien garantir dans son projet que cette eau restera disponible pour le Consortage.

La *Commune de Vollèges* est située dans la partie avale du Val de Bagnes et compte 1 200 habitants. Ses principaux villages sont situés sur le cône de déjection du Merdenson (Vollèges et Cries) ou sur le versant de la vallée (Levron). Cette commune agricole souffre depuis ses origines d'un manque chronique d'eau. L'eau d'irrigation provient de trois bisses, tandis que l'eau potable, dont le besoin reste limité jusqu'à la fin des années 1950, est fournie par de petites sources locales.

L'objectif de Vollèges recoupe celui du Consortage, c'est-à-dire *garantir et pérenniser l'approvisionnement en eau d'irrigation sur l'ensemble de la commune*. Celle-ci tente, d'une manière générale, de maximiser les avantages tirés de la construction du barrage et de parve-

---

8 Finalement, les drains du barrage qui suivent les flancs de montagne des deux côtés de la vallée ne sont pas remontés jusqu'au glacier de la Chaux.

9 Le 28 juin 1492, l'évêque Josse de Silenen prononce une sentence qui octroie aux habitants du Levron « un droit d'usage et de jouissance perpétuel sur le conduit d'eau, ainsi que le droit de puiser l'eau au lieu-dit du Chardonnay, dans le torrent de la Chaux, au-dessous du traçoir du Sarreyer (Bagnes) » (Bérard, [1967] 2002 : 113). L'usage du torrent de la Chaux n'est pas exclusif au Levron, ce qui obligea, par la suite, à déterminer la quantité d'eau à laquelle avaient droit les Levronins.

10 La validité de ce droit a été confirmée par différentes autorités au cours du temps. Par exemple, le 28 mars 1836, le Conseil d'État s'appuie sur la sentence pour autoriser le Consortage à reconstruire le bisse (Bérard, [1967] 2002 : 108).

nir à un règlement global et à moindre coût de la question de l'irrigation sur son territoire. Il lui semble plus rationnel et intéressant de se connecter à la conduite du barrage, plutôt que de mener un projet autonome. Elle espère tirer profit de la procédure de concession des eaux de la Dranse.

Vollèges active ses *droits de propriété formels sur la portion de la Dranse qui coule sur son territoire*, ainsi que sur les torrents, en vertu de l'article 2 de la loi du 6 juillet 1932 sur les cours d'eau, qui découle du Code civil valaisan de 1854. Il n'est, bien entendu, pas question pour le projet Maret de venir capter des eaux à Vollèges pour alimenter le barrage, mais la propriété sur la rivière inclut le contrôle de son débit. Les eaux concédées par Vollèges sont celles qui ne couleront plus sur le territoire communal, une fois captées en amont par le barrage. Également, Vollèges active la loi cantonale sur les forces hydrauliques (LcFH) du 27 mai 1898 qui atteste du droit de disposition des communes sur la force hydraulique et de la possibilité de concéder celle-ci (art. 1)[11].

Dans le cas de Vollèges, comme dans celui du Consortage, les ressources d'action sont assez limitées, mise à part la capacité à s'associer pour faire valoir ses intérêts et à construire un consensus. En effet, la Commune de Vollèges et le Consortage du bisse du Levron sont parvenus à unir leurs forces et leurs titres, afin de négocier plus efficacement la concession des eaux de la Dranse avec Maret. Toutefois, cette coopération pour la gestion du bisse avait été entamée depuis quelques années[12]. S'agissant de la concession, l'arrangement est arrêté de manière informelle entre les deux acteurs au début 1947. Le Consortage cède ses eaux à Maret à la faveur de toute la commune de Vollèges, une décision que les consorts ne regretteront pas (Bérard, [1967] 2002 : 204).

Si les Forces motrices de Mauvoisin sont aujourd'hui propriétaires et gestionnaires du barrage de Mauvoisin, ce ne sont pas elles qui sont les instigatrices du projet, mais bien *Albert Maret*, un ingénieur civil originaire de Bagnes[13]. C'est lui qui monte le projet – les premières études remontent à 1942-44 –, convainc les autorités locales de sa faisabilité, ainsi que les financiers de Zurich, et négocie les concessions. Il ne

11 À l'exception des droits des tiers qui sont réservés (art. 1 §3 LcFH).

12 Dès 1942, le Consortage cède la jouissance des eaux du bisse aux consortages de Cries et de Vollèges, tout en réservant ses droits (Bérard, [1967] 2002 : 190).

13 Maret reste très attaché à sa commune. Le projet qu'il défend possède un objectif de développement économique endogène pour la vallée : « Nous espérons également, a-t-il dit, que soient réglées, à la satisfaction de tous, les questions encore pendantes qui tiennent à cœur à nos populations de montagne, comme par exemple celle des irrigations » (Bérard, [1967] 2002 : 202).

transfert son projet à la Société des forces motrices du Val de Bagnes qu'en septembre 1947, à laquelle il participe aux côtés du Crédit suisse, de Brown Boveri et d'Elektrowatt. Il quitte cette société, rebaptisée Forces motrices de Mauvoisin, en 1952 pour se consacrer au projet du barrage du Grand Émosson avant de devenir président de la Commune de Bagnes en 1956. Maret est perçu comme le bienfaiteur de la vallée.

L'objectif de Maret consiste à *obtenir la concession de Vollèges sur les eaux de la Dranse* qui lui est indispensable pour la bonne réussite de son projet d'installation hydroélectrique. Il doit obtenir le contrôle total des eaux de la Dranse et de celles qui s'écoulent des glaciers pour que celui-ci soit viable et rentable. Il ne s'agit pas tant pour lui de contrôler le torrent de la Chaux, que d'obtenir la concession et éviter tout conflit avec les titulaires de droits réservés. D'autres enjeux pèsent sur Maret au moment de sa négociation avec Vollèges. Le montage du projet Mauvoisin est difficile, face à la concurrence du projet Grande Dixence d'Énergie Ouest Suisse (EOS) qui compte exploiter les mêmes ressources hydrauliques. Ce projet concurrent est mieux soutenu politiquement et plus rationnel, selon les termes de la loi fédérale (LFH)[14]. Cette « guerre de l'eau » conduit à une course à l'obtention des concessions[15]. Au moment de la rivalité, la concession de Sembrancher échappe à Maret[16] et un autre refus de concession peut mettre en péril l'homologation de la concession de Bagnes par un Conseil d'État déjà hostile au projet Mauvoisin[17]. De plus, ses partenaires et financiers zurichois attendent qu'il obtienne les concessions des autres communes de la

14 Le projet Grande Dixence prévoit de capter les eaux des glaciers du Val de Bagnes pour les acheminer au barrage de la Grande Dixence situé à 2 400 m d'altitude, alors que Mauvoisin n'est situé qu'à 2 000 m, et de constituer un groupe d'usines avec Fionnay-Champsec, Sembrancher et Martigny-Bourg.

15 Maret obtient la concession de Bagnes le 21 octobre 1945, alors qu'EOS possédait déjà Fionnay-Champsec et, à l'aval du Val de Bagnes, Fully, Martigny-Bourg et Chandolin. Ce conflit est aussi régional dans la mesure où EOS est une compagnie romande, alors qu'Elektrowatt est issue de la Suisse alémanique. Le conflit est tranché par la Confédération. Le Service fédéral des eaux approuve les deux projets le 25 juin 1949. EOS reçoit les eaux de Zermatt et Maret les eaux de Bagnes seulement.

16 Le Conseil d'État du Valais refuse en 1949 l'homologation de la concession de Sembrancher à la Société romande d'électricité, proche d'EOS et engagée dans le projet Grande Dixence, pour l'attribuer à Maret en 1951. Sembrancher est une commune radicale, alors que Bagnes est conservatrice.

17 Le Conseil d'État *in corpore* n'est pas hostile au projet, mais Maurice Troillet en est l'homme fort. Troillet, originaire de Bagnes lui aussi, ne veut pas du projet Mauvoisin et préfère un développement économique de la vallée basé sur l'agriculture (Guex, 1971). Il s'emploie à mettre en échec le projet de Maret. D'ailleurs, l'homologation de la concession de Bagnes est décidée par les deux autres conseillers d'État en l'absence de Troillet (Commune de Bagnes, 1985).

vallée pour lancer le projet et constituer la Société des forces motrices du Val de Bagnes. C'est pourquoi Maret a intérêt à régler rapidement la question de la concession de Vollèges.

Le projet du barrage de Mauvoisin tombe sous le coup de la LcFH de 1898 (et de la LFH de 1916), qui donne à Maret la possibilité d'acquérir des concessions sur la force hydraulique des cours d'eau auprès des communes propriétaires. En effet, Maret doit acquérir un droit d'accès à l'eau de la Dranse pour devenir un usager et réaliser son projet. Il active à cette fin la procédure d'octroi de concession prévue dans les lois sur les forces hydrauliques (art. 2 de la LcFH de 1898 et art. 3 et 38ss de la LFH de 1916)[18]. Ce n'est pas la pleine propriété de la rivière que Maret peut acquérir, mais le droit de disposer de la force hydraulique des eaux concédées. Maret est un nouvel entrant. Il possède les ressources financières qui lui permettent d'acquérir un titre de propriété et, surtout, il promet des dividendes importants aux communes concédantes. Ses arguments portent. Les communes sont conscientes des retombées engendrées par la « houille blanche », les banques le soutiennent, le Crédit suisse en particulier, et la politique de l'eau incite au développement de ce type de projet privé d'installation hydroélectrique (Reynard, Thorens et Mauch, 2001 : 120)[19]. Les capacités humaines et techniques de Maret contribuent certainement au succès de sa démarche ; elles lui permettent aussi bien de convaincre différents types d'acteurs du bien-fondé du projet que d'apporter des réponses aux problèmes techniques qui se posent (par ex. l'idée de l'aqueduc de Louvie).

Les *FMM* s'inscrivent dans la continuité du projet et respectent les engagements de Maret lors de la mise en œuvre de l'arrangement local, bien que les modifications techniques apportées au projet ne rendent pas possible l'approvisionnement de Vollèges à partir de la conduite du barrage. La *Commune de Bagnes* joue également un rôle dans la rivalité. Il s'agit de la commune la plus importante du bassin et la plus impliquée dans le projet de barrage. Son intervention est déterminante dans la mise en œuvre de l'arrangement local. Lorsque la Commune de Bagnes souscrit au projet d'aqueduc, elle fait face, elle aussi, à un risque de pénurie d'eau en raison du développement de la station de sports d'hiver de Verbier. Le *Service cantonal des améliorations foncières* participe également à l'élaboration et, surtout, au financement de l'aqueduc de Louvie. Les *Services fédéraux et cantonaux des forces hydrauliques* jouent, pour leur part, un rôle passif, mais sont responsables de la cons-

---

18 « La communauté qui dispose de la force d'un cours d'eau peut l'utiliser elle-même ou en concéder l'utilisation à des tiers » (art. 3 LFH 1916).

19 Les communes ne peuvent refuser les concessions sans motifs valables (art. 2 LcFH 1916).

truction du palier de Fionnay qui interdit l'approvisionnement direct du Levron par la conduite sous pression et donne naissance à l'aqueduc de Louvie.

C. Dénouement de la rivalité

Au sein de cette rivalité, il convient de distinguer la rivalité proprement dite entre les deux usages de production hydroélectrique et de distribution d'eau, de son règlement et de sa mise en œuvre.

L'*arrangement local* est scellé dans le contrat de concession signé le 30 mars 1947 entre Albert Maret et la Commune de Vollèges. L'ensemble des forces hydrauliques de la Dranse de Bagnes sur le territoire de la Commune de Vollèges, « non encore concédées ou retombées à ce jour dans le domaine public », sont concédées pour une durée de 80 ans, à l'exception des droits d'irrigation qui demeurent réservés. Pour sa part, le Consortage cède ses droits sur le torrent de la Chaux en l'échange d'un approvisionnement en eau garanti[20]. Maret s'engage à livrer 150 l/s d'eau d'irrigation en été et 12 l/s d'eau potable toute l'année, au-dessus du col du Lein à 1 760 m, à l'endroit où doit passer la conduite sous pression. Il se réserve toutefois la possibilité de renoncer au projet d'irrigation, ce qui rendrait caduque la cession des droits sur le torrent de la Chaux. Vollèges est chargée d'obtenir des subventions cantonales au titre des améliorations foncières pour réaliser le projet d'irrigation[21]. La concession prévoit la jouissance illimitée de l'aqueduc pour Vollèges, au-delà de la durée de la concession (art. 11 §7).

La concession est également l'objet de compensations plus habituelles, dans le respect de la LcFH de 1898. D'abord, elle est achetée pour une valeur de sept francs par cheval-an et assortie d'une redevance annuelle de trois francs par cheval-an (Bérard, [1967] 2002 : 236)[22]. En plus des dividendes, la Commune reçoit du courant à prix réduit (0,04 CHF/kWh en hiver et 0,02 CHF en été), dont la quantité est plafonnée à 120 chevaux, avec l'obligation toutefois d'acheter le solde nécessaire au concessionnaire au prix du marché. De plus, le concessionnaire s'engage à entretenir le lit de la Dranse. Outre l'article sur la cession des droits sur le torrent de la Chaux et la livraison d'eau, cette convention de concession est relativement classique et respecte les termes de la LcFH.

---

[20] Convention du 5 mars 1947, art. 11 (Bérard, [1967] 2002 : 205).

[21] Loi cantonale du 14 novembre 1929 sur l'amélioration des moyens d'irrigation.

[22] La force hydraulique du cours d'eau se calcule en multipliant la chute par le débit ; elle est mesurée en chevaux.

Toutefois, la signature de la convention entre Maret et Vollèges n'aurait pas été possible sans une *entente préalable entre la Commune de Vollèges et le Consortage du bisse du Levron*. Celle-ci repose en effet sur la bonne volonté des habitants du Levron vis-à-vis du reste de la commune. L'accord en lui-même remonte à mars 1947, mais il est formalisé par la convention du 24 avril 1949. Il y est rappelé que le Consortage du bisse du Levron concède « ses droits aux eaux de La Chaux » (art. 1) à Maret contre une mise à disposition de 150 l/s d'eau d'irrigation, en contrepartie de quoi les deux tiers de cette eau, soit 100 l/s, « sont réservés au Consortage du bisse du Levron pour ses besoins d'irrigation » (art. 2). La quantité d'eau disponible pour le Levron n'augmente pas réellement par rapport à la situation du début du siècle, mais elle semble répondre aux besoins des Levronins. En revanche, l'accord permet un accroissement du volume d'eau disponible pour le reste de la commune.

La *mise en œuvre* de la convention est moins aisée que sa conclusion et le raccordement à la conduite du barrage n'est pas réalisé pour des raisons techniques. Le 25 juin 1949, les services fédéraux conditionnent l'autorisation du projet Mauvoisin à la réalisation d'un *premier palier de turbinage* à Fionnay, à la cote 1 490, avant d'envoyer l'eau à Riddes pour un second turbinage[23]. En conséquence, à la hauteur du Levron, la fenêtre de la galerie passe à la cote 1 400, à une altitude inférieure à celle du col du Lein (1 660 m) et ne permet plus un écoulement gravitaire vers le Levron. L'arrangement conclu entre Vollèges et Maret n'est pas réalisable, mais l'obligation du concessionnaire de livrer l'eau d'irrigation à 1 760 m n'en subsiste pas moins. Il est alors question de trouver une *alternative*. Différentes solutions sont proposées qui ne concernent que Vollèges : soit une amenée d'eau de la Dranse ou de la Fare de Riddes (bassin du Rhône) au col du Lein par pompage, soit une accumulation au lac des Vaux. La solution du pompage est très onéreuse et ne garantit pas l'approvisionnement gratuit au-delà de la durée de la concession. Quand au lac des Vaux, ses eaux sont déjà concédées par la Commune de Riddes (Bérard, [1967] 2002 : 210).

La *solution définitive* est proposée par Albert Maret devenu entretemps président de la Commune de Bagnes. Celui-ci a élaboré un projet d'ensemble pour l'irrigation de la rive droite de la Dranse qui permettrait à la fois d'approvisionner Vollèges et de fournir les eaux d'irrigation réservées de Bagnes. L'eau serait puisée au lac de Louvie

[23] Le Service fédéral des eaux, qui tranche le conflit entre EOS et Maret, pense que les deux projets pourraient un jour fusionner. Le palier de Fionnay permettrait alors de réunir les eaux des deux installations pour ne construire qu'une seule usine en vallée du Rhône (Commune de Bagnes, 1985).

(2 213 m), situé sur les terres de la Bourgeoisie de Bagnes au-dessus de Fionnay, puis acheminée jusqu'au col du Lein par écoulement gravitaire[24]. Le lac de Louvie, rehaussé d'une digue, serait transformé en un bassin d'accumulation de 370 000 m³, auquel seraient raccordés 13 km de conduites avec un tunnel sous la Pierre Avoi. L'eau serait livrée au col du Lein pour Vollèges, ainsi qu'en deux points pour Bagnes. Les études se terminent en juillet 1959 et, après quelques hésitations de la part de Vollèges, les deux communes signent les 14 et 31 octobre 1960 une *convention relative à l'exploitation du lac de Louvie* qui précise la répartition des coûts entre les protagonistes, ainsi que les volumes d'eau disponibles. Bagnes reçoit 540 l/s et Vollèges 220 l/s à partir de la mi-mai[25]. Le financement du projet est principalement assuré par les FMM et par l'État du Valais au titre des améliorations foncières pour l'agriculture, le solde étant partagé entre Bagnes et Vollèges[26]. La construction commence en 1964 et l'aqueduc de Louvie entre en service en 1967. Par la suite, avec le développement de la demande en eau potable, à Verbier principalement, l'usage de l'aqueduc devient permanent et se diversifie. La production d'eau potable est aujourd'hui sa finalité principale[27].

Si l'on apprécie maintenant l'ensemble de la résolution, nous voyons en premier lieu que les accords sont scellés au moyen de *conventions de droit privé*. Les confrontations prennent le plus souvent la forme de négociations basées sur les droits d'eau de chacun. *Les arrangements sont consentis*. Cependant, toute une série de contraintes s'exercent sur les parties. Pour Maret, il est obligatoire de réserver les droits en eau potable et d'irrigation. Il ne peut pas non plus se permettre un échec avec Vollèges en raison des menaces qui pèsent sur son projet. Ensuite, les FMM ont l'obligation de respecter les engagements de Maret en dépit de la modification du projet. Pour Vollèges et le Consortage du Levron, il est absolument nécessaire de résoudre le problème de l'approvisionnement en eau. Ceux-ci ne peuvent toutefois pas être trop exigeants avec Maret, au risque que le Conseil d'État se substitue à la

24 La Bourgeoisie de Bagnes accepte de laisser équiper le lac.

25 Ou respectivement 71 % et 29 % de l'eau disponible en cas de pénurie. La clé de répartition découle partiellement de la loi fédérale sur l'amélioration de l'agriculture du 3 octobre 1951, mais aussi des jaugeages de la capacité du bisse du Levron.

26 Les FMM s'étaient engagées à contribuer au financement du projet à hauteur de 4 mio CHF (1,6 mio pour Vollèges et 2,4 mio pour Bagnes), en guise d'indemnités pour la réduction de la dotation de la Dranse et le tarissement de sources.

27 Bien qu'il serve aussi de bassin de stockage pour l'enneigement artificiel (Reynard, Thorens et Mauch, 2001).

Commune pour octroyer la concession, à des conditions moins avantageuses.

Concernant les *coûts*, les FMM déboursent moins que prévu pour la réalisation du projet d'aqueduc. Sur les 4 mio CHF engagés, elles ne versent finalement que 2,88 mio CHF (environ 1,86 mio EUR). Selon les termes de la convention d'octobre 1960, les subventions touchées au titre du projet d'irrigation sont rétrocédées au concessionnaire après déduction des coûts des travaux (art. 11 §5). La participation du canton au titre des améliorations foncières est significative. Elle atteint 1,68 mio CHF sur un coût total estimé à 7 mio CHF (respectivement 1,08 mio EUR et 4,5 mio EUR). Il reste à Vollèges à régler un solde de 1,436 mio CHF (0,74 mio EUR) auquel s'ajoutent 2,27 mio CHF (1,47 mio EUR) pour la construction du réseau de distribution. Dans la mesure où la Commune procède à des remaniements parcellaires, les interventions combinées de la Confédération et du Canton réduisent finalement le solde à la charge des Vollégeards à 636 000 CHF (410 000 EUR). Ainsi, le coût de l'arrangement pour Vollèges et le Consortage du Levron reste limité. Pour Bagnes, le coût se limite à une intervention financière, elle aussi subsidiée.

En termes de *bénéfices*, cette fois, Maret et les FMM peuvent réaliser leur projet d'installation hydroélectrique. De surcroît, l'eau d'irrigation n'est pas prélevée sur la conduite sous pression, ce qui améliore marginalement le rendement de l'installation. Il est interdit à Vollèges et à Bagnes de turbiner l'eau de l'aqueduc et celles-ci doivent s'approvisionner en électricité uniquement auprès des FMM[28]. Vollèges et le Consortage bénéficient d'un approvisionnement en eau garanti et indépendant du bon vouloir de Bagnes. Pour Bagnes, il est possible de répondre à l'accroissement de la demande en eau potable à Verbier, bien que le projet soit subsidié au titre de l'irrigation. Les parties tirent toutes un avantage significatif de cet arrangement.

On ne peut pas affirmer qu'il ait vraiment existé, pour aucun des acteurs, d'*alternative* pertinente à cet arrangement. Il est vrai que le Levron aurait pu garder ses droits d'eau sur le torrent de la Chaux, ce qui n'aurait pas pour autant empêché la concession de Vollèges d'être signée. Les Vollégeards ont simplement eu l'habileté de lier la reprise des droits d'eau sur la Chaux à l'octroi de la concession sur la Dranse. La solution d'une remise en eau de l'ancien bisse aurait été hasardeuse et n'aurait pas réglé la question de l'irrigation pour toute la commune.

---

28 Les clauses relatives à l'approvisionnement exclusif et à l'interdiction du turbinage seront supprimées à l'occasion de l'enquête publique sur les travaux de rehaussement du barrage de Mauvoisin.

Le Levron aurait en revanche peut-être reçu de l'eau quinze ans plus tôt. Au moment de la mise en œuvre de l'arrangement local encore, diverses alternatives ont été proposées, mais jamais très sérieusement envisagées[29]. Cependant, une alternative existait pour les FMM. La concession entre Maret et Vollèges stipulait que : « Au cas où, pour une raison quelconque, le concédant renoncerait au début des travaux de construction de la galerie, à la livraison de l'eau d'arrosage, le Consortage du bisse du Levron conserverait tous ses droits sur les eaux de la Chaux, et le présent article deviendrait caduc » (art. 11 §6). Il était donc possible aux FMM de se retirer du projet d'aqueduc si celui-ci avait été trop coûteux. Peut-être ont-elles aussi utilisé ce projet comme outil d'intégration dans la vallée ? Au final, les contraintes techniques ont certainement façonné l'ouvrage, mais ce projet n'aurait pas été possible sans la volonté affichée de Bagnes et de Vollèges de s'entendre sur la répartition des eaux[30].

La rivalité initiale a conduit à une redistribution significative des usages de l'eau dans le Val de Bagnes. Au départ, Vollèges et le Consortage du bisse du Levron unirent leurs forces pour résoudre leur problème d'approvisionnement en eau au moyen d'une négociation sur la concession des eaux nécessaire au projet de barrage. Ils activèrent le droit de propriété de Vollèges sur la Dranse, couplé à un droit de disposition sur le torrent de la Chaux. Pour sa part, Maret n'était pas dans une position de négociation très favorable, alors qu'il demandait la concession des eaux de la Dranse à Vollèges. L'accord initial fut donc relativement facile à régler, mais après cela, sa mise en œuvre fut moins évidente. Elle impliquait davantage d'acteurs et nécessitait des adaptations techniques significatives, ainsi qu'un large consensus entre les parties.

---

29 En 1900, les Vollégeards ont fait l'expérience du pompage des eaux de la Dranse. Après deux années, l'usine construite à grands frais est mise hors service en raison d'un trop fort ensablement et est revendue au prix de la ferraille en 1914 (Bérard, [1967] 2002 : 209). Personne ne veut se résoudre à réitérer cette expérience.

30 Il est important de rappeler l'importance symbolique de l'eau en Valais. L'eau y a toujours été perçue comme un patrimoine que l'on ne partage pas. L'approvisionnement en eau de Vollèges fut l'objet de nombreux conflits entre Bagnes et Vollèges, en particulier à propos du bisse du Levron (Bérard, [1967] 2002).

Encadré 10 : Codage des variables et premier test des hypothèses pour le cas de l'aqueduc de Louvie ($C_{4\ Louvie}$)

Usagers : *Maret :* Acquisition de droits de propriété (H_2)
Vollèges et Consortage : Propriétaires (H_2)

Règles activées : *Maret :* Droits de propriété (achat de concession)
Vollèges et Consortage : Droits de propriété (concédant)

Configuration de confrontation : Droit de propriété versus droit de propriété (H_4)

Nature de l'arrangement : Accord consenti
Distribution des coûts (nets) : Coûts redistribués
Forme de l'arrangement local : Arrangement concédé (faibles coûts pour le propriétaire)

Test des hypothèses :
Activation : H_2 : *L'usager active un DP s'il est reconnu propriétaire* → Validée
H_2 : *L'usager active un DP s'il est reconnu propriétaire* → Validée
Confrontation : H_4 : Si configuration DP/DP, alors arrangement transactionnel → Validée

III. Cas 5 : Le rehaussement du barrage de Mauvoisin

La rivalité concerne l'instauration de débits résiduels au pied du barrage de Mauvoisin. Lorsque les Forces motrices de Mauvoisin (FMM) décidèrent de rehausser le barrage en 1986, les associations environnementales s'opposèrent au projet et réclamèrent la mise en place de débits résiduels. Ces associations, principalement le World Wide Fund for Nature (WWF), militaient depuis longtemps en faveur des débits résiduels en Suisse. Le cas de la Dranse de Bagnes est remarquable à cet égard, du fait que la rivière ne coule plus du tout à l'aval du barrage et renaît grâce aux premiers torrents qui affluent vers son lit[31]. Cette absence d'apport en eau de la Dranse a des conséquences sur les écosystèmes tout au long de la vallée (Theler, 2004). Le débit de la rivière a, en effet, été divisé par quatre depuis la construction du barrage (de 10 m^3/s à 2,5 m^3/s). Ceci limite la prolifération des poissons et le développement d'une faune et d'une flore le long des berges. L'exemplarité du cas de la Dranse tient aussi au fait que les conduites de l'installation hydroélectrique envoient l'eau en dehors de la vallée et la rejettent à Riddes, directement dans le Rhône. Néanmoins, la motivation du WWF à s'opposer au projet de rehaussement du barrage n'était pas uniquement locale. Cette association comptait créer un précédent en matière de gestion des barrages et de débits résiduels.

31 La Dranse est reconstituée à Bonatchiesse, à 3 km en aval du barrage.

A. Apparition de la rivalité

La question des débits résiduels ne se posait pas au moment où le barrage de Mauvoisin fut construit. Un ingénieur, Albert Maret, conçut un premier projet en 1945 et obtint les concessions des communes riveraines de la Dranse de Bagnes qui l'autorisaient à retenir les eaux de la rivière à des fins de production hydroélectrique, pour une durée de 80 ans. En 1949, Maret céda son projet aux FMM, qui construisirent et assurèrent le fonctionnement des installations à leur entrée en service en 1956.

Dans les années 1980, les FMM eurent l'idée de *surélever le barrage* pour augmenter la production d'énergie d'hiver. Comme le barrage, dans sa conception initiale, comportait des marges de sécurité énormes et des murs bien dimensionnés, la surélévation ne consistait qu'à ériger un pan de mur au-dessus du barrage (d'une capacité initiale de 210 mio m^3). En 1986, la décision fut prise de mener le projet et les FMM déposèrent le mémoire technique et les plans au Département de l'énergie du Canton du Valais (DEN) qui proposaient une surélévation de 13,5 m et accroissaient la capacité de rétention du barrage de 30 mio m^3[32]. Selon les FMM, le projet n'impliquait ni captages supplémentaires, ni modification du régime des eaux de la Dranse. L'investissement était estimé à 45 mio CHF. Le DEN soumit le projet à enquête publique le 22 août 1986, en application de la LFH. Le WWF manifesta son opposition au projet dans le délai consenti d'un mois, sur la base des lacunes que contenait la procédure, en matière d'étude d'impact notamment[33]. Il estimait qu'une amélioration de l'installation sur les plans énergétiques et économiques devait s'accompagner d'une amélioration correspondante de l'environnement. De plus, il considérait que la surélévation du lac artificiel constituait bien une modification du régime des eaux. Le WWF n'était pas au courant de ce projet avant, alors que la procédure d'autorisation était déjà bien aboutie lorsqu'elle parvint à l'enquête publique[34]. Les FMM obtinrent le retrait à l'amiable des

---

32 Avec une production de 100 millions de kWh supplémentaires en périodes de pointe en hiver. La hauteur de surélévation correspondait à un optimum calculé selon un rapport entre le volume d'eau et le coût des travaux.

33 D'autres oppositions furent constituées par la Commune de Martigny, la Ligue suisse pour la protection de la nature (LSPN) et des particuliers. Des observations furent également formulées, notamment par le Consortage de l'alpage de Charmontane, la Commune de Vollèges, la Commission de protection du Haut Val de Bagnes, la Commune et la Bourgeoisie de Bagnes, ainsi que la Société de développement de Fionnay et du Haut Val de Bagnes.

34 Selon la LFH, la procédure de consultation commence formellement avec l'enquête publique.

différentes oppositions et observations, à l'exception de celle du WWF, et dans sa décision du 31 mars 1987, le DEN décida de passer outre, déclarant celle-ci irrecevable, pour défaut de qualité à agir notamment, et approuva les plans d'exécution des FMM. Ce projet n'impliquait pas de modification des concessions ni d'améliorations en faveur du milieu naturel.

Bien sûr, le WWF n'était nullement satisfait et il décida d'exercer son *droit de recours* à l'encontre de la décision du Conseil d'État. Le recours administratif fut déposé le 23 avril 1987 conjointement par le WWF Suisse et le WWF Valais. Selon le WWF, le projet de surélévation entraînait des modifications importantes des concessions, concernant notamment l'utilisation de l'eau, les périodes d'utilisation et la gestion de la rivière en aval du barrage. Le recours était stratégique, tout comme l'argument des concessions destiné à pousser les FMM à entrer en matière. Le WWF se doutait qu'il n'avait aucune chance d'aboutir sur ce point. En revanche, son recours pointait une série d'irrégularités sur le fond dans la décision du DEN, principalement l'absence d'une étude d'impact complète et la nécessité de délivrer une autorisation d'intervention technique dans les eaux piscicoles. Il ne portait que sur la forme. Le WWF attendait « une étude d'impact sérieuse » et la mise à l'enquête publique d'une demande d'intervention technique sur les eaux piscicoles avant de s'exprimer sur les questions de fond. Il exigeait que les procédures soient strictement respectées et que la décision du Département de l'énergie soit annulée.

Sur le plan juridique, la *confrontation entre les deux parties* fut assez virulente. Les FMM, dans leurs observations du 7 septembre 1987, contestaient le bien-fondé du recours du WWF, tout comme l'absence de légitimité de l'organisation environnementale dans une telle action. Elles estimaient, en premier lieu, que le WWF s'acharnait à combattre le projet, comme tout autre projet hydroélectrique, et cherchait surtout « l'occasion de faire réexaminer le principe de sa légitimation » à recourir dans les projets énergétiques plutôt que de défendre un environnement menacé. Pour leur défense, les FMM invoquaient la préservation des droits acquis et le respect de la procédure, mais prirent tout de même la peine de répondre sur le fond et de contester l'obligation d'étude d'impact. Le projet de surélévation n'apportait de modifications à l'environnement autres que « la mise sous eau de 20 ha de terrain » et la dotation de la Dranse respectait les concessions. Les FMM menaçaient d'abandonner le projet en cas d'injonction à accroître le débit de la Dranse.

La procédure juridique, et les argumentations appuyées qu'elle réclame, doit cependant être distinguée de la position réelle des acteurs.

Alors que chacun attaquait formellement l'adversaire, les deux parties entamaient les discussions. Dès le début, les FMM avaient décidé de composer avec les associations écologistes. L'entreprise considérait cela comme une exigence légale, du fait que la loi reconnaissait la légitimité de ces associations. Dans ce cadre, les FMM réglèrent d'abord à l'amiable leur différend avec la Ligue suisse de protection de la nature (LSPN)[35]. Après une première étude de la végétation des berges du lac, les FMM remirent une série d'études écologiques à l'automne 1987[36], qui étaient déjà le fruit des premières consultations avec le WWF. Elles étaient, selon le WWF, normalement obligatoires dans la préparation du projet et permettaient d'établir un état précis de la situation. Les négociations entre le WWF et les FMM se tinrent sur cette base scientifique.

Encadré 11 : Chronologie du cas du rehaussement du barrage de Mauvoisin ($C_{5\ Mauvoisin}$)

1945, 21 oct.	Concession des eaux de la Dranse par la Commune de Bagnes à l'ingénieur Albert Maret
1947, oct.	Concession du restant des eaux de la Dranse à Maret par toutes les autres communes riveraines jusqu'à Martigny, à l'exception de Sembrancher contrainte par le Conseil d'État de les lui céder en 1951
1947, 29 sept.	Maret cède ses concessions aux Forces motrices de Mauvoisin (FMM)
1956	Entrée en service du barrage de Mauvoisin : diminution du débit moyen de la Dranse
1957, 5 fév.	Loi cantonale (valaisanne) sur les forces hydrauliques (LcFH)
1962, 1er janv.	Début de la concession pour l'exploitation du barrage de Mauvoisin (80 ans selon la LFH)
1975, 20 juin	Nouvel article constitutionnel 24*bis* : principe de protection qualitative et quantitative des eaux, débits résiduels minimaux
1983, 7 oct.	Loi fédérale sur la protection de l'environnement (LPE) : protection quantitative de l'eau et études d'impact sur l'environnement
1986, 3 avril	Dépôt du mémoire technique du projet de surélévation du barrage de Mauvoisin au Département de l'énergie de l'État du Valais (DEN)
1986, 22 août	Mise à l'enquête publique du projet de surélévation
1986, 22 sept.	Opposition écrite du WWF Suisse et du WWF Valais
1986, nov.	Étude phytosociologique de la végétation sur les rives du lac de Mauvoisin commanditée par les FMM
1987, 31 mars	Rejet de l'opposition et approbation des plans par le DEN

35 Les FMM s'engageaient à améliorer les conditions de vie de la rivière, à en remodeler le lit par endroits et à créer des bras latéraux pouvant servir de refuges aux poissons.

36 Relevé phytosociologique de la végétation de novembre 1986 établi par Elektrowatt ; rapport préliminaire d'impact sur l'hydrobiologie d'octobre 1987 établi par le Bureau d'hydrologie appliquée Perraudin et Durand ; expertise faunistique sommaire de septembre 1987 établie par le Bureau d'études écologiques ETEC ; et analyse des effets sur l'environnement d'octobre 1987 établie par Elektrowatt.

1987, 23 avril	Recours administratif du WWF devant le Conseil d'État
1987, 7 sept.	Observations des FMM face au recours du WWF
1987, sept.-oct.	Autres études écologiques réalisées pour le compte des FMM
1987, 13 nov.	Remarques complémentaires du WWF au Conseil d'État en réponse aux observations des FMM
1988, mai	Étude hydrobiologique réalisée par le bureau d'études ECOTEC
1988, 6 août	Expiration de la concession de Champsec (EOS) et octroi de la nouvelle concession aux FMM
1988, 5 oct.	Convention relative au rehaussement du barrage de Mauvoisin entre les FMM et le WWF. Débit minimal de 50 l/s et réalisation d'étangs-refuges à Bonatchiesse. Revitalisation d'un tronçon de la Dranse
1989, 15 mars	Autorisation du Conseil d'État pour les interventions techniques dans les eaux piscicoles (LPê) (requête des FMM du 15 nov. 1988)
1989, 11 avril	Acceptation des aménagements compensatoires par le conseil communal de Bagnes, sous réserve d'acceptation par la Bourgeoisie
1989, 19 avril	Décision du DEN concernant l'essartage de la végétation des rives (LPN) (demande des FMM du 10 mars 1988)
1989, 3 mai	Accord du conseil général de Bagnes sur le projet de surélévation
1989, 7 mai	Accord de l'assemblée bourgeoisiale de Bagnes pour la cession de 3 ha de terrains à Bonatchiesse
1989, 8 mai	Retrait du recours administratif du WWF devant le Conseil d'État
2041, 31 déc.	Fin de la concession de Mauvoisin

Ce fut tout de même sous la menace du recours devant le Conseil d'État que les FMM acceptèrent de *négocier avec le WWF*. Ce recours avait un effet suspensif et autorisait deux niveaux de recours supplémentaires, devant le Tribunal administratif cantonal et devant le Tribunal fédéral. La longueur de ces procédures mettait le projet de surélévation en péril[37]. Les FMM voulaient aller vite et, de la sorte, préférèrent négocier plutôt que sacrifier du temps et de l'énergie dans une procédure judiciaire à l'issue incertaine. Si les positions du WWF étaient quelques peu extrêmes au début, les deux parties adoptèrent progressivement une attitude plus conciliante, en vue de trouver un terrain d'entente[38]. Les négociations s'achevèrent avec la signature d'une convention le 5 octobre 1988.

[37] Le traitement du recours devant le Conseil d'État prend entre trois et quatre mois et peut même durer jusque huit à douze mois. Pour les échelons suivants, une affaire peut parfois mettre 10 ans avant d'être jugée devant le Tribunal fédéral.

[38] Au départ, le WWF demandait un débit de dotation pour tout le barrage et non pas seulement pour la partie rehaussée. Les ingénieurs des FMM s'aperçurent assez vite que la dotation demandée dépassait les 30 mio m^3 gagnés avec le rehaussement.

B. Activation des règles par les usagers

La rivalité se déroule entre le WWF et les FMM (cf. figure 15). Le premier active des politiques publiques, alors que le second se défend au moyen de ses droits de propriété.

Figure 15 : Liens entre acteurs et coalitions formées dans le cas du rehaussement du barrage de Mauvoisin ($C_{5\ \mathrm{Mauvoisin}}$)

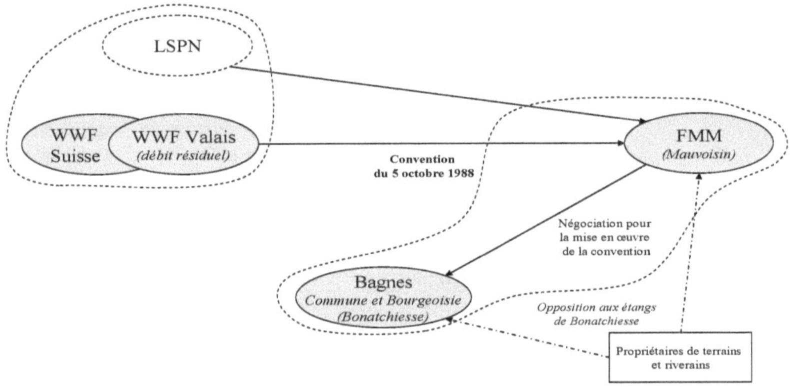

Le *WWF Valais* est la section cantonale du WWF Suisse (*World Wild Fund for Nature*). Rendue célèbre avec la défense du panda, cette association environnementale promeut, entre autres objectifs, le développement d'une gestion intégrée de l'eau soucieuse de la préservation des écosystèmes[39]. En Suisse, le WWF est la principale association environnementale avec 200 000 membres et un budget de 30 mio CHF (19,35 mio EUR). La branche valaisanne du WWF Suisse, créée en 1982, a fait des barrages hydroélectriques et des débits résiduels dans les cours d'eau la principale cible de son action (par ex. Hydro-Rhône ou Cleuson-Dixence) (Girard et Knoepfel, 1996). Les usages de la ressource par le WWF sont indirects. Ils concernent l'eau comme milieu naturel et la défense des paysages. Par conséquent, le WWF n'est pas un usager local, implanté sur les rives de la Dranse, mais sa fonction de protecteur de l'environnement est reconnue par un certain nombre de dispositions légales, en particulier la LPE et la LPN qui lui confèrent un droit de recours contre les projets d'infrastructures et d'aménagement des cours d'eau.

39 Le WWF est un acteur majeur de la société civile dans l'élaboration et la mise en œuvre de la directive-cadre européenne sur l'eau (2000/60/CE).

Dans sa rivalité avec les FMM, le WWF demande une *amélioration des conditions d'exploitation de la force hydraulique de la Dranse*, c'est-à-dire qu'il veut redonner un peu d'eau à la Dranse et compenser les effets négatifs du manque d'eau sur l'assèchement des zones humides. Selon l'organisation, il est aberrant, compte tenu de l'évolution des connaissances en écologie depuis les années 1940, de continuer à exploiter l'eau de la même façon, sans tenir compte du milieu naturel. En Valais, les sociétés se sont faites concéder jusqu'à la dernière goutte d'eau. Comme la surélévation doit accroître la rentabilité de l'ouvrage, le WWF estime que la nature peut bénéficier d'une amélioration. Pour le WWF Suisse et le WWF Valais, il s'agit aussi d'*établir un précédent relatif à la reconnaissance des besoins de la nature dans l'exploitation hydroélectrique*. Au niveau fédéral, l'association est engagée dans la reconnaissance des aspects quantitatifs de la protection des cours d'eau, mentionnés depuis 1975 dans la Constitution (art. 24*bis*). C'est aussi au moment de la rivalité que la LPE de 1983 entre en vigueur, un texte sur lequel le WWF souhaite faire jurisprudence[40]. Il veut mettre la question des débits résiduels à l'ordre du jour et éviter que la situation des vallées alpines ne s'empire, dans un contexte d'extension des installations (par ex. Grande Dixence) et d'arrivée à échéance des premières concessions (par ex. Champsec). Toutefois, dans le cas du rehaussement du barrage de Mauvoisin, c'est tout de même la question des débits qui prime.

Le recours du WWF contre la décision du DEN active plusieurs éléments juridiques, d'une part les règles procédurales qui le légitiment et, d'autre part, les règles substantielles qui abordent les questions de fond. Le WWF démontre d'abord sa légitimité à agir au moyen des articles 12 de la LPN et 55 de la LPE. Ces articles octroient un droit de recours à certaines associations environnementales sur des sujets relevant de la compétence fédérale[41]. L'activation du droit de recours dans cette affaire

---

40 La LEaux est également en cours de discussion, laquelle introduira des débits résiduels minimaux pour les cours d'eau.

41 Loi fédérale sur la protection de la nature et du paysage du 1er juillet 1966, art. 12 : « Lorsque des arrêtés ou ordonnances des cantons ou des décisions d'autorités fédérales peuvent faire l'objet d'un recours au Conseil fédéral ou d'un recours de droit administratif au Tribunal fédéral, le droit de recourir appartient aux communes et aussi aux associations d'importance nationale qui, aux termes de leurs statuts, se vouent à la protection de la nature et du paysage ou à des tâches semblables par pur idéal ».
Loi fédérale sur la protection de l'environnement du 7 octobre 1983, art. 55 : « Les organisations nationales dont le but est la protection de l'environnement ont également le droit de recourir dans la mesure où le recours administratif au Conseil fédéral ou le recours de droit administratif au Tribunal fédéral est admis contre des décisions des autorités cantonales ou fédérales relatives à la planification, à la construction ou à

n'est pas automatique. Il est nécessaire pour le WWF de prouver, jurisprudence à l'appui, qu'il lui est légitime d'agir et que le projet de surélévation est susceptible de recours. Le recours aborde également des questions de fond. D'abord, le WWF demande qu'une étude d'impact « sérieuse » soit conduite dans le respect de l'article 9 de la LPE. Ensuite, il exige qu'une autorisation pour intervention dans les eaux piscicoles soit demandée dans le respect des articles 24 à 26 de la LPê. Enfin, il remet en cause le fait que la modification des concessions ait été écartée au nom des articles 54 LFH et 26, 28 et 29 LcFH sur le contenu et la modification des concessions. Le recours active le maximum de règles possibles dans l'espoir d'être déclaré recevable. À ce moment-là, ni le droit de recours des associations environnementales, ni la réalisation d'études d'impact ne sont ancrées dans la pratique. La présence d'un avocat spécialiste des questions environnementales dans l'équipe dirigeante du WWF Valais, mandaté par l'organisation, facilite la conduite du recours, lequel est par ailleurs peu coûteux (Flückiger, Morand et Tanquerel, 2000 : 75ss).

Forces motrices de Mauvoisin S.A., basée à Sion, est la société qui exploite les installations de Mauvoisin. Fondée en 1947 par un consortium réuni autour du groupe suisse allemand Elektrowatt, FMM est aujourd'hui détenue par les Forces motrices du Nord-Est de la Suisse (NOK) (19,50 %), Électricité de Laufenbourg (EGL) (29,25 %) et les Forces motrices de la Suisse centrale (CKW) (19,50 %). Les autres partenaires sont les Forces motrices bernoises (19,50 %), Électricité de France (9,75 %), ainsi que la Commune de Bagnes (2,5 %) (cf. $C_{6\ \text{Champsec}}$). FMM est une petite structure composée de 44 personnes dont EGL assure la gestion administrative. L'usage de l'eau des FMM est exclusivement la production hydroélectrique. Les installations du barrage de Mauvoisin captent les eaux des glaciers de la vallée qui, après leur retenue, ne sont pas restituées à la Dranse, mais directement rejetées dans le Rhône. Cet usage est protégé par les droits de disposition que possède la société sur les eaux de la Dranse. En effet, FMM est titulaire de concessions octroyées par les communes riveraines (Bagnes pour 78 % de la chute, Sembrancher pour 6,84 %, Vollèges pour 3,58 %, etc.). Ces concessions lui donnent le droit de capter les eaux pour utiliser leur force hydraulique, en contrepartie d'une redevance sur l'énergie produite versée aux communes.

L'objectif des FMM dans la rivalité consiste à *surélever le barrage*, afin d'augmenter la capacité de stockage du réservoir et de concentrer le turbinage sur la période hivernale, au moment des pics de consomma-

---

la modification d'installations fixes soumises à l'étude d'impact sur l'environnement [...] ».

tion. Ce transfert de production de l'été vers l'hiver représente 100 GWh. Ce projet très rentable pour la société doit être réalisé le plus rapidement possible, en raison des gains qu'il représente par année d'exploitation et du développement de la concurrence sur le marché suisse de l'électricité. Pour cette raison, la procédure d'autorisation doit être rapidement réglée. Les FMM ne veulent pas perdre de temps à s'engager contre d'éventuelles procédures de recours. L'instauration de véritables débits résiduels pour la Dranse représenterait, par ailleurs, une contrainte forte pour elles. D'une part, l'eau laissée au libre écoulement dans la rivière représente un manque à gagner et, d'autre part, le barrage n'est pas conçu pour laisser s'écouler un débit résiduel. En outre, les FMM doivent éviter à tout prix la révision des concessions qui, en vertu des « droits acquis », les protègent contre toute nouvelle législation (par ex. sur l'environnement). En effet, la révision d'une concession équivaut en termes d'obligations légales à une nouvelle concession, pour laquelle toutes les lois en vigueur s'appliquent, y compris l'obligation d'augmenter la dotation de la rivière (LPE). Le barrage étant situé depuis 1968 dans la réserve naturelle du Haut Val de Bagnes, la question se pose également de savoir si l'exploitation de la centrale de Chanrion située au sommet du barrage ne devrait pas être arrêtée[42]. En raison de ses coûts induits, l'obligation de réviser les concessions signifierait l'abandon pur et simple du projet.

Dans la rivalité, les FMM activent leurs *contrats de concession*, couplés aux procédures prévues par les lois fédérale et cantonale sur les forces hydrauliques (LFH de 1916 et LcFH de 1957). Tout d'abord, les concessions des communes ayant droit sur la Dranse, en particulier celle de Bagnes, prévoient la concession de toutes les eaux du territoire communal, à l'exception des eaux déjà réservées, jusqu'au 31 décembre 2041. Elles autorisent le concessionnaire à : « faire toutes installations nécessaires à l'utilisation intégrale et rationnelle de l'ensemble des eaux ainsi disponibles ». Les FMM s'appuient sur ces droits acquis pour défendre le projet de surélévation. Par ailleurs, elles se réfèrent à la procédure d'autorisation de construire prévue dans la LcFH. Le concessionnaire est invité à soumettre les plans d'exécution du projet à l'approbation du Conseil d'État avant d'entreprendre les travaux (art. 31 LcFH)[43]. Ces plans sont ensuite soumis à une enquête publique (art. 16ss LcFH), qui permet aux personnes intéressées de formuler leurs objections (art. 16), à la suite de laquelle le DEN informe le requérant de

[42] Il était aussi prévisible que la Commune de Bagnes revienne sur la question de sa renonciation au droit de retour gratuit sur l'installation à l'échéance de la concession.

[43] Une décision entre temps déléguée au DEN. Cf. art. 73 de la loi du 6 octobre 1976 sur la procédure et la juridiction administrative.

toutes les oppositions formulées et l'invite à « rechercher une solution amiable et formuler ses observations » (art. 17). C'est le DEN qui tranche les oppositions de droit public et approuve les concessions, une procédure favorable aux FMM dans la mesure où le DEN est sensible à la réalisation d'un investissement de 50 mio CHF (32,26 mio CHF) dans le canton et généralement favorable aux hydroélectriciens. Dans sa décision du 31 mars 1987, le DEN se charge lui-même de réfuter les arguments du WWF et de contester la légitimité à agir de l'association. Par la suite, il reste absent de la conciliation, alors même qu'il est sensé l'organiser.

La *Commune de Bagnes*, et la *Bourgeoisie*, n'interviennent pas directement dans la rivalité, mais participent à la mise en œuvre de la convention. D'abord, les FMM sont chargées de négocier avec Bagnes la réalisation des étangs de Bonatchiesse, dont les terrains appartiennent à la Bourgeoisie. La Commune de Bagnes intervient aussi dans la procédure de rehaussement du Mauvoisin. Dans son opposition au projet, réglée à l'amiable, elle menace les FMM de retarder l'octroi du permis de construire si la société n'adopte pas une attitude plus conciliante dans la reprise de la concession de Champsec. Parmi les autres opposants, la *Ligue suisse pour la protection de la nature* (LSPN) a également déposé une opposition au projet, levée suite à l'engagement des FMM d'améliorer les berges de certaines portions de la Dranse. La LSPN laisse partir le WWF dans la négociation, en fonction d'un partage tacite des rôles entre les deux organisations (Girard et Knoepfel, 1996 : 101). Pour la plupart, les opposants au projet défendent des intérêts particuliers et aucune coalition ne se forme.

C. Dénouement de la rivalité

Les négociations aboutissent le 5 octobre 1988 avec la signature de la convention entre le WWF et les FMM concernant la surélévation du barrage de Mauvoisin. Cette convention pose les objectifs de l'arrangement, présente les moyens pour y parvenir et précise les conditions de sa mise en œuvre. S'agissant des objectifs, les FMM s'engagent à créer des aménagements pour la faune piscicole et la végétation aquatique riveraine et à reconstituer des écosystèmes aquatiques et palustres caractéristiques des milieux alpins. Pour y parvenir, elles fournissent un apport en eau à la Dranse au pied du barrage de 50 l/s, modulé en fonction du cycle naturel. La convention prévoit également la création d'étangs à Bonatchiesse sur 3 ha, ainsi que de bras latéraux sur la Dranse. Ces étangs, agrémentés d'une végétation variée, sont destinés à rabattre les poissons au moment des crues artificielles provoquées par les vidanges du barrage. Les FMM s'engagent, de surcroît, à mener des études écologiques pour les futures vidanges de fond. En prévision des négociations à venir sur le retour de concession de Champsec, les FMM s'engagent d'ores et déjà à fournir le débit minimal imposé à l'installation de Champsec en amont de Fionnay.

S'agissant des éléments de mise en œuvre, ceux-ci se composent de modalités techniques et d'éléments de procédure. D'abord, les compensations hydrobiologiques doivent être réalisées en fonction d'études de spécialistes dont le travail est supervisé par une commission de suivi composée des FMM, de la Commune de Bagnes, de l'État du Valais, de la Commission de protection du Haut Val de Bagnes et du WWF. Les coûts des mesures sont entièrement à la charge des FMM qui disposent d'un délai de six ans pour les mettre en œuvre. En terme de procédure, les FMM s'engagent à demander au DEN de requérir un préavis à la Commission fédérale pour la protection de la nature et du paysage (LPN), ainsi que l'octroi d'une autorisation spéciale d'intervention dans des eaux piscicoles (LPê) et d'une autorisation d'essartage (LPN) pour la surélévation du barrage. En contrepartie, le WWF considère que les études et expertises déjà réalisées et à venir valent une étude d'impact et, surtout, renonce à tout recours ultérieur contre toute décision liée au projet de surélévation dans la mesure où celle-ci n'est pas contraire à la convention. Il renonce également à réclamer une autorisation de construire communale et cantonale (LAT) et à exiger la modification des concessions (au titre de l'art. 28 al.1 LcFH).

L'arrangement est consenti. Il repose sur des concessions importantes de la part de chacun. Les FMM cèdent sur les débits résiduels et reconnaissent la nécessité d'apporter des compensations écologiques aux impacts négatifs sur l'environnement. Le WWF se contente de mesures symboliques, en particulier le débit minimal de 50 l/s, en guise de compensations à la surélévation et renonce à une étude d'impact sur l'environnement pour toute l'installation[44]. L'eau est bien livrée en aval du barrage, mais à partir d'un torrent latéral et non pas directement du barrage[45].

---

[44] Ce volume de 50 l/s se réfère à une loi autrichienne qui définit un minimum absolu pour les débits résiduels. Aucune mesure n'avait encore été adoptée en Suisse, en dépit de la révision de l'article 24*bis* Cst. en 1975 qui autorisait la Confédération à légiférer sur cette question (Reynard, Thorens et Mauch, 2001 : 122). Le Conseil fédéral a attendu 25 ans pour légiférer avec la LEaux, adoptée en 1991, qui est d'ailleurs un contre-projet à une initiative des pêcheurs. Aussi bien l'initiative que le contre-projet ont été vivement combattus en Valais et rejetés par votation populaire. La question des débits minimaux était donc très sensible au moment de la rivalité et le WWF voulait faire avancer ce dossier.

[45] Cela est assez peu comparé au débit de la Dranse au Châble (2 500 l/s) ou aux 2,5 m^3/s que pourrait atteindre la dotation en vertu de la LEaux de 1991 en cas de renouvellement des concessions. Ces 50 l/s ne doivent d'ailleurs pas être considérés

En terme de *contraintes* subies, le WWF craint principalement la vindicte populaire. Dans la procédure de négociation, le WWF ne dispose pas de beaucoup d'alternatives, mais conserve la possibilité de mener son recours au bout de la procédure judiciaire[46]. Le temps joue en sa faveur. En revanche, il subit les pressions des autorités et de la population du canton qui ne reconnaissent pas sa légitimité à agir ni le bien fondé des compensations environnementales qu'il demande[47]. Pour les FMM, les contraintes sont plus précises. La première est temporelle. Tout retard dans l'exécution des travaux augmente les coûts du projet et en menace la réalisation. Il n'est pas concevable pour l'entreprise d'entrer dans une bataille judiciaire, compte tenu également de l'incertitude qui pèse sur l'issue du jugement. Les FMM craignent par-dessus tout de devoir réviser les concessions. Elles sont également, à ce moment-là, témoins des difficultés de Grande Dixence et d'EOS à obtenir les autorisations du projet Cleuson-Dixence, en raison de leur attitude rigide à l'égard du WWF (Girard et Knoepfel, 1996). Elles ne souhaitent pas se retrouver dans une situation analogue[48]. Enfin, les FMM subissent des pressions pour ne pas négocier de la part de certains actionnaires, ainsi que de la Commune de Bagnes et du Canton. Pour le Canton, cela équivaut à donner raison au WWF et à l'encourager sur la voie des recours[49]. Grande Dixence reproche aussi fortement l'attitude conciliante des FMM au moment même où elle se retrouve en situation de conflit avec le WWF (Girard et Knoepfel, 1996)[50]. Les négociations se déroulent donc dans un climat relativement délétère, mais qui ne semble pas trop affecter les parties dans leur recherche d'un arrangement. D'une certaine manière, les FMM se sentaient obligées de discuter avec le WWF. L'issue de l'alternative, par la voie judiciaire, était trop longue et trop incertaine. Du côté du WWF, la seule alternative était de poursuivre

comme une dotation au sens légal du terme, en raison du fait qu'ils sont fournis par le détournement d'un torrent. D'un point de vue écologique, les résultats sont décevants. En raison de la nature poreuse du sol, le débit résiduel est entièrement absorbé avant d'arriver à la Dranse.

46 L'équipe du WWF se posait en permanence la question de savoir si les avancées obtenues étaient suffisantes ou non et si elle devait maintenir son recours.

47 Cette position n'a d'ailleurs pas beaucoup évolué depuis lors en Valais.

48 Cependant, au début de la rivalité, les FMM ne savaient pas s'il était préférable pour elles de discuter avec les écologistes ou bien de passer en force.

49 Alors même que le WWF l'ennuie sur de nombreux autres projets : « [Depuis] 1981 l'ensemble des projets touchant aux forces hydrauliques (par ex. Hydro-Rhône) n'aboutit pas, suite à des recours. D'autres affaires impliquant le WWF (Salquenen, route des Grangettes, Bois de Finge, domaines skiables) enveniment le climat et ne favorisent pas le dialogue » (Girard et Knoepfel, 1996 : 101).

50 Ce mécontentement est relayé par un actionnaire des FMM, également actionnaire de Grande Dixence, NOK.

la voie judiciaire. Mais eux aussi étaient favorables à une solution négociée plutôt qu'à un procès[51].

Pour ce qui est de la distribution des *coûts*, les FMM les prennent en charge en totalité. Outre le temps qu'elles doivent consacrer à la mise en œuvre de la convention, elles procèdent à des petits aménagements pour fournir les 50 l/s, effectuent un essartage des rives du lac et, surtout, réalisent les travaux de compensations hydrobiologiques à Bonatchiesse, pour une valeur de 2 mio CHF (1,29 mio EUR), un coût non négligeable au regard des travaux de surélévation, chiffrés à 50 mio CHF (32,26 mio EUR). Toutefois, la dépense est rapidement couverte par la bonne rentabilité de l'investissement. La Commune de Bagnes fait également face à certains coûts, c'est-à-dire la mise à disposition les terrains bourgeoisiaux pour la réalisation des étangs et les protestations des résidents (saisonniers) du hameau de Bonatchiesse.

Pour le WWF, les *bénéfices* correspondent à une légère amélioration des conditions de vie du milieu naturel dans la Dranse. Les bénéfices obtenus sont avant tout symboliques, mais ils possèdent leur importance à cet égard. Un précédent est créé sur les débits résiduels, la légitimité à agir des organisations environnementales dans les projets d'installations hydroélectrique est renforcée et les administrations sont mises en demeure de faire respecter les récentes normes environnementales, en particulier les études d'impact sur l'environnement. La totalité des objectifs du WWF sont remplis. Pour les FMM, les bénéfices s'évaluent en fonction de ce qui a pu être évité. La société n'a pas été soumise à une révision des concessions, un risque qu'elle prenait en allant devant le juge, ni à une étude d'impact approfondie qui aurait pu susciter des demandes de compensations plus importantes. L'arrangement permet en outre une mise en chantier rapide du projet de surélévation, sans plus aucun risque d'opposition. Enfin, les FMM créent un climat de confiance avec les écologistes qui facilitera par la suite la négociation d'autres projets, comme le retour de concession de Champsec, Mauvoisin 2, la purge du barrage ou le rehaussement de la prise d'eau. Le temps investi dans la négociation au départ est regagné ensuite sur les autres dossiers.

Pour les FMM, il n'est pas question d'avoir gagné ou perdu. L'arrangement local est plutôt perçu comme un « mal nécessaire » et les 50 l/s davantage comme un geste qui a permis de débloquer la situation que comme la réponse à une obligation légale. Toutefois, les actionnaires sont satisfaits du résultat et estiment avoir eu la chance de s'en être bien

---

51 Suivant l'adage selon lequel il vaut mieux un mauvais arrangement qu'un bon procès.

tirés. Le conseil d'administration de l'entreprise était content d'avancer et jugeait les compensations raisonnables au terme de l'accord négocié. Les FMM ont acquis une bonne image qui leur a ensuite été bénéfique, tout autant dans leurs relations avec les associations environnementales qu'avec le Canton et les communes. Au final, les FMM ont le sentiment que cet arrangement leur fut bénéfique. Pour le WWF, cet arrangement est une victoire. Même si l'association considère que 50 l/s, ce n'est pas beaucoup, le symbole compte selon elle. Quand à Bonatchiesse, l'aménagement constitue un cas d'espèce, une avancée à une époque où l'on considérait encore les compensations écologiques comme saugrenues. L'arrangement crée donc un précédent vis-à-vis de la population comme des autorités.

La rivalité est résolue, du moins partiellement. Le WWF n'a pas obtenu des débits résiduels suffisants pour améliorer la qualité écologique de la Dranse. Il ne disposait pas, pour cela, de bases légales suffisantes[52]. De leur côté, les FMM ont pu mener leur projet à bien. En revanche, la contribution immédiate de l'arrangement local au développement durable est très relative. Elle n'entraîne pas d'effets écologiques notables. Le débit résiduel octroyé ne rejoint pas le lit de la Dranse et les étangs de Bonatchiesse ont été détruits par une crue en octobre 2000. Les effets sur le débit et la qualité de la Dranse sont négligeables. Sur les plans économiques et sociaux, l'arrangement n'entraîne pas de redistribution notable de la ressource. Toutefois, cet arrangement local constitue une victoire symbolique de taille pour le WWF en faveur des débits résiduels minimaux.

Encadré 12 : Codage des variables et premier test des hypothèses pour le cas de Mauvoisin ($C_{5\ Mauvoisin}$)

Usagers : *FMM :* Propriétaire (H_2)
WWF : Bénéficiaire final (H_1)

Règles activées : *FMM :* Droit de propriété (concession)
WWF : Politique publique (LPN)

Configuration de confrontation : Politique publique versus droit de propriété (H_6)

Nature de l'arrangement : Accord consenti
Distribution des coûts (nets) : Coûts redistribués
Forme de l'arrangement local : Arrangement concédé (coûts faibles pour le propriétaire)

52 La véritable négociation sur les débits de dotation de la Dranse se déroulera en 2042, au moment du retour de la concession du barrage du Mauvoisin.

Test des hypothèses :
Activation : H_1 : *L'usager active une PP s'il est reconnu bénéficiaire final* → Validée
H_2 : *L'usager active un DP s'il est reconnu propriétaire* → Validée
Confrontation : H_6 : *Si configuration PP/DP, alors compensation de l'État → Infirmée*

Commentaires : On observe entre les usagers un échange de temps contre de l'argent, proposé par les FMM. Les FMM sont prêtes à financer des mesures hydrobiologiques si la résolution de la rivalité s'en trouve accélérée, en comparaison avec une solution judiciaire.

IV. Cas 6 : Le retour de la concession de Champsec

Le 5 août 1988 s'est produit le premier retour de concession du canton du Valais. L'installation hydroélectrique de Champsec, exploitée depuis 1930 par la société Énergie Ouest Suisse sur le territoire de la Commune de Bagnes, fut reprise par les Forces motrices de Mauvoisin (FMM). À l'occasion de la procédure d'homologation de la nouvelle concession, le WWF s'est mobilisé afin de doter la Dranse de débits résiduels significatifs qui tenaient compte des avancées législatives fédérales en faveur d'une protection quantitative des eaux. Suite à l'activation de son droit recours, le WWF a pu obtenir des FMM, par voie de négociation, des débits résiduels plus importants que ceux initialement fixés par la Commune de Bagnes.

A. Apparition de la rivalité

L'*acte de concession initial* du tronçon de la Dranse situé entre Fionnay et Champsec, signé en 1898 et sur lequel reposait l'exploitation de la centrale hydroélectrique de Champsec, octroyait l'usage des eaux à un consortium appelé « Forces hydrauliques de Bagnes », mais il ne fut pas exploité avant sa cession à Énergie Ouest Suisse (EOS) en 1922 et l'entrée en service de l'usine en 1930. Cette usine captait les eaux de la Dranse et de quatre torrents latéraux pour un débit de 2,5 m³/s et une puissance installée de 10,8 MW. Le volume d'eau ainsi concédé équivalait à 79 mio m³/an. D'une durée de 90 ans, la concession tombait à expiration en 1988, le 5 août à minuit précisément. Dès 1979, la Commune de Bagnes s'est interrogée sur l'attitude à adopter vis-à-vis du retour de concession. Les lois cantonale (LcFH 1957) et fédérale (LFH 1916) sur les forces hydrauliques ne décrivaient pas la procédure à suivre, mais précisaient simplement les droits des communes concédantes, leur octroyant un droit de retour gratuit dans certaines circonstances[53]. Sur la base de ce principe, diverses possibilités s'offraient à la

[53] Mentionné dans les articles 15 LcFH 1898, 67 LFH 1916 et 54 LcFH 1957. Selon l'ancien président de Bagnes, W. Ferrez, la LcFH de 1898 reposait sur le principe

Commune de Bagnes : soit créer une société de partenaires avec EOS, soit racheter la partie sèche et exploiter soi-même l'installation, soit confier l'ouvrage aux FMM. À l'époque, les besoins énergétiques de la commune équivalaient à la capacité de production de l'usine de Champsec. Ce retour constituait l'occasion de mettre en place un approvisionnement de la commune à meilleur marché. Ce fut l'option de la reprise par les FMM qui fut retenue en 1986. La Commune de Bagnes fit valoir son droit de retour gratuit sur l'installation et racheta la partie sèche à EOS pour 6 mio CHF[54].

Au terme de négociations longues et fastidieuses, le *nouvel acte de concession* fut signé le 10 avril 1987. Il prévoyait de transférer la propriété des installations de production de Champsec contre une participation de 2,5 % au capital des FMM, sans charges d'exploitation, la livraison d'une quantité d'électricité facturée au prix de revient (55 GWh) et un prêt à taux bonifié. Le choix en faveur des FMM s'expliquait pour deux raisons : le faible prix de revient de Mauvoisin et le besoin de restituer l'eau à Champsec. Ce second point est plus crucial pour nous. Dans les négociations, Bagnes devait s'assurer de récupérer les eaux de la Dranse normalement attribuées à EOS, mais captées par le barrage de Mauvoisin et/ou détournées de la vallée de la Dranse au palier de turbinage de Fionnay, en direction de Riddes dans la plaine du Rhône. Avant l'échéance de la première concession, une partie des eaux de Champsec était détournée vers l'usine de Grande Dixence (Bieudron) et une autre partie vers Riddes. En effet, selon la convention des 10 et 18 novembre 1967, EOS céda une partie des eaux de Champsec aux FMM, afin que celles-ci puissent les turbiner à Riddes, en contrepartie d'une énergie de substitution[55]. Il était plus facile pour Bagnes de régler cette question de

---

suivant : « Il est interdit de vendre l'eau, mais celle-ci peut être prêtée, pour un temps limité et moyennant rémunération. Au terme de la période, le conduit d'amenée est cédé gratuitement au concédant ». En effet, le droit de retour distingue la partie mouillée de la partie sèche des installations hydroélectriques. La commune récupère la propriété sur la partie mouillée avec une possibilité de rachat de la partie sèche. La partie mouillée correspond à toutes les installations en contact avec l'eau (par ex. les installations de retenue ou de prise d'eau, les canaux d'amenée ou de fuite et les moteurs hydrauliques), tandis que la partie sèche désigne principalement les installations de production et de transport de l'énergie.

54 Selon les termes de la Commune de Bagnes. Toutefois, sur un strict plan légal, la LFH n'utilise les termes « faire valoir son droit de retour » ou « racheter la partie sèche » que dans la situation où une commune reprend l'installation et l'exploite à son propre compte, ce qui ne fut pas le cas ici.

55 En vertu de la convention, les parties avaient convenu que la totalité des eaux de la Dranse à Fionnay serait détournée vers Riddes du 1er octobre au 30 avril, ainsi que les débits supérieurs à 1,7 m^3/s de 18 heures à 6 heures du 1er mai au 30 septembre. La

la restitution des eaux de Champsec par l'intégration des deux installations de Mauvoisin et Champsec au sein de la même société. Néanmoins, ceci ne se fit pas sans difficulté ni marchandage, la Commune ayant dû bloquer le projet de rehaussement du barrage de Mauvoisin pour parvenir à ses fins[56].

Suite à la signature du nouvel acte de concession, l'affaire était considérée comme réglée pour Bagnes, avant même que le retour de concession soit effectif. Du coup, la tâche d'obtenir l'*homologation* de cet acte de la part des autorités cantonales échut au nouveau concessionnaire, c'est-à-dire aux FMM. C'est pourquoi ce furent les FMM qui procédèrent au règlement des oppositions et non pas la Commune.

La demande d'homologation de la nouvelle concession fut transmise au Département de l'énergie (DEN) le 14 mars 1988 et soumise à enquête publique. Deux oppositions furent déposées, l'une par le WWF et l'autre par la Ligue suisse pour la protection de la nature (LSPN). La LSPN réclamait la détermination, dans la concession, des quantités d'eau utilisables par le concessionnaire et des débits résiduels, tandis que le WWF adoptait une position plus radicale. Il contestait l'octroi d'une nouvelle concession en raison du trop faible débit de la Dranse et exigeait le démantèlement de l'usine de Champsec. De plus, il jugeait « insuffisant » et « grotesque » le débit résiduel minimal octroyé dans la concession (50 l/s d'octobre à avril et 200 l/s en été). La Commune de Bagnes était indignée.

Le DEN invita les parties à trouver un *accord à l'amiable*, en vertu des lois sur les forces hydrauliques. Sachant que l'opposition ne serait certainement pas réglée avant la date de retour de la concession fixée au 5 août 1988, le Conseil d'État rendit toutefois une décision autorisant la poursuite temporaire de l'exploitation au-delà du 5 août, dans des conditions inchangées. Le 25 juillet, le WWF, très mécontent de cette décision, déposa un recours devant le Tribunal administratif cantonal.

Compte tenu de l'opposition du WWF et de la possibilité de celui-ci de recourir contre une éventuelle décision d'homologation, les FMM se trouvaient dans l'obligation de *négocier avec l'association écologiste*. Cette dernière réclamait une application plus stricte des dispositions de la loi sur la protection de l'environnement de 1983 (LPE) et se référait aux dispositions du projet de loi sur la protection des eaux (LEaux)

---

possibilité de détourner les eaux de la Dranse vers Riddes ne fut pas étrangère à l'acceptation du rachat de Champsec par les FMM.

56 Bagnes lia les deux dossiers, alors qu'ils furent traités séparément par le WWF. L'enjeu pour Bagnes n'était pas tant la question des débits résiduels, mais une bonne reprise de la concession de Champsec. Les débits minimaux concernaient peu la Commune, qui chargea le nouveau concessionnaire de négocier avec les opposants.

comme base de négociation (art. 31 al. 1). Le WWF voulait négocier l'instauration de débits minimaux plus conséquents, sur la base des méthodes de calcul préconisées par le projet de LEaux[57]. Il fit savoir aux FMM qu'il serait plus sage pour elles de négocier sur cette base, plutôt que de prolonger la négociation jusqu'à l'entrée en vigueur de la loi prévue un an après, ce que la procédure de recours administratif permettait. Les FMM acceptèrent d'entamer les négociations. La LEaux précisait que le résultat du Q_{347} établissait le seuil minimal pour les débits de dotation (art. 31 al. 2). Pour la Dranse à Fionnay, le Q_{347} équivalait à 0,6 m^3/s, ce qui impliquait un débit résiduel minimal de 0,3 m^3/s ou près de 10 mio m^3/an. Au départ, le WWF jugeait ce débit insuffisant. Les deux parties étaient d'accord sur l'octroi d'un débit résiduel, mais elles ne parvenaient pas à en déterminer le volume.

Entre temps, les négociations relatives au projet de rehaussement du barrage de Mauvoisin aboutirent le 5 octobre 1988. Tout en considérant que les deux questions n'étaient pas liées entre elles, cette convention prévoyait déjà la restitution de débits minimaux pour Champsec, sans en fixer le volume, et la remise en eau du tronçon de la Dranse en amont de Fionnay. En dépit de ce premier accord, les négociations sur la détermination du débit résiduel se prolongeaient. Le 11 octobre 1989, le WWF proposa un compromis. Il acceptait de s'en tenir aux 10 mio m^3 fixés selon la formule Matthey si la restitution en aval du captage était modulée au fil des saisons. Cette proposition équivalait à ce que l'usine de Champsec turbine deux fois moins qu'avant[58]. En cas de refus des FMM, le WWF menaçait de durcir ses positions et de s'en tenir à son recours judiciaire qui demandait non seulement des débits minimaux plus élevés, mais aussi l'examen (par les autorités cantonales) de la question du détournement des eaux de Champsec vers Riddes et la démonstration de la rationalité du maintien de l'usine de Champsec. Les FMM acceptèrent le compromis et commandèrent, le 15 mars 1990, un rapport à un bureau d'études, ECOTEC, sur les possibilités et l'intérêt d'introduire une modulation des débits minimaux, sur la base d'une restitution de 10 mio m^3. Suite aux conclusions de l'étude, rendues en septembre, les FMM et le WWF signèrent une convention les 16 et

---

57 Le projet de LEaux introduisait l'obligation d'octroyer des débits résiduels minimaux pour les cours d'eau dans les concessions et proposait une formule de calcul dénommée formule Matthey ou Q_{347}. Le débit d'étiage Q_{347} correspond, en moyenne sur plusieurs années, au débit atteint ou dépassé 347 jours par an, par le cours d'eau. Il n'inclut donc pas, dans le calcul, les 18 jours où l'étiage est le plus important. Plus simplement, cela équivaut au volume à l'étiage du cours d'eau à l'état naturel.

58 L'usine de Champsec turbinait habituellement 22 mio m^3/an, sur un total de 79 mio m^3 prévus par la concession. Le surplus était détourné vers les installations de Grande Dixence (Bieudron) et de Mauvoisin (Riddes).

21 janvier 1991 qui réglait la question des débits résiduels pour le tronçon de Fionnay-Champsec, aussi bien le volume octroyé que les conditions de sa réalisation.

Encadré 13 : Chronologie du cas du retour de la concession de Champsec ($C_{6\ \mathrm{Champsec}}$)

1898, 5 août	Signature de la concession sur les eaux de la Dranse entre Fionnay et Champsec octroyée par Bagnes (durée 90 ans).
1916, 22 déc.	Loi fédérale sur les forces hydrauliques (LFH)
1922, 27 oct.	Cession de l'acte de concession à EOS (entrée en service de l'usine en 1930)
1947, 13 oct.	Concession des eaux de la Dranse aux FMM par Bagnes, à l'exception de la portion Fionnay-Champsec. Débit minimum de 80 mio m³ au point de passage du Châble, ramené à 50 mio m³ par convention entre Bagnes et les FMM (10/15 nov. 1960)
1957, 5 fév.	Loi cantonale (valaisanne) sur les forces hydrauliques (LcFH)
1967, 10/18 nov.	Convention entre EOS et FMM selon laquelle EOS cède une partie de ses eaux de Champsec aux FMM afin qu'elles puissent les turbiner en plaine en contrepartie d'une énergie de substitution
1975, 20 juin	Article constitutionnel 24*bis* : principe de protection qualitative et quantitative des eaux
1983, 7 oct.	Loi fédérale sur la protection de l'environnement (LPE) : protection qualitative de l'eau
1987, 10 avril	Signature du nouvel acte de concession des eaux de Fionnay-Champsec avec les FMM. Bagnes fait valoir son droit de retour auprès d'EOS et fusionne sa propriété de Champsec avec les FMM contre 2,5 % du capital des FMM
1988, 14 mars	Demande d'approbation de la concession auprès du Conseil d'État du canton et mise à l'enquête publique (22 avril)
1988, 21 mai	Opposition du WWF à l'homologation de la concession
1988, 6 juil.	Décision du Conseil d'État qui autorise temporairement la poursuite de l'exploitation de l'usine de Champsec
1988, 25 juil.	Recours du WWF contre l'autorisation (non suspensif)
1988, 5 août	Expiration de la concession initiale octroyée à EOS
1988, 5 oct.	Convention entre FMM et WWF relative au rehaussement du barrage de Mauvoisin. Débit de dotation prévu en amont de Fionnay
1989, 11 oct.	Proposition du WWF aux FMM de fixer le débit de dotation à 10 mio m³, soit le seuil indiqué par le projet de LEaux
1990, sept.	Rapport d'ECOTEC concernant les modalités de la dotation en aval de la prise d'eau des FMM
1991, 15 janv.	Approbation des modifications de la concession par le conseil municipal de Bagnes
1991, 16/21 janv.	Signature de la convention entre les FMM et le WWF concernant les eaux turbinées dans l'usine de Champsec
1991, 24 janv.	Loi fédérale sur la protection des eaux (LEaux)
1991, 25 janv.	Adoption du nouvel acte de concession de Champsec par le conseil général de Bagnes (législatif)
1991, 8 avril	Retrait de l'opposition du WWF
1991, 27 nov.	Décision du Conseil d'État sur la nouvelle concession de Champsec

1992, 22 janv.	Retrait du recours du WWF au Tribunal administratif cantonal
1993, 31 déc.	Échéance pour la réalisation des travaux. 10 mio m³ restitués chaque année à la Dranse en amont de Fionnay à partir de cette date
2041, 31 déc.	Fin de la nouvelle concession de Champsec

B. Activation des règles par les usagers

La rivalité se déroule entre les FMM et le WWF, les mêmes usagers que dans le cas précédent (cf. figure 16). La LSPN, qui s'est également opposée à la nouvelle concession, reste à l'écart des discussions, tout comme la Commune de Bagnes qui estime que l'affaire est déjà réglée depuis la signature de la concession.

Figure 16 : Liens entre acteurs et coalitions formées dans le cas du retour de concession de Champsec ($C_{6\ Champsec}$)

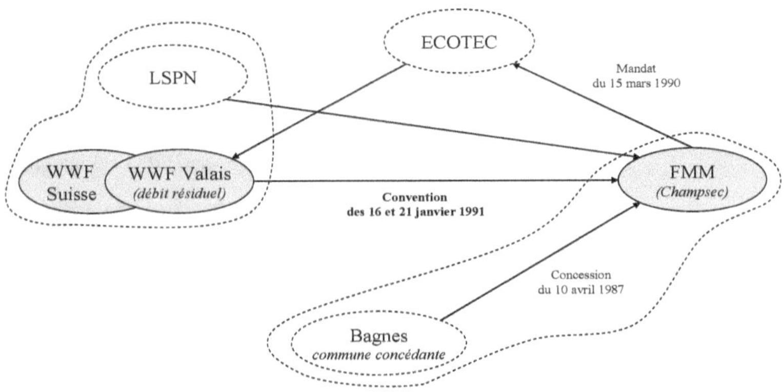

Le *WWF Valais* conduit une opposition systématique à l'extension et au maintien de l'emprise de l'industrie hydroélectrique sur les cours d'eau des vallées alpines. Son usage de l'eau est indirect, mais son rôle dans la défense du milieu est reconnu par la loi. Comme dans le cas précédent, le recours est déposé conjointement par le WWF Suisse et le WWF Valais du fait que seule l'organisation fédérale est habilitée à déposer un recours (art. 55 LPE).

La rivalité entre les deux usagers porte sur *l'ampleur des débits minimaux* qui doivent être lâchés en amont de la prise d'eau de l'installation hydroélectrique de Champsec, c'est-à-dire laissés à l'écoulement naturel de la Dranse en amont du village de Fionnay. Pour le WWF, l'enjeu est à la fois substantiel et symbolique et il dépasse le cadre du Val de Bagnes. Le WWF veut parvenir à contraindre les administrations communales et cantonales d'octroyer des débits résiduels minimaux significatifs, c'est-à-dire des débits supérieurs au seuil indiqué dans le projet de LEaux (art. 31 al. 1) et qui tiennent compte de la situation écologique des cours d'eau. Le cas de Champsec, qui est le premier retour de concession en Valais, doit créer un précédent et forcer le respect du principe constitutionnel de protection quantitative des cours d'eau (art. 24*bis* Cst.) et des dispositions législatives qui en découlent, en particulier la LPE, entrée en vigueur en 1985. Il s'agit également, pour le WWF, de peser sur les discussions relatives au projet de LEaux et, à terme, de lutter contre une application minimaliste des dispositions de ce texte, de la part du Canton du Valais notamment. Le WWF réclame, entre autres, la justification du maintien des débits résiduels au seuil légal et la modulation de ces débits au fil des saisons, afin de tenir compte des caractéristiques naturelles du cours d'eau[59]. Concernant plus précisément la Dranse de Bagnes, il s'agit aussi d'interdire tout nouveau captage d'eau et de redonner vie au tronçon de la rivière situé en amont de Fionnay, entre la prise d'eau des FMM et le bassin de compensation de Grande Dixence SA. Ainsi, le WWF escompte, outre l'enjeu substantiel et local qui consiste à redonner de l'eau à la Dranse, influencer les discussions et la future mise en œuvre du projet de LEaux[60].

Le WWF réclame des mesures effectives et n'entend pas se contenter d'avancées symboliques, comme dans le cas du rehaussement du barrage. Encore une fois, il convient de distinguer les revendications substantielles des modalités d'exercice de l'opposition. S'agissant de la capacité à agir, le WWF expose ses motifs dans une opposition déposée dans le cadre de l'enquête publique sur l'homologation de la nouvelle concession (art. 18 al. 1 LcFH). Il dépose ensuite un recours contre la décision du Conseil d'État du 6 juillet 1988 (art. 55 LPE). Enfin, il menace de recourir contre la future homologation si les négociations avec les FMM s'avèrent infructueuses et que le Conseil d'État décide de passer outre. Ainsi, c'est le droit de recours, et l'effet suspensif sur la décision contestée qui l'accompagne, qui octroie un pouvoir de négociation au WWF envers les FMM.

S'agissant du fond, le WWF conteste la nouvelle concession octroyée par Bagnes. Tout d'abord, il estime que cette concession est contraire à l'intérêt public et à l'utilisation rationnelle du cours d'eau et doit, à ce titre, être refusée (art. 4 al. 2 LFH)[61], puis il conteste l'absence

---

[59] Art. 35 al. 2 LEaux : « [L'autorité] peut fixer des débits de dotation différenciés dans le temps ».

[60] Il importe avant toute chose, pour le WWF, qu'un renouvellement de concession ne soit pas considéré comme une reconduction tacite et que les mesures en faveur de la santé du cours d'eau ne soient pas réduites à leur portion congrue.

[61] Le WWF se réfère aux articles de la constitution relatifs à la protection de l'environnement et du paysage pour définir cet intérêt public (art. 24*bis*, 24*sexies*, 24*septies* et

d'étude d'impact (art. 9 LPE). Au cours de la négociation proprement dite, il active le projet de LEaux (art. 31 al. 1)[62]. Cette activation n'est possible que dans la mesure où le droit de recours confère un pouvoir de blocage contre toute décision d'homologation du Conseil d'État. Sur cette base, le WWF invite les FMM à négocier une application anticipée de la future loi. Selon les termes de la LEaux, la Dranse doit recevoir un débit résiduel minimum de 0,3 m³/s (pour un débit Q_{347} de 0,6 m³/s en amont de Fionnay)[63]. Par ailleurs, la LEaux précise bien qu'il s'agit d'un seuil, au-delà duquel le débit résiduel doit être augmenté autant que possible par les autorités « après avoir pesé les intérêts en présence » (art. 31 al. 2 et 33). Ainsi, le WWF utilise son droit de recours pour tenter de relever les débits résiduels prévus par la nouvelle concession. En guise de ressources, le WWF dispose d'un avocat mandaté et les frais de justice sont très faibles pour ce type de recours. Il bénéficie aussi du crédit acquis auprès des FMM lors du rehaussement du barrage de Mauvoisin.

Les *FMM* reprennent l'installation hydroélectrique de Champsec le 6 août 1988. Cette usine, alimentée par les eaux du bassin de la Dranse qui s'écoulent entre Fionnay et Champsec, est constituée d'une conduite forcée de 1 260 m et 0,6 m de diamètre, pour une dénivellation de 560 m qui aboutit à trois turbines (10,8 MW). L'eau de la Dranse et des torrents de la rive droite est captée à Fionnay et dirigée dans le bassin de compensation des FMM. Avec le rachat de l'usine, les FMM obtiennent une nouvelle concession qui leur garantit le monopole de l'usage de la force hydraulique dans tout le bassin. L'eau peut être aussi bien turbinée à l'usine de Champsec que détournée vers l'usine de Riddes.

L'objectif principal des FMM consiste à *lever l'opposition du WWF* tout en limitant le volume des débits minimaux à octroyer dans le respect de la LPE. Dès le début, les FMM n'ont pas d'opposition de principe à l'octroi de débits résiduels, mais elles souhaitent en négocier le volume et les modalités d'application. Pour les FMM, cette rivalité est un aspect secondaire de la reprise de la concession de Champsec, après plus de deux ans de négociations avec Bagnes. De plus, Champsec présente un faible intérêt pour la production d'hydroélectricité. Les FMM doivent toutefois veiller à ce que la concession ne soit pas dénon-

---

25 Cst.). Il estime, en outre, qu'il serait plus rationnel que les eaux soient détournées vers la centrale de Riddes.

62 La LEaux n'est adoptée que le 24 janvier 1991. Elle introduit l'obligation de réserver des débits résiduels minimaux lorsque des captages d'eau de surface sont effectués.

63 Art. 31 LEaux : « [Lorsque] des prélèvements sont opérés dans des cours d'eau à débit permanent, le débit résiduel doit atteindre au moins : […] Pour un débit Q_{347} de 500 l/s, 280 l/s, plus, par tranche de 100 l/s, 31 l/s […] ».

cée en raison des détournements d'eau vers Riddes[64]. En effet, l'eau de Champsec ne devient intéressante qu'à partir du moment où elle est détournée. Le maintien de l'usine de Champsec est (toutefois) utile dans la mesure où les conventions du 13 octobre 1947 et des 10 et 15 novembre 1960 prévoient une dotation minimale de 50 mio m^3/an de la Dranse au Châble et que cette eau peut être encore turbinée avant d'être restituée.

L'usage de la force hydraulique est protégé par les droits de propriété (droits de disposition) que possède la société sur les eaux du bassin de la Dranse et octroyés par la concession du 10 avril 1987. Cette convention donne aux FMM : « le droit d'utiliser l'ensemble des forces hydrauliques de la Drance et de ses affluents en amont de l'embouchure du canal de fuite de l'usine de Champsec, dans la mesure où ces eaux ne sont pas déjà concédées à FMM, selon la concession du 13 octobre 1947 ». La formule garantit aux FMM la disposition de l'ensemble des eaux du bassin de la Dranse de Bagnes. Les FMM reçoivent le droit d'exploiter la force hydraulique de ces eaux, de la détourner et de vendre à leur profit le produit de cet usage. La rivalité s'articule autour des conditions d'exercice de ce droit. En termes de ressources d'action, les FMM disposent de juristes et d'ingénieurs-conseils qui négocient les arrangements, mesurent les effets des propositions avancées et préparent la mise en œuvre des accords.

Les tiers-acteurs sont relativement nombreux dans cette rivalité. La *Commune de Bagnes* est le propriétaire formel des eaux de la Dranse et des torrents qui s'écoulent entre Fionnay et Champsec qu'elle avait concédées une première fois en 1898 et à nouveau aux FMM en 1987. Comme les FMM négocient directement l'homologation de la concession, la Commune de Bagnes n'est pas directement impliquée dans la rivalité. Elle ne semble pas interférer dans les négociations, bien qu'elle soutienne la position des FMM. Pour sa part, le *Département de l'énergie* du Canton du Valais fait preuve d'une grande discrétion. Il invite les parties à régler les oppositions à l'amiable et enregistre le résultat des négociations. L'aboutissement de la convention entre les FMM et le WWF doit beaucoup au bureau d'études *ECOTEC* qui a calculé les modulations de débits et participé à la médiation. Dans cette rivalité, la *LSPN* reste très discrète en dépit d'une opposition au projet, levée le 22 avril 1991, après la signature de la convention entre le WWF et les FMM. *EOS*, l'ancien concessionnaire, s'efface de la vallée.

---

64 Jusqu'à ce jour, les communes d'aval n'ont jamais concédé cette eau, à la différence de l'eau utilisée à partir du barrage de Mauvoisin, et n'ont jamais été compensées pour les détournements d'eau vers Bieudron (EOS) ou Riddes (FMM).

C. Dénouement de la rivalité

Les négociations sont assez longues ; elles débutent à l'été 1988 pour s'achever au début de l'année 1991. Aucun des deux acteurs n'est spécialement pris par le temps[65]. La résolution de la rivalité comporte deux volets, d'abord, un accord sur les modalités de restitution des débits de dotation, puis la détermination du volume de ces débits et leur modulation au fil des saisons.

Dans la *convention du 5 octobre 1988* entre les FMM et le WWF, relative au rehaussement du barrage de Mauvoisin, les parties se mettent déjà d'accord sur le lieu de restitution des eaux de la Dranse à Fionnay, tout en constatant l'indépendance des deux questions : « les FMM s'engagent déjà [...] à permettre que ce débit minimal soit formé d'eau coulant naturellement dans la Dranse en amont de Fionnay en laissant s'écouler dans la Dranse le volume d'eau qui sera nécessaire depuis leur prise d'eau située en amont de l'usine de turbinage de Fionnay ». Cette eau, après son passage dans le lit de la Dranse, contournera le bassin de compensation de Grande Dixence SA au moyen d'une conduite enterrée et reprendra son cours normal à l'aval du bassin.

L'accord sur la dotation finale n'intervient que deux ans plus tard, avec la *convention des 16 et 21 janvier 1991*. Il prévoit de réserver un débit de dotation convenable pour la Dranse, modulé au gré des saisons et tenant compte du régime de la rivière à l'état naturel, afin de protéger la faune et la flore locales. À cette fin, la portion de Dranse située entre Fionnay et Champsec reçoit un débit résiduel minimum correspondant à 10 mio m³/an suivant une modulation mensuelle complétée de crues artificielles en juin, juillet et août[66]. Comme convenu dans la précédente convention, ces débits résiduels proviendront de la Dranse en amont de Fionnay. Les FMM renoncent également à tout nouveau captage d'eaux[67]. Elles s'engagent en outre à surveiller les effets des débits de dotation sur l'évolution du lit et le développement de l'écosystème et à apporter des améliorations ponctuelles aux aménagements en cas de nécessité. S'agissant de la mise en œuvre de la convention, une demande doit être adressée au Conseil d'État pour introduire le contenu de l'accord dans la décision d'homologation de la concession. Une station

---

65 Le WWF peut attendre l'adoption de la LEaux, tandis que les FMM disposent d'une autorisation provisoire du Canton à poursuivre l'exploitation de Champsec à des conditions inchangées par rapport à l'ancienne concession.

66 Soit 100 l/s en décembre, janvier, février et mars ; 200 l/s en avril ; 300 l/s en mai ; 500 l/s en juin ; 900 l/s en juillet ; 585 l/s en août ; 400 l/s en septembre ; 300 l/s en octobre ; et 200 l/s en novembre.

67 Sans préciser qu'il est question du torrent de Corbassière, dont le détournement et le captage étaient envisagés dans la première mouture de la nouvelle concession.

de mesure est prévue à l'endroit où sont dérivées les eaux de la Dranse et les travaux doivent être entrepris une fois l'homologation obtenue pour s'achever avant le 31 décembre 1993, date à laquelle les débits de dotation entrent en vigueur. Pour sa part, le WWF s'engage à ne pas recourir à l'encontre de la décision d'homologation et à retirer son recours administratif. Bagnes promet de délivrer les autorisations nécessaires à la réalisation des travaux.

La mise en œuvre effective de la convention est entamée dès avant sa signature. Le 15 janvier 1991, le conseil municipal de Bagnes accepte déjà les modifications apportées à la concession et Elektrowatt Ingénieurs Conseils a déjà rendu son étude sur le contournement du bassin de compensation de Grande Dixence. Le 25 janvier 1991, le conseil général de Bagnes (pouvoir législatif communal) adopte les modifications apportées à la concession et le WWF et la LSPN lèvent leur opposition, respectivement les 8 et 22 avril. Le 27 novembre, la nouvelle concession est définitivement approuvée par décision du Conseil d'État et, le 22 janvier suivant, le WWF retire son recours devant le Tribunal administratif cantonal, comme la convention le prévoit. Les FMM peuvent entamer les travaux de détournement de la Dranse.

L'accord obtenu est *consenti* par les usagers à l'issue d'une négociation qui permet d'aboutir à un compromis acceptable pour les deux parties, dans le respect toutefois de la LPE[68]. La confiance établie dans les précédentes négociations sur le rehaussement du barrage de Mauvoisin facilite cet accord. Certaines *contraintes* qui pèsent sur les usagers y contribuent également. Le WWF doit conserver des revendications raisonnables. Sachant que la LEaux n'est toujours pas adoptée, il lui est difficile d'en exiger une application extensive. Le débit de dotation déterminé avec le Q_{347} constituait initialement un seuil pour lui (mais un plafond pour les FMM). Bien que la LPE obligeait les FMM à lâcher une dotation, cette dotation n'était pas censée correspondre aux exigences du projet de loi de LEaux. Pour cette raison, le WWF accepte finalement de s'en tenir au seuil. Du côté des FMM, l'incertitude liée à une décision de justice demeure une motivation du passage par la solution négociée. Les FMM ne veulent pas que la procédure s'éternise, alors que l'adoption de la LEaux est pendante. De plus, en dernier ressort, le Tribunal fédéral penche plutôt en faveur d'une application scrupuleuse des politiques publiques environnementales (Nahrath, 2003). Dans ce contexte, l'octroi d'un débit de dotation maintenu au minimum prévu

68 « D'une part, il y a la règle, d'autre part, il y a le compromis. Il y a les règles légales et ce qu'on en fait. Les compromis naissent des obligations qui découlent des règles légales » (un responsable des FMM).

par la future LEaux constitue la situation la plus raisonnable pour les FMM.

Il ne semble pas y avoir eu d'*alternative* crédible à cet arrangement. Les FMM savaient qu'elles devaient lâcher un débit de dotation supérieur pour obtenir l'homologation de la concession. Elles ont préféré négocier le volume de ce débit directement avec leurs opposants, plutôt que d'attendre une décision du Canton. L'affaire était délicate aussi bien pour les sociétés hydroélectriques que pour les autorités publiques. La manière dont était traité le premier retour de concession en Valais ne serait pas sans influence sur les suivants, notamment quant au rôle des organisations environnementales. Du côté du WWF, le démantèlement de l'usine de Champsec, exigé dans l'opposition, n'a jamais constitué une alternative crédible[69]. Le WWF aurait aussi pu demander des débits de dotation plus importants (art. 31ss LEaux), mais cette stratégie risquait d'enliser les négociations[70].

Pour les FMM, les *coûts* de l'arrangement local sont quantifiables. Les 10 mio m^3 d'eau rendue à la Dranse représentent une perte à la production. Toutefois, une partie de cette eau alimente les 50 mio m^3/an de dotation de la Dranse au Châble[71]. De plus, la concession de 1987 signée avec Bagnes prévoit déjà une dotation de 3,5 mio m^3[72]. La perte des FMM correspond donc à 6,5 mio m^3 qui devaient, de toute façon, être turbinés à Champsec. Proportionnellement aux volumes traités par l'installation de Mauvoisin, ce manque à gagner représente moins de 1 % de la production[73]. Il en est de même pour la modulation des débits qui apporte, par rapport à un débit fixe tout au long de l'année, une légère perte de production en été, à un moment où l'énergie mise sur le

69 Il était très difficile de prouver l'absence d'utilisation rationnelle des eaux (art. 4 al. 2 LFH) et d'amener les autorités cantonales au refus d'une nouvelle concession, d'autant plus que celles-ci ont toujours refusé d'étudier les propositions de démantèlement d'ouvrages hydroélectriques.

70 En principe, le WWF était bien en moyen d'empêcher l'homologation de la concession avant l'entrée en vigueur de la LEaux. Si tant est que le Conseil d'État ait décidé de passer outre son opposition, il pouvait suspendre la décision pendant plusieurs années, au moyen des trois niveaux de recours. En revanche, ceci n'aurait pas empêché les FMM d'exploiter Champsec à des conditions inchangées.

71 Convention des 10/15 novembre 1960 établie avec Bagnes sur les débits de dotation de la Dranse en révision de la concession d'octobre 1947.

72 Débits minimaux de 50 l/s d'octobre à avril et de 200 l/s de mai à septembre.

73 Un mètre cube d'eau « perdu » à Fionnay correspond à 2,27 kWh (production au palier Fionnay-Riddes) (K. Seiler, FMM). 6,5 mio m^3 équivalent donc à 14,8 mio kWh (turbinage à Riddes), soit 1,2 % de perte par rapport à la production de 2002-2003 (1 241 mio kWh). Étant donné qu'une partie de ces eaux doit être turbinée à Champsec, en raison du débit de dotation au Châble, la perte de production pour les FMM descend au-dessous de 1 % (en énergie d'été, à faible valeur).

marché est moins profitable. Pour le WWF, le coût de l'arrangement est nul.

Les *bénéfices* de l'arrangement sont plus immatériels pour les FMM. Outre un gain de temps, elles gagnent surtout en réputation vis-à-vis des écologistes, ce qui facilitera le règlement d'autres dossiers[74]. Elles évitent aussi des mesures plus drastiques de la part des autorités publiques concernant les débits de dotation, la justification de la rationalité de l'installation ou les détournements d'eau vers Riddes. Pour le WWF, les bénéfices de l'arrangement sont substantiels. L'association parvient à remettre en cause l'attribution initiale de débits résiduels et à obtenir, par anticipation, une première application des dispositions de la LEaux. De surcroît, un tronçon de la Dranse est remis en eau et la vie aquatique peut y revenir, d'autant plus que les débits sont modulés. Enfin, une décision relative aux débits de dotation est prise en fonction des besoins écologiques du cours d'eau, une nouveauté à l'époque.

Pour les FMM, cet arrangement est perçu comme un mal nécessaire. La loi les obligeait à lâcher un débit de dotation et à discuter avec les organisations environnementales en raison du processus de légitimation active. En dépit de pertes relatives, cet arrangement leur donne une bonne image auprès de la Commune, des autorités cantonales, mais aussi de leurs actionnaires, finalement satisfaits de la manière dont cette question a été gérée. Au fond, l'exploitation de la centrale de Champsec est un sujet mineur à leurs yeux. L'essentiel dans cette reprise de concession consistait à unifier leurs droits d'eau dans la vallée et à éviter tout risque de contestation quant à l'étendue des concessions et d'interférence avec l'exploitation de Mauvoisin. Pour sa part, le WWF considère que cet arrangement est une victoire indubitable. Il établit un premier précédent en Valais.

La rivalité fut résolue, sans grand impact pour les FMM. Elle constitua en outre une victoire pour le WWF qui parvint à affirmer l'importance des débits résiduels dans les renouvellements de concession, un précédent qu'il exploita par la suite au cours d'autres renouvel-

---

[74] Par ex. Mauvoisin 2 ou la purge du barrage. Le projet Mauvoisin 2, lancé en 1994, devait permettre de valoriser l'énergie d'hiver et de répondre aux pics de consommation. Il prévoyait la construction d'une nouvelle usine reliée au barrage par un puits blindé. Ce projet, qui bénéficiait de toutes les autorisations, n'a pas été réalisé en raison de changements du contexte économique, principalement l'ouverture aux marchés énergétiques des pays de l'Est.

Par ailleurs, les FMM ont fait une demande de purge du barrage dans la Dranse, en 1996, afin de réduire l'ensablement. Bagnes a refusé l'autorisation pour des motifs écologiques (alors que le WWF était d'accord) et les FMM ont dû renoncer et lancer un chantier de rehaussement de la prise d'eau.

lements (par ex. pour la Dranse d'Entremont). Pour ce qui est de la *durabilité de l'arrangement*, les débits de dotation produisent des effets significatifs sur le cours d'eau et représentent une véritable redistribution de la ressource en faveur du milieu naturel. Les effets écologiques sur le cours d'eau se sont faits sentir rapidement après l'entrée en vigueur des mesures. La qualité des eaux s'en est trouvée sensiblement améliorée (notamment en raison d'une meilleure évacuation des déchets). En termes économiques, le manque à gagner pour les FMM est très relatif. En termes sociaux, l'arrangement ne produit pas d'exclusion pour les différents usagers et, au contraire, certains bénéficient de ces débits résiduels, les pêcheurs notamment.

Encadré 14 : Codage des variables et premier test des hypothèses pour le cas de Champsec ($C_{6\ Champsec}$)

Usagers : *FMM :* Propriétaire (H_2)
WWF : Bénéficiaire final (H_1)

Règles activées : *FMM* : Droit de propriété (concession)
WWF : Politique publique (LPE principalement)

Configuration de confrontation : Politique publique versus droits de propriété (H_6)

Nature de l'arrangement : Accord consenti
Distribution des coûts (nets) : Coûts redistribués
Forme de l'arrangement local : Arrangement concédé (coûts faibles pour le propriétaire)

Test des hypothèses :
Activation : H_1 : *L'usager active une PP s'il est reconnu bénéficiaire final* → Validée
H_2 : *L'usager active un DP s'il est reconnu propriétaire* → Validée
Confrontation : H_6 : *Si configuration PP/DP, alors compensation de l'État* → *Infirmée*

Commentaires : Les concessions des FMM se limitent au seuil fixé par la LEaux. Celles-ci n'auraient pas pu obtenir des débits résiduels inférieurs une fois la LEaux adoptée. Les FMM étaient obligées d'appliquer la loi (LPE) et elles ont souhaité gagner du temps par la négociation. Elles n'étaient pas légalement obligées de lâcher tant d'eau, mais une solution judiciaire réservait beaucoup d'incertitudes et ralentissait fortement la résolution de la rivalité.

CHAPITRE 5

L'activation et la confrontation des règles dans les rivalités d'usages

Ce chapitre compare les études de cas présentées dans les deux chapitres précédents. Il identifie les similitudes et les différences entre les cas au moyen du test des hypothèses énoncées dans le chapitre deux. En premier lieu, un récapitulatif des cas permet de discuter la variance des différentes variables. Ensuite, les hypothèses d'activation et de confrontation des règles par les usagers sont testées de manière systématique et comparative. Enfin, avant de fournir une interprétation générale des résultats, nous nous attardons sur différentes dimensions des jeux d'acteurs observés au cours des processus de résolution de rivalités.

I. Synthèse des cas de rivalités et identification des variables

Le tableau 6 offre un aperçu général des cas étudiés. Conformément à notre modèle d'analyse, l'*arrangement local*, c'est-à-dire la variable à expliquer, prend différentes formes. Pour mémoire, l'arrangement local combine le degré de coercition auquel sont soumis les usagers pour mettre fin à leur rivalité et la distribution des coûts de cet arrangement entre eux. Des quatre types envisagés (arrangement transactionnel, arrangement compensatoire, arrangement concédé et arrangement par arbitrage), nous n'en observons que trois. L'arrangement par arbitrage, selon lequel l'État tranche la rivalité et impose une redistribution des coûts entre usagers, n'apparaît pas dans nos cas. Ceci est conforme, selon nos hypothèses, à notre choix d'écarter les confrontations entre bénéficiaires finaux de politiques publiques[1].

[1] En raison de la bonne connaissance que l'analyse des politiques publiques a déjà de ces situations (cf. Knoepfel, 1995).

Tableau 6 : Synthèse des cas de rivalités d'usages

Cas	Statut des usagers	Règles activées *12 activations*	Configuration de confrontation *6 configurations*	Nature de l'arrangement	Distribution des coûts	Arrangement local *6 arrangements*
C_1 Verviers	**Groupe Eau** : Bénéficiaire final des normes de potabilité Ville de Verviers : Usager du barrage Industriels : Usagers coutumiers par le biais de la Ville	Groupe Eau (H_1) : Demande d'application des AR de 1965 et 1966 Ville de Verviers (H_2) : Droit d'usage du barrage (AR de 1866)	**PP/** DP *config. 2 (H_6)*	Mesure cœrcitive : Condamnation de la Ville pour la non potabilité de l'eau. Négociation pour éviter un recours en Cassation par la Ville	Distribution égalitaire : Financement par l'État de l'usine de traitement et de la solution technique pour l'eau industrielle	Arrangement compensatoire
C_2 Inondations	**Ville de Chaudfontaine** : Défenseur des propriétaires riverains Service des barrages : Propriétaire et gestionnaire du barrage ERPE : Principal usager du barrage	Ville de Chaudfontaine (H_2) : Pas de droit sur le barrage Service des barrages : Droit de propriété formelle sur le barrage ERPE (H_2) : Droits d'usage informels	**DP/** DP *config. 1 (H_4)*	Accord volontaire : Négociation et mesure technique (recalcul de la courbe de remplissage du barrage)	Coûts redistribués : Pas de coûts pour les usagers, excepté pour l'ERPE, qui accepte un risque de pénurie	Arrangement concédé
C_3 Spa	**Spa monopole** : Producteur d'eau minérale Ville de Spa : Propriétaire formel des sources DNF : Gestionnaire des forêts publiques	Spa monopole (H_3) : Droits de disposition sur les eaux de Spa et politique publique de protection des captages DNF (H_2) : Droit de disposition sur le sol	**PP/** DP *config. 2 (H_6)*	Accord volontaire : Négociation et compromis donnant la priorité à la production d'eau minérale	Coûts redistribués : Essentiel des coûts à charge de la DNF, dans le respect de la politique forestière régionale	Arrangement concédé

Cas	Statut des usagers	Règles activées *12 activations*	Configuration de confrontation *6 configurations*	Nature de l'arrangement	Distribution des coûts	Arrangement local *6 arrangements*
C_4 Louvie	**Maret** : Non propriétaire Vollèges et Consortage : Propriétaire formel de la Dranse et usager du torrent de la Chaux	Maret (H_2) : Acquisition des droits de disposition (concession) Vollèges et Consortage (H_2) : Droit d'usage du torrent de la Chaux et propriété de la Dranse	**DP**/ DP *config. 1 (H_4)*	Accord volontaire : Vollèges non raccordé à la canalisation, mais construction de l'aqueduc de Louvie, en collaboration avec Bagnes	Distribution égalitaire : FMM finance partiellement l'aqueduc de Louvie en compensation de la concession	Arrangement transactionnel
C_5 Mauvoisin	**WWF** : Bénéficiaire final de la loi fédérale de 1966 sur la protection de la nature (LPN) FMM : Appropriateur des eaux de la Dranse	WWF (H_1) : Droit de recours au titre de la LPN pour négocier des débits résiduels FMM (H_2) : Concessions (débits résiduels non prévus)	**PP**/ DP *config. 2 (H_6)*	Accord volontaire : Accord négocié sous la pression d'un recours en justice	Coûts redistribués : FMM octroie un débit résiduel de 50 l/s et des compensations hydrobiologiques). Coût moindre qu'un retard des travaux	Arrangement concédé
C_6 Champsec	**WWF** : Bénéficiaire final de la LEaux Commune de Bagnes : Propriétaire concédant des eaux de la Dranse (Fionnay-Champsec) FMM : Nouveau concessionnaire	WWF (H_1) : LEaux (débits minimaux) FMM (H_2) : Nouvelle concession sur les eaux	**PP**/ DP *config. 2 (H_6)*	Accord volontaire : Négociation d'une dotation significative pour la Dranse dans le respect de la LPE (sous la menace d'un recours devant le Tribunal fédéral)	Coûts redistribués : FMM octroient un débit résiduel de 10 mio m^3/an. Usage vital pour les FMM assuré et garanti	Arrangement concédé

La grande surprise vient, par contre, de la forte présence d'*arrangements concédés*, lesquels représentent quatre cas sur les six étudiés. L'arrangement concédé est un accord volontaire entre les usagers, qui implique une redistribution des coûts entre eux. Il signifie donc qu'un des usagers, en l'occurrence un propriétaire qui bénéficie de droits de propriété sur la ressource, accepte de perdre, c'est-à-dire de modifier son usage et de supporter au moins une partie des coûts de ce changement de comportement, afin de mettre un terme à la rivalité. Par exemple, dans le cas des inondations en basse vallée de la Vesdre ($C_{2\ \text{Inondations}}$), l'ERPE, producteur d'eau, accepte un risque accru de pénurie d'eau en cas de sécheresse au bénéfice de la protection de la Commune de Chaudfontaine contre les inondations. De même, dans le cas du rehaussement du barrage de Mauvoisin ($C_{5\ \text{Mauvoisin}}$), les FMM acceptent de fournir un débit minimal à la Dranse conformément à la demande du WWF et après négociation. Bien qu'il nous faille entrer plus largement dans les détails par la suite, nous pouvons déjà affirmer qu'une situation dans laquelle un propriétaire renonce en partie, volontairement et sans contrepartie, à son usage face à la revendication d'un bénéficiaire final d'une politique publique ou d'un autre propriétaire est envisageable en réalité.

Deux autres types d'arrangement local sont également observés, qui correspondent mieux à nos intuitions initiales : l'arrangement transactionnel et l'arrangement compensatoire. L'*arrangement compensatoire* est une décision coercitive dont les coûts ne sont pas imputés aux usagers, mais financés par l'État. Cette situation est rencontrée dans le cas du saturnisme à Verviers ($C_{1\ \text{Verviers}}$), où la solution fut imposée à la Ville de Verviers au bénéfice des consommateurs d'eau potable, mais financée par l'État belge et la Région wallonne. L'*arrangement transactionnel* se rencontre dans le cas de l'aqueduc de Louvie ($C_{4\ \text{Louvie}}$). C'est un accord consenti qui partage les coûts entre les deux usagers. Dans ce cas-ci, la Commune de Vollèges et le Consortage du bisse du Levron consentent à octroyer une concession sur la Dranse et à renoncer à leurs droits sur le torrent de la Chaux en l'échange de la construction d'une conduite d'adduction d'eau potable. C'est au moyen de cet échange que Maret acquiert une propriété sur les eaux de la Dranse qui lui permet de réaliser son projet d'installation hydroélectrique. Il s'agit d'une transaction privée portant sur des droits de propriété.

Le choix des cas a été effectué *a priori* en fonction des différentes *configurations de confrontation* observables. Nous en avions identifiées trois, correspondant à différentes combinaisons des deux types de règles activables par les usagers : « droit de propriété versus droit de propriété », « droit de propriété versus politique publique » et « politique publique versus politique publique ». La dernière configuration fut assez rapidement exclue, afin de se concentrer sur des situations qui impliquaient des droits de propriété. La configuration la plus fréquente, « droit de propriété versus politique publique », correspond à la situation où le droit public se heurte au droit privé, où l'application de la norme de droit public entre en concurrence avec la garantie (constitutionnelle) de la propriété (privée). Notre sélection de cas impliquait initialement trois cas pour chacune des configurations. Néanmoins, après une analyse fine du cas de la protection des captages de Spa ($C_{3\ Spa}$), nous nous sommes aperçus que Spa monopole, appropriateur des eaux de Spa a utilisé dans la rivalité qui l'opposait à la DNF, le gestionnaire forestier, non pas ses droits de propriété sur les eaux souterraines, mais bien une politique publique. Dès lors, nous observons deux configurations « droit de propriété versus droit de propriété » et quatre configurations « droit de propriété versus politique publique » sur un total de six cas. La variance reste tout de même satisfaisante et rend possible un test des hypothèses.

Encadré 15 : Nombre de cas testés par hypothèse

Activation :	
3 fois H_1	*L'usager non propriétaire active une politique publique si celle-ci le reconnaît comme bénéficiaire final* Groupe Eau ($C_{1\ Verviers}$) et WWF ($C_{5\ Mauvoisin}$ et $C_{6\ Champsec}$)
8 fois H_2	*L'usager active un droit de propriété si celui-ci lui confère un droit d'appropriation ou d'usage sur la ressource* Ville de Verviers ($C_{1\ Verviers}$), Chaudfontaine et ERPE ($C_{2\ Inondations}$), DNF ($C_{3\ Spa}$), Maret et Vollèges/Consortage ($C_{4\ Louvie}$) et FMM ($C_{5\ Mauvoisin}$ et $C_{6\ Champsec}$)
1 fois H_3	*Si l'usager se trouve dans l'impossibilité d'exclure l'autre usager au moyen d'un droit de propriété, alors il active une politique publique qui le reconnaît comme bénéficiaire final* Spa monopole ($C_{3\ Spa}$)
Confrontation :	
2 fois H_4	*La confrontation de droits de propriété conduit à un arrangement transactionnel* (accord consenti et coûts égalitaires) 2 configurations DP versus DP ($C_{2\ Inondations}$ et $C_{4\ Louvie}$)
0 fois H_5	*La confrontation de politiques publiques conduit à un arrangement par arbitrage de l'État* (décision coercitive et coûts redistribués) Aucune configuration PP versus PP
4 fois H_6	*La confrontation d'un droit de propriété et d'une politique publique débouche sur un arrangement compensatoire* (décision coercitive et coûts égalitaires) 4 configurations PP versus DP ($C_{1\ Verviers}$, $C_{3\ Spa}$, $C_{5\ Mauvoisin}$ et $C_{6\ Champsec}$)

Si l'on regarde maintenant le *nombre d'occurrences* pour chacune des hypothèses, nous obtenons douze occurrences pour l'activation, soit deux par cas (cf. encadré 15). Compte tenu d'un choix délibéré en faveur des rivalités qui impliquaient des propriétaires, le nombre d'activations de droits de propriété est largement supérieur aux activations de politiques publiques. Huit occurrences nous permettent de tester l'hypothèse H_2, selon laquelle un propriétaire active en premier lieu son droit de propriété. Sur les quatre activations de politiques publiques, trois répondent à l'hypothèse H_1 selon laquelle un usager non propriétaire active une politique publique et une à l'hypothèse H_3, selon laquelle un propriétaire active une politique publique. De la sorte, toutes les situations envisagées par les hypothèses d'activation sont couvertes.

En ce qui concerne les *hypothèses de confrontation*, les cas, réduits à six, se ventilent entre les configurations « droit de propriété versus droit de propriété » et « droit de propriété versus politique publique ». Aucune occurrence de H_5 n'est observée, en raison d'une mise à l'écart des confrontations entre politiques publiques. Les deux autres hypothèses, H_4 et H_6, peuvent être testées avec, respectivement, deux et quatre cas chacune. Le test des hypothèses s'effectue en deux temps, d'abord l'activation, puis la confrontation.

II. Test des hypothèses d'activation des règles par les usagers

L'activation correspond au moment où l'usager mobilise une règle, soit une ou plusieurs composantes du régime institutionnel de ressource, qui protège son usage. L'usager fait prévaloir ses « droits » sur la ressource vis-à-vis de l'autre usager. Selon nos hypothèses, l'usager active en priorité les éléments du régime qui reconnaissent son usage de manière positive et, réciproquement, l'usage de l'usager rival de manière négative. Soit l'usager se prévaut d'un titre de propriété qui lui confère un droit d'usage sur la ressource (par ex. un droit d'accès à la rivière par un terrain privé pour la pratique de la pêche) vis-à-vis d'un non propriétaire, soit il active une politique publique qui le reconnaît comme bénéficiaire final et/ou qui identifie son rival comme un groupe cible de la politique.

Nous estimons qu'une règle est activée à partir du moment où elle est invoquée par l'usager, *soit qu'elle est portée à la connaissance du rival* (par ex. « compte tenu des modifications à la gestion des eaux souterraines apportées par le décret de 1990, je vous demande une révision de notre arrangement sur la gestion forestière à Spa »), *soit qu'elle figure dans le dépôt d'une plainte* (par ex. la référence à l'arrêté royal de 1965 sur la qualité de l'eau de distribution dans la plainte déposée par le Groupe Action Eau à l'encontre de la Ville de Verviers).

À l'étape de l'activation, la variable à expliquer est la règle activée. L'usager peut potentiellement activer plusieurs règles disponibles et c'est le choix de la règle que nous cherchons à expliquer. À cet égard, trois hypothèses d'activation ont été formulées :

- H_1 : *L'usager non propriétaire active une politique publique si celle-ci le reconnaît comme bénéficiaire final ;*
- H_2 : *L'usager active un droit de propriété si celui-ci lui confère un droit d'appropriation ou d'usage sur la ressource ;*
- H_3 : *Si l'usager se trouve dans l'impossibilité d'exclure l'autre usager au moyen d'un droit de propriété, alors il active une politique publique qui le reconnaît comme bénéficiaire final.*

Le bilan du test des hypothèses d'activation indique que les trois hypothèses sont validées pour la plupart des douze occurrences, à deux exceptions près (cf. tableau 7). Les politiques publiques sont très souvent activées. Seuls les cas $C_{2\ \text{Inondations}}$ et $C_{4\ \text{Louvie}}$ reposent uniquement sur l'activation de droits de propriété. La situation correspondant à l'hypothèse H_1 se présente dans trois cas sur douze. En raison du choix initial de se concentrer sur les rivalités qui impliquaient des droits de propriété, la surreprésentation de l'hypothèse H_2 est tout à fait attendue. En revanche, un seul cas répond à l'hypothèse H_3.

Tableau 7 : Récapitulatif du test des hypothèses d'activation (H_1-H_3)

Hypothèse/ cas	H_1 (BF→PP)	H_2 (Prop.→DP)	H_3 (Prop.→PP)
$C_{1\ \text{Verviers}}$	+ (Groupe Eau)	+ (Verviers-Ville)	
$C_{2\ \text{Inondations}}$		– (Chaudfontaine) + (ERPE)	
$C_{3\ \text{Spa}}$		+ (DNF)	+ (Spa monopole)
$C_{4\ \text{Louvie}}$		– (Maret) + (Vollèges)	
$C_{5\ \text{Mauvoisin}}$	+ (WWF)	+ (FMM)	
$C_{6\ \text{Champsec}}$	+ (WWF)	+ (FMM)	
Nb cas vérifiés 10/12	3/3	6/8	1/1

En ce qui concerne l'hypothèse H_1, validée dans les trois cas où elle se présente, nous voyons qu'un usager non propriétaire active une politique publique qui le reconnaît comme bénéficiaire final et son rival comme groupe cible. Dans le cas $C_{1\ Verviers}$, le Groupe Action Eau parvient à faire condamner la Ville de Verviers en appel au moyen de l'arrêté royal de 1965 qui lui reconnaît le droit à une eau potable. L'activation de la règle prend la forme d'un dépôt de plainte devant le Tribunal de première instance de Verviers. Dans les cas $C_{5\ Mauvoisin}$ et $C_{6\ Champsec}$, le WWF active la loi de protection de la nature de 1966 (LPN) dans le premier cas, qui lui confère un droit de recours contre la décision du Canton, et, dans le second cas, la loi sur la protection de l'environnement (LPE), qui lui confère à nouveau un droit de recours, ainsi que le projet de loi sur la protection des eaux adopté en 1991 (LEaux) qui prévoit des débits minimaux sur les cours d'eau. Par deux fois, l'activation prend ici la forme, d'abord, d'une opposition écrite dans le cadre de l'enquête publique relative aux projets, puis d'un recours déposé au Tribunal administratif cantonal. Ainsi, un usager non propriétaire se prévaut en priorité d'une politique publique pour défendre son usage et résoudre une rivalité.

Toutefois, l'hypothèse H_1 est difficile à infirmer, faute d'alternatives à la disposition des usagers. Dans les trois cas, les usagers ne jouissent d'aucun droit de propriété ou d'usage sur la ressource. C'est bien une loi qui leur reconnaît un usage et non pas un titre de propriété. Nous voyons cependant que ces usagers n'utilisent pas autre chose que des règles pour défendre leur usage (par ex. l'appropriation illégale de la ressource ou l'exercice de la violence vis-à-vis de l'usager rival). Un usager qui n'est pas propriétaire s'appuie sur le droit pour obtenir quelque chose face à un autre usager, soit sur des règles matérielles, soit sur des règles procédurales (par ex. le droit de recours).

Le résultat de H_2 est tout à fait intéressant. Dans huit cas sur douze, un usager active un droit de propriété plutôt qu'une politique publique pour défendre son usage dans une situation de rivalité. Compte tenu de la sélection des cas, les droits de propriété interviennent pour une grande part dans les résolutions de rivalité entre usagers de l'eau. Il est évidemment nécessaire que l'usager dispose d'un titre de propriété qui lui confère, au moins, un droit d'usage sur la ressource.

Ce droit de propriété prend plusieurs formes (cf. encadré 16). Essentiellement, les droits de propriété activés sont des droits de dispositions (exclusifs), concédés par un propriétaire formel. Un seul usager active un droit de propriété formelle face à la revendication d'un autre usager d'acquérir un droit de disposition sur l'eau ($C_{4\ Louvie}$). Ces droits de disposition sont des droits sur l'eau. Le plus souvent, ces droits portent non pas sur la ressource directement, mais sur un usage spécifique : droit de pompage à des fins de distribution d'eau potable, industrielle ou d'irrigation, un droit de retenir l'eau à des fins de production hydroélectrique ou bien un droit de captage à des fins de production d'eau minérale. Si ces droits portent sur un usage particulier de la ressource, ils n'empêchent pas pour autant d'exclure d'autres usagers de l'accès et de l'usage de la ressource. En guise d'exception, seules la DNF active un droit de disposition sur le sol, au titre de la gestion forestière ($C_{3\ Spa}$) et, éventuellement, la Commune de Chaudfontaine qui représente ses citoyens, propriétaires formels des terrains (du sol) situés en bord de Vesdre ($C_{2\ Inondations}$).

Encadré 16 : Droits de propriété activés et modalités d'activation

$C_{1\ Verviers}$	Ville de Verviers : Droit de disposition exclusif sur le captage des eaux du réservoir du barrage de la Gileppe octroyé par l'arrêté royal de 1866, dont l'État est le propriétaire formel. *Requête au Tribunal de première instance de Verviers.*
$C_{2\ Inondations}$	ERPE : Droit de disposition *de facto* sur le captage des eaux du réservoir du barrage d'Eupen, dont la propriété formelle appartient à l'État. *Communication verbale au Service des barrages.* Ville de Chaudfontaine (non propriétaire) : Revendication d'un droit d'usage sur le barrage d'Eupen qui appartient à l'État. *Communication verbale au Service des barrages.*
$C_{3\ Spa}$	DNF : Droit de disposition exclusif sur le sol, dont la propriété formelle appartient aux deux tiers à l'État et au tiers à la Ville de Spa. *Communication à Spa monopole lors de la négociation.* Spa monopole : Droit de disposition exclusif sur les sources de Spa, en vertu d'une concession de 1974, dont la propriété appartient à la Ville de Spa (*non activé*).
$C_{4\ Louvie}$	Commune de Vollèges et Consortage du bisse du Levron : Droit de propriété formelle sur les eaux de la Dranse et droit d'usage perpétuel sur les eaux du torrent de la Chaux, propriété de la Commune de Bagnes. *Invocation des deux titres de propriété lors de la négociation.* Albert Maret (non propriétaire) : Acquisition d'un droit de disposition exclusif sur les eaux de la Dranse appartenant à Vollèges.
$C_{5\ Mauvoisin}$	FMM : Droit de disposition exclusif sur les eaux de la Dranse appartenant aux communes riveraines. *Invocation dans les observations rendues au Département de l'énergie du Canton et au Tribunal administratif cantonal.*
$C_{6\ Champsec}$	FMM : Droit de disposition exclusif sur les eaux du tronçon Fionnay-Champsec de la Dranse, appartenant à la Commune de Bagnes. *Demande d'homologation de la concession au Département de l'énergie*

La propriété formelle de la ressource, dont découlent les droits de disposition activés dans la rivalité, est essentiellement aux mains d'autorités publiques, État ou communes. L'eau sur laquelle porte les rivalités est une ressource publique, même si de nombreux usages sont concédés à des usagers publics ou privés. Le statut des appropriateurs est, en effet, plus varié. Nous trouvons des communes, une entreprise publique, une administration publique et deux producteurs privés (Spa monopole dans $C_{3\ \mathrm{Spa}}$ et les Forces motrices de Mauvoisin dans $C_{4\ \mathrm{Louvie}}$, $C_{5\ \mathrm{Mauvoisin}}$ et $C_{6\ \mathrm{Champsec}}$). Toutefois, il faut se garder de considérer ces observations comme représentatives, compte tenu du fait que les cas ont été sélectionnés dans seulement deux bassins hydrographiques et que ce sont souvent les mêmes acteurs qui apparaissent à plusieurs reprises. Les droits de propriété activés portent bien sur des droits de disposition octroyés, pour un usage bien précis, à des usagers publics ou privés par des propriétaires formels qui sont des autorités publiques, mais ils s'appliquent à des objets très distincts (par ex. un barrage, un captage, le sol, des sources ou les eaux d'une rivière).

Les activations dans les cas $C_{2\ \mathrm{Inondations}}$ et $C_{4\ \mathrm{Louvie}}$ s'illustrent particulièrement. Dans $C_{2\ \mathrm{Inondations}}$, l'activation des droits de propriété par la Commune de Chaudfontaine est indirecte. Celle-ci n'active pas à proprement parler des droits de propriété qui lui permettent d'exclure l'autre usager (c'est pour cela que nous notons « – » dans ce cas). En effet, les droits de propriété formelle sur le sol dont disposent les habitants de Chaudfontaine riverains de la Vesdre ne leur permettent pas d'exclure l'ERPE ou d'exercer une pression quelconque sur ce producteur d'eau potable. Aussi, la Commune de Chaudfontaine démarche le propriétaire formel du barrage, représenté par le Service des barrages du ministère des Travaux publics. Elle s'en remet à lui pour qu'il apporte une réponse au problème des inondations. L'hypothèse H_2 est donc invalidée dans ce cas, puisque la Commune se prévaut de droits de propriété qui ne lui garantissent pas la préservation de son usage. Elle réclame un droit d'usage sur le barrage. Ceci nous conduit à avancer l'idée qu'un usager non propriétaire et non bénéficiaire final d'une politique publique active les droits de propriété de son rival (appropriateur) et demande un arbitrage du propriétaire formel entre les deux usages (notamment si l'État est le propriétaire formel). La propriété reste déterminante, mais l'activation porte sur la propriété d'autrui ; il s'agit d'une activation indirecte.

Dans le cas $C_{4\ \mathrm{Louvie}}$, c'est-à-dire la construction de l'aqueduc de Louvie dans le Val de Bagnes, la situation est toute autre. Un usager, Albert Maret, cherche à acquérir un droit de disposition sur les eaux de la Dranse. Il n'active pas un droit de propriété dont il disposerait déjà. Dans ce cas-ci, nous invalidons également l'hypothèse H_2. Cette acquisition de propriété peut être, elle aussi, considérée comme une activation indirecte. Au lieu d'être demandée à titre gracieux ($C_{2\ \mathrm{Inondations}}$), elle procède d'un achat ($C_{4\ \mathrm{Louvie}}$). Ces deux cas particuliers, une demande d'arbitrage formulée au propriétaire formel de l'eau, d'une part, et l'acquisition d'un droit de disposition sur l'eau, d'autre part, complètent notre connaissance des modes de résolution des rivalités entre usagers de l'eau.

Dans $C_{3\ Spa}$, un propriétaire utilise une politique publique pour défendre son usage. La rivalité entre Spa monopole et la DNF oppose deux usagers qui ne sont pas propriétaires de la même chose. Spa monopole possède un droit de disposition exclusif sur les sources et les aquifères de Spa, tandis que la DNF possède un droit de disposition, lui aussi exclusif, sur les forêts communales et domaniales, dont les terrains appartiennent à la Région wallonne et à la Ville de Spa. Ce découplage, assez surprenant, entre la propriété de l'eau et la propriété du sol, aboutit au fait que « chacun est maître chez soi ». Seulement, l'usage de l'un interfère indirectement avec l'usage de l'autre. La DNF fait un usage indirect de l'eau contre lequel Spa monopole souhaite se prémunir. Comme Spa monopole ne peut pas exclure la DNF au moyen de ses droits de propriété, elle active une politique publique censée lui assurer une protection effective de l'aquifère, afin que la DNF modifie sa gestion forestière[2]. L'attitude de Spa monopole valide l'hypothèse H_3. Un propriétaire qui n'est pas en mesure d'exclure l'usager rival au moyen des droits de propriété dont il dispose active une politique publique pour rendre cette exclusion possible. À cela s'ajoute le fait que Spa monopole dispose d'un droit de propriété sur les sources, ce qui renforce sa capacité à activer la politique publique de protection des captages.

Si l'on s'intéresse au processus d'activation des règles, nous nous apercevons que l'activation d'une politique publique nécessite une reconnaissance préalable du bénéficiaire final par une autorité publique, alors que la simple déclaration de possession d'un titre de propriété suffit à activer le droit de propriété. Dans les cas étudiés, la reconnaissance d'un bénéficiaire d'une politique publique est le plus souvent judiciaire (deux cas sur trois), même si la procédure judiciaire n'est pas conduite à son terme. Quand à l'activation de droits de propriété, l'information de l'usager rival suffit (quatre cas sur sept). Lorsque cette activation fait l'objet d'une demande de reconnaissance (judiciaire ou administrative), c'est uniquement en réponse à la saisine de la justice par le bénéficiaire final d'une politique publique. Ainsi, il est plus facile d'activer un droit de propriété qu'une politique publique. La simple information de l'usager rival suffit à asseoir le statut de propriétaire dans la défense d'un usage, alors même que la reconnaissance du statut de

[2] Décret du 30 avril 1990 sur la protection et l'exploitation des eaux souterraines et des eaux potabilisables.

bénéficiaire final d'une politique publique passe le plus souvent par une démarche auprès des autorités administratives ou judiciaires.

Les hypothèses d'activation sont validées, dans la majeure partie des observations empiriques. Dans une rivalité d'usages, un usager qui dispose d'un droit de propriété sur la ressource, conféré par un titre, active prioritairement ce droit de propriété, à moins que celui-ci ne lui permette pas d'exclure l'usager rival. Dans ce dernier cas, il se reporte sur une politique publique qui le reconnaît comme bénéficiaire final, tout comme le ferait un usager non propriétaire. La place des règles dans les résolutions de rivalités semble donc déterminante.

III. Test des hypothèses de confrontation entre les usagers

Chaque usager active un droit de propriété ou une politique publique, ce qui nous amène à trois configurations de confrontation différentes : « droit de propriété versus droit de propriété », « droit de propriété versus politique publique » et « politique publique versus politique publique »[3]. Il s'agit ici d'expliquer la forme prise par l'arrangement local en fonction de la configuration de confrontation observée, au moyen de trois hypothèses :

- H_4 : *La confrontation de droits de propriété conduit à un arrangement transactionnel (accord consenti et coûts égalitaires)* ;
- (H_5 : *La confrontation de politiques publiques conduit à un arrangement par arbitrage de l'État (mesure coercitive et coûts redistribués)*) ;
- H_6 : *La confrontation d'un droit de propriété et d'une politique publique débouche sur un arrangement compensatoire (mesure coercitive et coûts égalitaires).*

Les hypothèses sont confirmées dans peu de cas (cf. tableau 8). Évidemment, l'hypothèse H_5 n'est pas testée, compte tenu du fait que les confrontations de politiques publiques ont été écartées. Nous observons deux configurations de confrontation « droit de propriété versus droit de propriété » ($C_{2\ \text{Inondations}}$ et $C_{4\ \text{Louvie}}$) et quatre configurations de confrontation « droit de propriété versus politique publique » ($C_{1\ \text{Verviers}}$, $C_{3\ \text{Spa}}$, $C_{5\ \text{Mauvoisin}}$ et $C_{6\ \text{Champsec}}$). Seuls les cas $C_{1\ \text{Verviers}}$ et $C_{4\ \text{Louvie}}$ valident les hypothèses établies sur la forme prise par l'arrangement local. Le cas $C_{1\ \text{Verviers}}$ conduit bien à un arrangement compensatoire et le cas $C_{4\ \text{Louvie}}$ à un arrangement transactionnel. En revanche, nous observons un nombre très surprenant d'arrangements concédés ($C_{2\ \text{Inondations}}$, $C_{3\ \text{Spa}}$, $C_{5\ \text{Mauvoisin}}$ et $C_{6\ \text{Champsec}}$), dans lequel un des propriétaires accepte de

[3] La troisième configuration ne fait pas l'objet d'un test empirique.

supporter les coûts nets de l'arrangement local, au bénéfice de l'autre usager.

Tableau 8 : Récapitulatif du test des hypothèses de confrontation (H_4-H_6)

Cas	Hypothèses	
	H_4 (DP/DP→ Arr. transact.)	H_6 (PP/DP→ Arr. comp.)
$C_{1\ \text{Verviers}}$ (Groupe Eau et Verviers-Ville)		+
$C_{2\ \text{Inondations}}$ (ERPE et Chaudfontaine)	–	
$C_{3\ \text{Spa}}$ (Spa monopole et DNF)		–
$C_{4\ \text{Louvie}}$ (Vollèges/Consortage et Maret)	+	
$C_{5\ \text{Mauvoisin}}$ (WWF et FMM)		–
$C_{6\ \text{Champsec}}$ (WWF et FMM)		–
Nombre de cas vérifiés = 2/6	*1/2*	*1/4*

Dans les deux configurations de confrontation « droit de propriété versus droit de propriété », nous ne trouvons pas de situation pure où un propriétaire affronte un autre propriétaire, qui se réfèrerait à la question emblématique des troubles de voisinage (Coase, 1960). Dans le cas des inondations en basse vallée de la Vesdre ($C_{2\ \text{Inondations}}$), la Ville de Chaudfontaine ne possède pas de droits de propriété sur l'eau de la Vesdre qui pourraient limiter l'usage de l'ERPE. De même, dans le cas de l'aqueduc de Louvie ($C_{4\ \text{Louvie}}$), A. Maret, l'un des deux usagers, n'est pas propriétaire, mais cherche à acquérir un droit de propriété sur la Dranse. Ainsi, il serait nécessaire, pour valider l'hypothèse H_4, d'étendre le champ empirique à des situations plus classiques de troubles de voisinage, afin de voir comment se déroule une confrontation entre deux propriétaires dont les droits sur la ressource sont plus clairement définis.

L'hypothèse H_4 n'est validée que dans un seul cas ($C_{4\ \text{Louvie}}$). Dans ce cas de l'aqueduc de Louvie, la Commune de Vollèges conditionne l'octroi de la concession de la Dranse, que cherche à acquérir A. Maret, à l'installation d'une conduite d'eau de distribution qui alimenterait la commune. Les deux parties négocient et échangent des droits de propriété sans que l'intervention d'un tiers ne soit nécessaire. Il s'agit bien d'un arrangement transactionnel. Tout de même, bien qu'étant assimilé à un arrangement concédé, le cas des inondations en basse vallée de la

Vesdre ($C_{2\ \text{Inondations}}$) est proche d'un arrangement transactionnel. Dans le cadre d'un accord consenti, l'ERPE perd un tout petit peu, sous la forme d'un risque pris (et qui ne s'est jamais présenté), alors que la Commune de Chaudfontaine gagne un droit d'usage *de facto* sur le barrage sans devoir supporter le coût de l'arrangement. De plus, la moindre menace sur la production d'eau potable aurait immédiatement remis l'arrangement local en cause. Il semble qu'un arrangement concédé soit possible dans la mesure où les coûts nets de l'arrangement pour le « perdant » sont négligeables.

H_6 est également validée dans un seul cas ($C_{1\ \text{Verviers}}$). Le cas du saturnisme à Verviers aboutit à un arrangement compensatoire. La Ville de Verviers est condamnée par la Cour d'Appel de Liège pour ses infractions répétées à l'arrêté royal de 1965 sur la potabilité de l'eau et les autorités nationales et régionales prennent à leur charge le financement de la station de traitement, tout comme celui du double réseau de distribution. L'arrangement n'est donc pas scellé sur une base volontaire entre les parties et les coûts sont égalitaires, ou plutôt externalisés vers l'État. Ce cas de résolution de rivalité, dans lequel l'intervention de l'État est déterminante, soutient l'idée que l'État serait le seul garant d'une mise en œuvre effective des politiques publiques, car seul capable de briser le statu quo au moyen d'une subvention intégrale du changement. Toutefois, les cas du Val de Bagnes, dans lesquels le bénéficiaire final d'une politique publique s'arrange avec l'appropriateur de la rivière sans intervention financière de l'État, viennent balayer cette interprétation. L'intervention de l'État semble déterminante à partir du moment où les coûts supportés par l'un des usagers se révèlent trop importants pour que celui-ci accepte d'en supporter la charge.

Dans le cas de la protection des aquifères ($C_{3\ \text{Spa}}$), l'arrangement est, une fois encore, concédé, c'est-à-dire que l'une des parties accepte volontairement de perdre dans l'arrangement. Pour rappel, la DNF et Spa monopole ont signé une convention qui adapte la gestion de la forêt aux contraintes de la production d'eau minérale. L'accord est consenti, mais la balance des coûts nets penche en faveur de Spa monopole. La DNF ne défend pas son usage de manière radicale et consent à une diminution de ses revenus forestiers. Elle accepte de perdre, dans la mesure où cette perte est limitée. Toutefois, la charge supportée par la DNF pourrait être considérée comme une compensation de l'État dans la mesure où celle-ci est une administration publique de la Région wallonne. Ainsi, l'arrangement concédé du cas $C_{3\ \text{Spa}}$ est tout proche de l'arrangement compensatoire.

Les cas $C_{5\ \text{Mauvoisin}}$ et $C_{6\ \text{Champsec}}$ infirment également l'hypothèse H_6, mais cette fois-ci sans aucune ambiguïté. Dans le cas du rehaussement du barrage de Mauvoisin ($C_{5\ Mauvoisin}$), les FMM acceptent les revendications du WWF en faveur d'un débit minimal résiduel pour la Dranse et de compensations hydrobiologiques. Elles réagissent par la voie de la négociation à la capacité de blocage du WWF fondée sur le droit de recours des associations environnementales contre les projets d'infrastructure. Le retard du chantier ainsi que l'incertitude liée à une décision judiciaire incitent les FMM à négocier. La société craignait de perdre plus si elle maintenait une attitude de crispation. Dans le cas du renouvellement de la concession de Champsec ($C_{6\ Champsec}$), les FMM sont à nouveau menacées par un recours du WWF. Bien que la loi sur la protection des eaux, qui impose des débits résiduels ne soit pas encore adoptée, l'entreprise hydroélectrique préfère négocier autour de la valeur minimale des débits prévue par la loi, plutôt que d'attendre et soumettre la dotation à une décision judiciaire[4]. À nouveau, les FMM choisissent, par la voie de la négociation avec le WWF, la solution qui leur coûte le moins cher et qui réduit leur incertitude. Dans ces deux cas, le propriétaire accepte de « perdre » face au bénéficiaire final d'une politique publique, mais sans que cela n'attente véritablement à son usage et dans la mesure où le coût net de l'arrangement local reste négligeable pour lui. D'une certaine manière, il en est de même pour les deux autres arrangements concédés que nous observons ($C_{2\ Inondations}$ et $C_{3\ Spa}$). Cela fait ressortir la très grande importance du montant des coûts nets dans les modes de résolution des rivalités d'usages.

S'agissant de la forme juridique de l'arrangement local, la convention de droit privé est la plus fréquente (cf. tableau 9). Il s'agit d'un accord signé par les deux parties, amendable uniquement sur consentement mutuel, à la suite de nouvelles négociations, et opposable devant une juridiction civile. Cette forme d'arrangement local est relativement solide si l'on considère les cas étudiés. Ces conventions sont renégociées ($C_{3\ Spa}$), parfois adaptées aux nouvelles situations ($C_{4\ Louvie}$), mais jamais dénoncées ni remises en cause. Les deux autres formes d'arrangement local ont des caractéristiques plus particulières. Il s'agit, d'une part, d'une solution technique qui consiste à séparer les deux

4 Par rapport à la question des débits résiduels minimaux dans le canton du Valais, la mise en œuvre de la LEaux repose la question des arrangements compensatoires. En effet, la LEaux doit conduire à l'instauration de débits minimaux pour tous les cours d'eau (art. 80). La loi prévoit que ces débits soient imposés aux concessionnaires sans indemnisation. Pour les producteurs hydroélectriques, il s'agit d'une expropriation matérielle qui doit être compensée. L'État du Valais compte se référer au pourcentage du chiffre d'affaire perdu comme seuil d'indemnisation. Au départ, le montant devait être fixé à 2 %, puis réduit à 0,7 %. Passé ce montant, les producteurs exigent une indemnisation pour expropriation de la part de l'État. Ainsi, l'application de l'art. 80 de la LEaux, relèverait en partie d'un arrangement compensatoire.

usagers (c'est-à-dire à mettre en place un double réseau de distribution, l'un pour l'eau domestique et l'autre pour l'eau industrielle) ($C_{1\ \text{Verviers}}$). Cet arrangement est irréversible à court et moyen terme. D'autre part, dans le cas $C_{2\ \text{Inondations}}$, l'arrangement local n'est pas ancré juridiquement. Il consiste à amender la note de service qui donne les instructions pour la gestion du barrage de la Vesdre. Cet arrangement est révisable à tout moment par le Service des barrages, de manière unilatérale et sans consultation préalable. Ainsi, la convention de droit privé est la forme d'arrangement local observée le plus fréquemment dans nos cas et quelles que soient les règles activées. Il s'agit d'un accord irréversible sans le consentement mutuel des signataires et opposable en justice.

Tableau 9 : Forme juridique des arrangements locaux adoptés

	Forme juridique	**Réversibilité**
$C_{1\ \text{Verviers}}$	Condamnation en justice, solution technique et financement public	Séparation des usages Irréversible à moyen terme
$C_{2\ \text{Inondations}}$	Amendement à une note de service	Révisable à tout moment
$C_{3\ \text{Spa}}$	Convention entre les parties Opposable juridiquement	Révisable par négociation Difficilement réversible
$C_{4\ \text{Louvie}}$	Cession de titres (convention) Opposable juridiquement	Difficilement réversible
$C_{5\ \text{Mauvoisin}}$	Convention entre les parties Opposable juridiquement	Difficilement réversible
$C_{6\ \text{Champsec}}$	Convention entre les parties Opposable juridiquement	Difficilement réversible

Il ressort du test des hypothèses de confrontation, que la relation causale entre les règles activées et la forme prise par l'arrangement local est loin d'être évidente. Aucune des hypothèses n'est validée. Cependant, sur les quatre cas déviants, deux sont très proches de la relation causale supposée ($C_{2\ \text{Inondations}}$ et $C_{3\ \text{Spa}}$). Dans le cas $C_{2\ \text{Inondations}}$, le coût que subit l'ERPE est quasiment nul et dans le cas $C_{3\ \text{Spa}}$, où la DNF accepte une partie des revendications de Spa monopole, nous n'hésitons pas à qualifier les coûts d'auto-compensation. Seuls les cas $C_{5\ \text{Mauvoisin}}$ et $C_{6\ \text{Champsec}}$ s'écartent véritablement de la relation causale supposée. Toutefois, les FMM ne sont, à aucun moment, menacées dans leur usage et les coûts nets de l'arrangement local demeurent très faibles. En dépit de résultats peu significatifs, nous n'en concluons pas pour autant que ce jeu d'hypothèses est totalement falsifié. Les résultats obtenus soulignent l'intérêt de croiser l'attribut de coercition à celui de coût dans l'appréhension des arrangements locaux.

IV. Mise en perspective

Les deux phases d'activation et de confrontation sont le résultat d'un découpage analytique qui visait à repérer la place des règles dans les résolutions de rivalités. Sur ce point, les résultats sont encourageants. Le jeu des acteurs s'appuie effectivement sur des règles, mais il s'ouvre sur un processus plus complexe que ce que le modèle d'analyse suggérait.

A. Élaboration et perception de l'arrangement local

Dans un premier temps, nous regardons sur quelles bases l'arrangement local est scellé, quelle place est laissée à la négociation et comment les usagers perçoivent cet arrangement. Bien que celui-ci soit le plus souvent le fruit d'un accord volontaire, il tient compte d'une série de contraintes auxquelles les usagers sont soumis. Effectivement, nous observons très peu de mesures coercitives. Mis à part le cas $C_{1\ \text{Verviers}}$, tous les arrangements locaux sont négociés entre les parties. Les règlements privés, sans intervention directe de l'État, sont particulièrement nombreux, y compris dans les configurations « droit de propriété versus politique publique » où ils n'étaient pas attendus. Ceci ne signifie pas pour autant une absence de contraintes qui pèseraient sur les usagers. Dans la plupart des cas, le consentement se réalise sous la menace d'une action administrative ou judiciaire ($C_{3\ \text{Spa}}$, $C_{4\ \text{Louvie}}$, $C_{5\ \text{Mauvoisin}}$ et $C_{6\ \text{Champsec}}$). L'usager qui fait la demande d'un règlement de la rivalité a la possibilité de recourir aux institutions judiciaires ou à l'administration, voire d'exercer des pressions politiques sur l'administration compétente. Toutefois, l'usager qui demande la résolution, tout comme son rival, préfère une solution à l'amiable plutôt qu'une décision judiciaire. L'incertitude liée à l'issue du procès est très importante dans le choix de la négociation ($C_{5\ \text{Mauvoisin}}$ et $C_{6\ \text{Champsec}}$). L'établissement ou le maintien de bonnes relations avec l'usager adverse joue également en faveur d'une solution négociée ($C_{3\ \text{Spa}}$ et $C_{4\ \text{Louvie}}$). Ainsi, le caractère consenti des arrangements locaux ne doit pas dissimuler les équilibres entre les contraintes auxquelles sont soumis les usagers.

La distribution des coûts dans l'arrangement local, en termes de coûts nets, appelle elle aussi à quelques commentaires. En aucun cas l'une des parties ne subit des coûts insurmontables. Dans le cas $C_{1\ \text{Verviers}}$, les coûts sont entièrement externalisés vers l'État belge et la Région wallonne. Le cas $C_{4\ \text{Louvie}}$ est le seul où l'une des parties subit des coûts importants. A. Maret achète un droit de disposition sur l'eau de la Dranse dont le prix est fixé par le propriétaire, mais dans la perspective de gains importants dus à la production hydroélectrique. Par contre, dans tous les arrangements concédés, les coûts nets que le « perdant » accepte d'endosser restent faibles. Dans le cas $C_{2\ \text{Inondations}}$, il ne s'agit que d'un risque limité de pénurie d'eau. Dans le cas $C_{3\ \mathrm{Spa}}$, la DNF subit une baisse de rendement de la forêt, mais qui affecte peu ses revenus. Enfin, dans les cas $C_{5\ \mathrm{Mauvoisin}}$ et $C_{6\ \mathrm{Champsec}}$, les FMM supportent seules le coût de l'arrangement face au WWF. Seulement, au regard des contraintes auxquelles elles font face, ainsi que du chiffre d'affaire de l'entreprise, ces coûts restent faibles et ne portent pas préjudice à l'activité productive. Ainsi, aucun usager n'est atteint de manière vitale dans son usage ni ne subit des coûts élevés du fait de l'arrangement local.

En ce qui concerne les alternatives possibles aux arrangements locaux, c'est la première alternative, ou du moins la plus souhaitable pour l'usager, qui est le plus souvent retenue. Lorsque les usagers consentent à une issue moins favorable à leurs yeux, cela tient au fait que leur première stratégie n'était pas suffisante pour parvenir à un arrangement local (par ex. le refus initial des FMM d'entrer en matière face aux revendications du WWF dans $C_{5\ \mathrm{Mauvoisin}}$), ou bien que la partie adverse refusait d'entrer en matière sur cette base et recourrait immédiatement à sa propre alternative (par ex. Maret ne peut pas négocier une simple concession des eaux de la Dranse car Vollèges veut un accord qui intègre la distribution d'eau dans $C_{4\ \mathrm{Louvie}}$). Parmi les alternatives possibles, mais non retenues dans les stratégies des usagers, la plus fréquente est l'action judiciaire (ou administrative) ($C_{3\ \mathrm{Spa}}$, $C_{4\ \mathrm{Louvie}}$, $C_{5\ \mathrm{Mauvoisin}}$ et $C_{6\ \mathrm{Champsec}}$). Les arrangements concédés ou transactionnels se concluent le plus souvent à l'ombre de la loi.

Lors d'une négociation, la révision des objectifs constitue une autre alternative (par ex. le WWF dans $C_{5\ \mathrm{Mauvoisin}}$ et Vollèges dans $C_{4\ \mathrm{Louvie}}$), tout comme le retrait de l'un des usagers (par ex. les FMM dans $C_{5\ \mathrm{Mauvoisin}}$) ou la pression politique qui pousse l'administration à appliquer une loi (par ex. Spa monopole dans $C_{3\ \mathrm{Spa}}$). La formulation d'une demande de légiférer (par ex. Chaudfontaine dans $C_{2\ \mathrm{Inondations}}$) ou de clarifier les droits de propriété (par ex. l'ERPE dans $C_{3\ \mathrm{Spa}}$) peut être envisageable sans être pour autant observée. Enfin, la Ville de Verviers constitue un cas à part. Elle opte pour l'immobilisme au lieu de développer des stratégies qui auraient pu contribuer à mettre un terme à la rivalité ($C_{1\ \mathrm{Verviers}}$). L'arrangement local qui en a découlé lui a pourtant donné raison. Ainsi, les arrangements locaux sont adoptés dans un contexte où plusieurs alternatives se présentent.

En présence d'alternatives, pourquoi les usagers font-ils le choix de la négociation ? Certains usagers avancent qu'ils n'ont pas eu le choix, en l'absence d'alternative crédible (par ex. Chaudfontaine dans $C_{2\ \mathrm{Inondations}}$), au titre d'une obligation légale (par ex. les FMM dans $C_{5\ \mathrm{Mauvoisin}}$ et $C_{6\ \mathrm{Champsec}}$), ou d'un manque d'arguments pour refuser la concertation (par ex. l'ERPE dans $C_{2\ \mathrm{Inondations}}$ et la DNF dans $C_{3\ \mathrm{Spa}}$). En outre, la négociation est plutôt bien perçue par les usagers. Elle offre un gain de temps et une certitude sur l'issue de la rivalité (par ex. Maret dans $C_{4\ \text{Louvie}}$ et les FMM et le WWF dans $C_{5\ \text{Mauvoisin}}$ et $C_{6\ \text{Champsec}}$). Elle contribue également à l'entretien de bonnes relations entre les usagers rivaux ($C_{2\ \text{Inondations}}$, $C_{3\ \text{Spa}}$ et $C_{6\ \text{Champsec}}$). Cette observation vient conforter les travaux de la théorie des choix collectifs sur les stratégie des acteurs dans des jeux répétés (Ostrom, 1990 : 36). Une fois que la confiance s'établit entre les acteurs, ceux-ci ont une inclination à coopérer. Les résolutions de rivalités ne se déroulent pas de la même manière quand les acteurs ont déjà résolu une rivalité entre eux auparavant ($C_{3\ \text{Spa}}$ et $C_{6\ \text{Champsec}}$). Les motivations des usagers en faveur de la négociation sont donc assez diverses, parmi lesquelles se distinguent le besoin de certitude sur l'issue de la confrontation et le souci de préserver de bonnes relations avec l'usager rival.

Lorsqu'il s'agit d'accords consentis (arrangements transactionnels ou concédés), les arrangements locaux laissent toutefois apparaître des points de rupture de la négociation (ou BATNA – *best alternatives to a negotiated agreement*), des concessions que les usagers refusent absolument de faire (Fisher, Ury et Patton, 1983 ; Holzinger, 2001). Dans le cas $C_{2\ \text{Inondations}}$, pour l'ERPE, le point limite à la négociation consiste à ce qu'il soit porté atteinte à la production d'eau potable et qu'il y ait un risque de pénurie pour le consommateur final. Dans le cas $C_{3\ \text{Spa}}$, la DNF veut maintenir une forêt, sans devoir trop l'éclaircir et la transformer en « verger ». Pour $C_{5\ \text{Mauvoisin}}$, le WWF voulait absolument obtenir un débit résiduel, même symbolique, tandis que les FMM refusaient de calculer ce débit résiduel par rapport à toute la retenue d'eau. Ce point de rupture des négociations est identifiable pour chacune des parties. Dans le cas $C_{5\ \text{Mauvoisin}}$, les FMM savaient que le fait de calculer un débit minimum sur l'ensemble du barrage annulait le bénéfice des travaux de rehaussement. Une fois franchi ce point de rupture, les usagers sont prêts à employer l'alternative de l'action judiciaire ou administrative. Ceci confirme le fait que les arrangements concédés ne sont possibles que dans la mesure où les « perdants » ne perdent pas grand-chose (éventuellement grâce à une compensation). Ceux-ci préfèrent perdre un peu à la négociation, dès lors qu'ils perdent moins par rapport à l'option judiciaire (par ex. les retards de chantier dans $C_{5\ \text{Mauvoisin}}$). L'alternative judiciaire existe bien, mais elle est écartée, dans la plupart des cas, en raison du temps et de l'incertitude liée à la décision. La négociation est l'alternative préférée des usagers, mais uniquement dans la mesure où les engagements à prendre se maintiennent à l'intérieur de certaines limites clairement identifiées, notamment en terme de coûts.

Si l'on s'attarde sur les deux cas $C_{5\ \text{Mauvoisin}}$ et $C_{6\ \text{Champsec}}$, on s'aperçoit bien que le propriétaire accepte de « perdre » face au bénéficiaire final d'une politique publique, sans pour autant que cela n'attente à son usage. Il négocie et renonce à une partie de ses droits dans la mesure où ce type d'arrangement lui évite de perdre davantage que s'il avait adopté une stratégie moins accommodante (par ex. le recours à l'arbitrage de l'État). Un propriétaire en rivalité avec le bénéficiaire final d'une politique publique a donc intérêt à chercher l'arrangement concédé, lorsque cet arrangement représente la meilleure alternative et qu'il réduit l'incertitude (par ex. éviter un manque à gagner dû aux retards de chantier). Ainsi, il n'est pas indispensable que l'État indemnise le propriétaire pour que soit garanti l'accès à la ressource du bénéficiaire d'une politique publique à l'issue d'une confrontation.

Dans la plupart des cas étudiés, l'hostilité (ou le degré de conflictualité) est faible entre les usagers. Un seul cas de conflit, au sens où l'un des usagers reste campé sur ses positions et qu'aucun des deux ne cède (Freund, 1983), est observé ($C_{1\ \text{Verviers}}$). Le cas $C_{5\ \text{Mauvoisin}}$ atteste aussi d'une situation conflictuelle au départ, mais le poids des règles, en particulier des règles procédurales, couplé à la détermination du WWF, font basculer la stratégie des FMM vers une conciliation. De même, dans $C_{3\ \text{Spa}}$, la rivalité se résout bien avant qu'un conflit ne puisse éclater entre les deux usagers. Le conflit n'est qu'une forme extrême de rivalité qui n'est pas nécessairement atteinte pour qu'il y ait résolution. Toutefois, l'hostilité semble jouer un rôle dans le fait que les usagers rivaux s'orientent plutôt vers une solution négociée ou vers une solution coercitive. Plus les relations sont hostiles, plus il devient difficile de négocier et d'échapper à une décision coercitive qui désigne un gagnant et un perdant (Moore, 1987 : 5 ; Dziedzicki, 2001 : 178). Cependant, les acteurs n'aiment pas vivre dans le conflit et ne supportent pas l'incertitude liée à l'issue de celui-ci (March et Olsen, 1989), ce qui les incite au compromis avec leur adversaire, c'est-à-dire à une forme d'échange qui permet, au final, que « la dépense globale [soit] plus faible que si l'on poursuivait ou commençait le conflit » (Simmel, [1908] 1999 : 341 ; Bourque et Thuderoz, 2002 : 28). La négociation est toujours privilégiée, tant qu'elle représente une alternative crédible au conflit.

Attardons-nous maintenant sur la représentation de l'arrangement local chez les usagers. Tout d'abord, ceux-ci ont bien le sentiment d'avoir consenti aux arrangements issus des négociations. Aucun ne pense s'être fait forcé la main, mis à part peut-être les FMM qui qualifient l'octroi d'un débit minimal sur la Dranse de « mal nécessaire » ($C_{5\ \text{Mauvoisin}}$). La nature du consentement est donc bien liée à une série de contraintes, propres à l'acteur et parfois extérieures à la rivalité (par ex. le retard du chantier que le recours du WWF entraîne). Par ailleurs, les usagers sont globalement satisfaits de la redistribution provoquée par l'arrangement local. Tous estiment s'être bien sortis des arrangements locaux, sauf le Groupe Action Eau ($C_{1\ \text{Verviers}}$) qui a subi des pressions importantes de la part de la Ville de Verviers. Seules les FMM notent une perte substantielle, avant de reconnaître que le tout reste favorable à l'entreprise et que les actionnaires se sont montrés satisfaits ($C_{6\ \text{Champsec}}$). De cette représentation que se font les usagers de l'arrangement local, retenons que le libre consentement domine, tout comme le sentiment de gain ou de satisfaction.

B. Une perspective élargie des résolutions de rivalités

Dans le modèle d'analyse, les hypothèses d'activation sont, pour l'essentiel, vérifiées : lorsque l'usager possède un titre de propriété qui lui donne des droits sur la ressource, il l'active. Lorsqu'il n'est pas propriétaire, il active une politique publique qui le reconnaît comme bénéficiaire final. La comparaison nous a, de plus, amené deux autres formes d'activation, l'activation « indirecte » et l'activation « combinée ». Dans l'activation « indirecte », l'usager non propriétaire et non bénéficiaire final d'une politique publique en appelle au propriétaire formel de la ressource pour arbitrer la rivalité. Ce mode d'activation conduit à une négociation dans la mesure où l'usager initiateur de la rivalité n'a pas les moyens (en l'absence de règles) de menacer son rival d'une action en justice. Avec l'activation « combinée », l'usager qui dispose d'un droit de propriété et d'une politique les active tous deux, et non pas l'un ou l'autre comme le suggérait l'hypothèse H_3. Le droit de propriété facilite sa reconnaissance en tant que bénéficiaire final de la politique publique. Cette activation combinée le place dans une position particulièrement favorable face à l'usager rival, où la politique publique vient hiérarchiser les droits de propriété applicables à la ressource (particulièrement entre des droits de propriété égaux et entre lesquels il est difficile d'arbitrer). L'activation de composantes du régime est un support essentiel à la résolution des rivalités d'usages.

S'agissant de la phase de confrontation, il est désormais établi que la forme de l'arrangement local ne dépend pas de la configuration des règles activées. Seuls deux cas sur six confirment les hypothèses de confrontation. Une confrontation « droit de propriété versus droit de propriété » débouche sur un arrangement transactionnel dans un cas sur deux et la confrontation « politique publique versus droit de propriété » sur un arrangement compensatoire dans un cas sur quatre. Quatre cas sont des arrangements concédés selon lesquels un propriétaire accepte de perdre un peu face à l'autre usager pour mettre fin à la rivalité. Deux éléments viennent invalider le modèle d'analyse sur les résultats de la confrontation de règles : le choix des usagers pour la négociation sous la menace d'une action coercitive (ou judiciaire) ; et l'influence de l'importance des coûts nets (faibles ou significatifs) dans l'arrangement local. Les résultats de l'analyse empirique suggèrent de ne pas établir de relations entre des états (rivalité/confrontation/arrangement local), mais plutôt de s'intéresser au processus de résolution des rivalités et des jeux d'acteurs qui s'y déroulent.

La confrontation à laquelle parviennent les usagers n'est pas seulement une question de règles, mais aussi une question de relations interpersonnelles. Le choix des usagers de négocier ou non (degré de coercition) paraît essentiel dans le déroulement de la confrontation. Ce choix repose sur l'hostilité de l'un pour l'autre et le crédit et l'estime que chacun accorde au rival. Une trop grande hostilité entre les deux parties mine toute possibilité de discussion ou de compromis[5]. Nous supposons que l'initiateur de la résolution privilégie la négociation au conflit, particulièrement lorsqu'il souhaite s'installer dans le bassin. Seulement, pour que la négociation s'impose comme mode de règlement de la rivalité, il faut que l'initiateur dispose d'une menace crédible à l'égard de son rival. Dans la mesure où la menace n'est pas jugée sérieuse par le rival, qu'elle ne risque pas de porter atteinte à ses intérêts (vitaux), alors celui-ci refuse d'entrer en matière[6]. Il laisse le soin aux autorités publiques (justice ou administration) de trancher la rivalité.

Une fois la négociation choisie comme mode de résolution, la question de la distribution des coûts devient essentielle à la conclusion d'un accord. Non seulement il importe de savoir comment sont répartis les coûts nets entre les usagers (égalitaires ou redistribués), mais aussi de connaître le montant de ces coûts nets (élevés ou faibles), particulièrement lorsque les coûts sont distribués (coûts nets pour le perdant). Dans la mesure où les coûts sont partagés de manière égalitaire, alors la négociation débouche sur un arrangement local. Il est toutefois possible que le coût égalitaire résulte, non pas d'une transaction, mais d'une externalisation des coûts vers des tiers ou vers l'État. Par ailleurs, la négociation peut également déboucher sur un arrangement local, une fois que les usagers sont parvenus à réduire les coûts pour le « perdant » (cf. $C_{3\ \text{Spa}}$, $C_{5\ \text{Mauvoisin}}$ et $C_{6\ \text{Champsec}}$). En dernier lieu, nous supposons que lorsque les usagers ne parviennent pas à réduire les coûts nets de la résolution, la négociation échoue. L'usager « perdant » se tourne alors vers une alternative (plus coercitive) à la négociation dont les coûts sont finalement inférieurs pour lui à ceux d'un accord négocié (BATNA). En

[5] Y compris lorsqu'un conflit débouche finalement sur une négociation et un compromis, il faut au préalable que le regard de l'usager sur l'autre ait un tant soit peu évolué vers plus de considération et de respect.

[6] Par ex. dans $C_{1\ \text{Verviers}}$, la Ville de Verviers, même condamnée par le tribunal, n'aurait pas été contrainte à financer la station de traitement ou à dédommager les victimes du saturnisme.

résumé, l'arrangement local résulte soit d'une démarche coercitive, soit d'une démarche de négociation, laquelle aboutit suite à une entente sur le partage des coûts de la résolution de rivalité.

C. La place des règles dans les résolutions de rivalités

Les règles ne déterminent pas la forme que doit revêtir l'arrangement local pour mettre un terme à la rivalité. L'analyse de la répartition de la propriété sur la ressource, au moyen d'une typologie des situations d'usages, en atteste à nouveau. La situation d'usages croise le nombre d'usages de la ressource (hétérogénéité ou non) avec le nombre de personnes qui contrôlent l'accès à la ressource (une ou plusieurs) (Young, 1992 ; 103). Le choix de nos cas portait délibérément sur un partage de la ressource entre usages hétérogènes, tout en laissant ouverte la question du contrôle de la ressource par une seule ou plusieurs personnes (usages multiples ou usages conjoints selon la typologie de Young). Cinq cas sur les six étudiés sont des situations d'usages multiples, c'est-à-dire que la ressource est contrôlée par un seul propriétaire formel, qui se trouve en quelque sorte en position d'arbitre par rapport aux usagers rivaux (par ex. la Ville de Verviers pour la distribution d'eau dans $C_{1\ \text{Verviers}}$, le Service des barrages dans $C_{2\ \text{Inondations}}$, Vollèges dans $C_{4\ \text{Louvie}}$, et la Commune de Bagnes pour le débit de la Dranse dans $C_{5\ \text{Mauvoisin}}$ et $C_{6\ \text{Champsec}}$). Toutefois, ce libre-arbitre du « contrôleur propriétaire » se trouve érodé par l'activation de politiques publiques ($C_{2\ \text{Inondations}}$, $C_{5\ \text{Mauvoisin}}$ et $C_{6\ \text{Champsec}}$). Les seuls cas d'arbitrage de la part de propriétaires formels se produisent à l'occasion d'une activation indirecte de leur droit de propriété, dans le cas d'une demande de concession ($C_{4\ \text{Louvie}}$) ou d'une demande de droit d'usage de leur propriété ($C_{2\ \text{Inondations}}$). Dans tous les autres cas, l'arbitrage est extérieur, soit qu'il relève d'une décision judiciaire ($C_{1\ \text{Verviers}}$), soit qu'il ressort d'une négociation entre les usagers eux-mêmes sur la base de règles matérielles activées. Le cas $C_{3\ \text{Spa}}$ présente une situation d'usages conjoints, où chacun des usagers est propriétaire, ou plus explicitement appropriateur, l'un du sol, l'autre des aquifères, ce qui nous semblait rendre la rivalité particulièrement difficile à résoudre dans la mesure où l'accès des usagers à la ressource est régi par des règles différentes. Pourtant, Spa monopole et la DNF sont parvenues à trouver un arrangement sans grande difficulté. La résolution de la rivalité ne dépend pas de la répartition initiale de la propriété sur la ressource. Elle ne repose pas non plus sur la seule attitude conciliatrice ou arbitrale du propriétaire formel.

C'est au moment de l'activation que la règle déploie son potentiel régulateur. L'enjeu d'une activation de politique publique est l'obtention du statut de bénéficiaire final qui permet de faire valoir son usage sur celui de l'usager rival. Toutefois, cette activation est un processus difficile et coûteux. L'usager doit d'abord parvenir à se faire reconnaître comme bénéficiaire final effectif de la politique. Il doit légitimer cette activation avant de pouvoir la faire valoir face à l'usager rival. Cette reconnaissance doit être validée soit par l'administration de mise en œuvre qui lui a déjà reconnu ce statut (par ex. par l'octroi d'une subvention), soit par une démarche judiciaire qui reconnaît le bien fondé de la revendication. Ensuite, pour faire valoir son usage, la politique publique doit être reconnue légitime par le rival pour que la négociation s'ouvre ou bien être suffisamment robuste pour pouvoir être portée en justice. Parmi les usagers qui activent des politiques publiques, seule Spa monopole n'a pas de difficulté à faire reconnaître son statut de bénéficiaire final ($C_{3\ Spa}$). Le fait que l'entreprise dispose d'une concession exclusive sur les sources de Spa légitime son activation du décret de 1990 sur la protection des captages. Le propriétaire semble donc être reconnu plus facilement comme bénéficiaire final, sans avoir besoin de revendiquer cette reconnaissance auprès des autorités publiques (à l'inverse du WWF ou du Groupe Action Eau qui doivent recourir aux tribunaux pour être reconnus bénéficiaires finaux). Ainsi, pour qu'une politique publique soit activée, l'usager doit être préalablement reconnu comme bénéficiaire final de cette politique, avant de pouvoir considérer l'affaire sur le fond.

Les règles procédurales jouent un rôle important dans la reconnaissance des usagers non propriétaires. Ce sont des règles qui organisent, sur un sujet donné, la procédure à suivre par les acteurs pour parvenir à une décision ou une action. Au contraire des règles matérielles, elles n'attribuent pas de droits et de devoirs, mais elles en organisent l'attribution. Les cas $C_{5\ Mauvoisin}$ et $C_{6\ Champsec}$ viennent illustrer l'importance de ces règles procédurales. Le WWF a bâti sa stratégie pour l'obtention de débits minimaux dans la Dranse sur les règles procédurales. D'abord, il a marqué son opposition au rehaussement du barrage de Mauvoisin à l'occasion de l'enquête publique relative au projet. Dans la mesure où le Conseil d'État a écarté son opposition, il a déposé un recours au Tribunal administratif cantonal contre la décision du Conseil d'État d'autoriser le projet. Sans ces règles procédurales prévues par les lois sur les forces hydrauliques et la protection de la nature, le WWF aurait été incapable de se faire reconnaître comme bénéficiaire final de la loi sur la protection de l'environnement. La bataille procédurale a permis au WWF d'être reconnu comme partie dans la procédure d'enquête publique, d'utiliser cette procédure pour faire valoir l'application d'une règle matérielle, puis de bloquer la décision pour forcer l'usager rival à négocier. Ainsi, l'existence de règles procédurales facilite l'activation de politiques publiques (matérielles).

Avec l'activation d'un droit de propriété, l'usager recherche la reconnaissance d'un droit d'usage sur l'eau. Les usagers impliqués dans les rivalités sont rarement les propriétaires formels de l'eau. Ils bénéficient plutôt d'un droit de disposition (par ex. la concession des sources de Spa dans $C_{3\ \mathrm{Spa}}$), délivré par le propriétaire formel (le plus souvent une autorité publique) et qui porte sur un usage donné (par ex. un droit de captage à des fins d'irrigation dans $C_{4\ \mathrm{Louvie}}$). La répartition de la propriété sur l'eau peut donc être assez complexe. Par ailleurs, l'activation d'un droit de propriété est moins coûteuse que l'activation d'une politique publique. Dans ce cas, l'usager n'a pas besoin de légitimer son recours à la règle. Il possède un titre dont la légitimité est unanimement reconnue et qu'il lui suffit d'invoquer. La garantie de l'État pour un droit de propriété est quasiment automatique, alors qu'elle doit être réaffirmée pour chaque bénéficiaire final d'une politique publique.

Les droits de propriété portent sur différents objets (par ex. l'eau ou le sol) et la répartition de ces droits évolue dans le temps (par ex. suite à la construction d'un ouvrage d'art). Alors que les règles demeurent pour l'essentiel inchangées depuis l'adoption du Code civil, aussi bien en Suisse qu'en Belgique, et outre les changements de droits de propriété introduits dans les lois, les droits de propriété s'adaptent, s'ajustent aux conditions locales dans lesquelles ils sont exercés au gré des rivalités d'usages et de leur résolution. À ce titre, les conventions de droit privé montrent toute leur importance en matière de définition de droits de propriété individuels (ou spécifiques). Une autre spécificité des droits de propriété est la présence de nombreux droits informels (*de facto*) (par ex. le droit de pompage de l'ERPE dans le barrage de la Vesdre accordé de façon tacite par le Service des barrages dans $C_{2\ \mathrm{Inondations}}$). Les droits de propriété ne sont pas toujours clairement définis, tant qu'ils ne font pas l'objet d'une rivalité ou d'une contestation. L'activation d'une politique publique constitue notamment un moyen de réveiller la propriété et de contraindre celle-ci à adopter une définition et une délimitation plus strictes. Ces ajustements des droits de propriété ou la présence de droits de propriété *de facto* attestent de processus de redistribution de ces droits entre les usagers dans le temps, compte tenu de l'évolution des usages, de l'apparition ou de l'accroissement des uns et du déclin des autres.

L'imbrication de différents types de droits de propriété activés (barrage, sol, etc.) pose la question de leur hiérarchie et du rôle des politiques publiques dans l'établissement de cette hiérarchie. Le cas $C_{3\ \mathrm{Spa}}$ est intéressant à cet égard. Sur un même territoire, au-dessus des sources de Spa, la propriété foncière se répartit entre la DNF et la Ville de Spa, mais la forêt (soumise) est appropriée par la DNF, ce qui donne à celle-ci tous les droits sur la gestion des terrains. De surcroît, les sources ne relèvent pas de la propriété foncière, mais appartiennent à la Ville de Spa et sont concédées à Spa monopole. L'activation de la politique de protection des captages par Spa monopole entraîne alors une hiérarchisation de ces droits de propriété. La propriété des sources prend le dessus sur la propriété de la forêt et l'usager de la forêt, la DNF, doit se soumettre aux impératifs liés à la production d'eau minérale. La politique publique vient donc parfois hiérarchiser des droits de propriété protégeant des usages concurrents. Ici, la politique publique ne vient pas limiter la portée matérielle de la propriété, mais plutôt la renforcer. De la sorte, l'activation d'une politique publique par un usager à la fois propriétaire et bénéficiaire final de la politique se révèle être une stratégie payante dans une rivalité d'usages face à un autre propriétaire.

D. Processus de résolution et jeux d'acteurs

Pour terminer cette mise en perspective, il convient de s'interroger sur le type d'usagers qui entrent en rivalité et qui activent les règles pour défendre leur usage. Si la panoplie d'usagers est étendue (soit des associations, des autorités publiques ou des entreprises), tous les usagers sont des groupes organisés. Soit ils exploitent la ressource sous cette forme (par ex. Spa monopole), soit ils défendent un objectif commun (par ex. le WWF). Cette structure organisationnelle leur permet de rassembler les ressources, le temps et la connaissance nécessaires à l'activation des règles. Même les citoyens verviétois du Groupe Eau ont dû se constituer en association de fait pour défendre leur usage. Ensuite, la plupart d'entre eux dépendent de manière vitale de la ressource, économiquement du moins (par ex. le Groupe Action Eau, l'ERPE, Spa monopole et les FMM). La perte de leur usage entraînerait leur propre perte, du fait de l'insubstituabilité de leur approvisionnement en eau. Ainsi, l'activation réclame une motivation forte et une capacité à mobiliser des ressources d'action.

L'État est également un acteur des résolutions de rivalités, parfois comme usager, parfois comme régulateur. D'abord, l'État fixe les règles sur lesquelles repose la résolution de rivalité. Ensuite, il est le garant des règles établies, des droits de propriété comme des politiques publiques. Cette garantie de l'État apportée aux politiques publiques est toutefois entamée par l'absence de mécanismes appropriés de reconnaissance des bénéficiaires finaux (par ex. un certificat de reconnaissance). C'est le plus souvent l'action en justice qui procure cette reconnaissance. Ce rôle de garant des règles ne se traduit pas par des activités de médiation. L'État est absent ou négligeant, à ce titre, dans le règlement des rivalités (par ex. dans $C_{1\ \text{Verviers}}$, $C_{5\ \text{Mauvoisin}}$ et $C_{6\ \text{Champsec}}$), même s'il intervient davantage lorsqu'il est lui-même propriétaire et usager de la ressource (cf. $C_{2\ \text{Inondations}}$ et $C_{3\ \text{Spa}}$). Cette position d'usager propriétaire lui permet d'arbitrer entre des usages concurrents sans se départir d'un souci de défense de l'intérêt général. De surcroît, ses droits de propriété sur la ressource ne l'immunisent pas pour autant contre ses propres politiques publiques.

La mobilisation de ressources d'action est nécessaire à l'activation. Les ressources d'action sont des moyens mobilisés par les usagers dans l'activation ou la confrontation des règles (Knoepfel, Larrue et Varone, 2001). Tous les usagers bénéficient de ressources d'action importantes, mis à part le Groupe Action Eau qui a dû s'en procurer ($C_{1\ \text{Verviers}}$). Les ressources financières et juridiques sont indispensables à l'activation des politiques publiques. Les unes servent d'ailleurs à acquérir les autres. Les usagers sont souvent dotés, en complément, de ressources techniques et de relais politiques. On trouve aussi parfois une tradition de coopération ($C_{3\ \text{Spa}}$ et $C_{6\ \text{Champsec}}$) et la construction d'un consensus entre les usagers ($C_{4\ \text{Louvie}}$). Les ressources d'action s'avèrent indispensable aussi bien lors de l'activation des règles, principalement les politiques publiques, que lors de la confrontation.

Le temps est une ressource d'action particulière que les usagers mobilisent dans leur stratégie. Outre le temps à investir dans l'activation des règles, la maîtrise de la temporalité permet à l'usager d'accélérer ou de ralentir la résolution en fonction de ses propres objectifs et contraintes. D'abord, la dotation en temps influence les positions et le pouvoir de négociation de chacun. Celui qui a le temps cherche à maximiser ses intérêts, alors que celui qui n'en a pas tente de précipiter la décision. Ensuite, la temporalité de la décision peut dépendre des objectifs de l'usager ou bien de la règle. Dans le premier cas, l'usager peut avoir intérêt à accélérer le règlement de la rivalité (par ex. Maret est pris dans la course à l'obtention des concessions sur la Dranse avec EOS dans $C_{4\ \text{Louvie}}$) ou, au contraire, à le ralentir (par ex. la Ville de Verviers opte pour l'immobilisme et épuise les voies de recours dans les procès qui lui sont intentés dans $C_{1\ \text{Verviers}}$). Son action modifie la temporalité de la résolution. Dans le second cas, c'est la règle qui module la temporalité de la résolution, soit qu'elle l'accélère (par ex. la loi sur les forces hydrauliques impose la levée de toutes les oppositions avant qu'un projet ne soit accepté dans $C_{5\ \text{Mauvoisin,}}$), soit, au contraire, qu'elle la ralentisse (par ex. la décision du Département de l'énergie d'autoriser la poursuite de l'exploitation de la centrale de Champsec dans des conditions inchangées tant qu'un accord n'est pas trouvé dans $C_{6\ \text{Champsec}}$). Le jeu sur les règles peut également faire l'objet d'anticipations de la part des usagers, et venir renforcer leur position de négociation (par ex. le WWF propose de négocier sur la base de la LEaux, non encore adoptée, tout en menaçant de faire traîner les choses jusqu'à l'adoption formelle de celle-ci dans $C_{6\ \text{Champsec,}}$). Ainsi, le temps joue sur le type d'arrangement local adopté et contribue à l'arbitrage entre différentes alternatives dans la résolution.

Parmi les différents usagers et acteurs, nous pouvons désormais nous demander qui a du pouvoir et sur quoi repose ce pouvoir. Le pouvoir est la capacité à contraindre autrui à faire quelque chose qu'il n'aurait pas fait sans votre injonction (Weber, [1956] 1995 ; Dahl, 1961). Le propriétaire formel n'est pas un acteur puissant dans la mesure où ses droits sur la ressource sont concédés. En revanche, l'appropriateur reste un acteur fort, en particulier lorsqu'il est un producteur (par ex. Spa monopole dans $C_{3\ \mathrm{Spa}}$ ou les FMM dans $C_{5\ \mathrm{Mauvoisin}}$). Ensuite, les usagers non propriétaires peuvent acquérir du pouvoir dans la mesure où ils s'organisent (par ex. sous forme d'associations environnementales) et que leur action est appuyée par des règles procédurales favorables qui leur permettent de s'opposer à un projet ou de recourir contre une décision administrative (par ex. le WWF dans $C_{5\ \mathrm{Mauvoisin}}$ et $C_{6\ \mathrm{Champsec}}$). En revanche, les autorités publiques sont des acteurs relativement faibles qui tendent à se ranger derrière les intérêts économiques des producteurs (par ex. la Ville de Verviers défend les intérêts de l'industrie, le Département de l'énergie du Valais ceux des hydroélectriciens et la DGRNE ceux de Spa monopole) ou bien qui se déchargent de leurs responsabilités sur les opérateurs (par ex. les Communes de Spa et de Bagnes dans $C_{3\ \mathrm{Spa}}$ et $C_{6\ \mathrm{Champsec}}$).

Il s'agit de voir à présent sur quoi repose ce pouvoir et sous quelles conditions il s'exerce. Pour les producteurs, ce pouvoir se base sur l'argent. Ceux-ci acquièrent la propriété de la ressource, versent des dividendes et des impôts aux autorités publiques et peuvent pousser à une mise en œuvre effective des politiques publiques dans la mesure où celles-ci servent leurs intérêts. De leur côté, les autorités publiques pâtissent d'une inertie importante et de compétences techniques limitées. Il leur est difficile de faire la part entre la défense des intérêts des entreprises et celle de l'intérêt général (par ex. pour limiter les coûts subis par les riverains pour la protection des aquifères dans $C_{3\ \mathrm{Spa}}$). De plus, les producteurs exercent une pression importante sur celles-ci dans la mesure où ils s'acquittent de redevances et d'impôts et sont des pourvoyeurs d'emplois. Enfin, les associations environnementales peuvent asseoir leur pouvoir, de façon plus relative, au moyen d'une combinaison faite de règles procédurales activées, de compétences techniques et d'obstination. Les acteurs forts des résolutions de rivalités relatives à la gestion des ressources naturelles sont donc les entreprises, des producteurs qui s'approprient la ressource, et, dans une moindre mesure, les associations environnementales.

Quant à savoir si ce sont les règles ou les ressources d'action qui priment dans l'établissement du pouvoir d'un usager, il semble que les règles demeurent importantes. Bien sûr, si l'usager bénéficie de règles sans posséder de ressources d'action, il n'aboutira à rien. Il est toutefois possible pour lui de se constituer des ressources d'action en s'organisant (par ex. le Groupe Action Eau). Aucun acteur n'est jamais totalement dépourvu de ressources. À l'inverse, un usager qui n'est reconnu par aucune règle et qui dispose de ressources d'action importantes se trouve dans une situation non moins facile. Il devra exercer des pressions sur les autorités publiques pour obtenir une règle (au sein d'une politique publique) qui défende ou reconnaisse la légitimité de son usage, sans garantie de succès. L'alternative consistera pour lui à acheter les droits de propriété de tous les usagers rivaux pour supprimer toute rivalité. L'une comme l'autre solution sont coûteuses et incertaines. Ainsi, les règles tendent à réduire les asymétries entre les acteurs, même lorsque les dotations en ressources sont inégales. La possession de ressources d'action illimitées ne suffit pas pour asseoir son pouvoir, dans la mesure où les règles confèrent toujours une capacité d'action aux acteurs plus modestes.

Conclusion

Les usagers sont de puissants acteurs d'intégration de la gestion de l'eau. Loin de camper sur la défense de leur usage, ils entrent régulièrement dans des processus de résolution de rivalités et négocient avec leurs rivaux afin de dégager des compromis qui rendent compatibles des usages auparavant concurrents. Néanmoins, ces ajustements entre usagers nécessitent un encadrement régulatif important qui vient en support du processus et qui l'oriente. Celui-ci rend possibles des adaptations sans violence propres à assimiler de nouveaux usages et à favoriser une intégration de la gestion de l'eau.

L'objectif de ce travail consistait à montrer comment les usagers résolvent leurs rivalités d'usages. Il s'agissait de voir quel comportement un usager adopte pour défendre son usage face à un usager rival et quelle est la contribution des règles qui régissent la gestion des ressources naturelles, particulièrement les droits de propriété et les politiques publiques, à la résolution de ces rivalités. L'hypothèse de base reposait sur l'idée que les usagers activent des règles pour parvenir à un arrangement local. L'arrangement local est le concept central du modèle d'analyse que nous avons développé. Il se définit comme la somme des décisions et des actions qui mettent fin à la rivalité. Il est le produit d'une confrontation de règles activées par les usagers et qui résout la rivalité. Il s'agissait de voir dans quelles conditions les usagers parviennent à un arrangement local et si cet arrangement satisfait l'ensemble des usagers concernés.

Nombreux sont les enseignements théoriques et empiriques qui peuvent être tirés de cette recherche. En premier lieu, les résultats obtenus appellent un changement de perspective par rapport à une analyse des politiques publiques environnementales plus classique, axée sur les processus d'élaboration, de décision et de mise en œuvre des programmes d'action gouvernementaux. Contrairement au postulat interventionniste et stato-centré qui domine l'analyse des règlements de conflits environnementaux, nous avons montré que, loin d'attendre passivement une intervention de l'État, les usagers tentent de résoudre les rivalités d'eux-mêmes. Cette résolution ne réclame pas l'adoption d'une politique publique nouvelle et spécifique, ni même une intervention directe de l'État. Néanmoins, toute revendication d'un usager engagé dans une rivalité d'usages s'appuie sur le droit. Il n'est pas observé de comportement violent, d'intimidation ou d'appropriation sauvage. La confrontation entre les usagers est institutionnalisée. Ceci rend l'observation des règles (activées) essentielle à la compréhension du jeu des acteurs dans les résolutions de rivalités d'usages. Cette forme de résolution basée sur l'activation de règles repose cependant sur une garantie étatique forte du respect des règles existantes. Ainsi, la vie des politiques publiques s'étend bien au-delà de leur mise en œuvre. Les usagers désignés comme groupes cibles ou bénéficiaires finaux investissent ces politiques et se les réapproprient pour faire valoir leur usage et légitimer leurs revendications.

Également, l'analyse des politiques publiques environnementales ne peut plus écarter les droits de propriété de son approche. Une analyse minutieuse des droits de propriété activés est au moins aussi importante qu'une analyse des politiques publiques. Ce constat vient confirmer ce que l'analyse des régimes institutionnels de ressources avait déjà montré au niveau plus formel du cadre institutionnel et régulatif de la gestion des ressources naturelles. Notre analyse empirique des interactions entre usagers de l'eau au niveau local prouve que les droits de propriété sont fréquemment utilisés dans les rivalités d'usages et qu'ils structurent les modalités de gestion des ressources naturelles. Les droits de propriété sont toujours invoqués en premier par les usagers, si tant est que ceux-ci possèdent un titre de propriété sur la ressource. Il ne faut toutefois pas circonscrire l'analyse aux règles applicables à la seule ressource dès lors qu'il existe, dans le cas de la gestion de l'eau, de nombreux droits de propriété qui ne portent pas directement sur la ressource eau, mais qui n'en influencent pas moins les résolutions de rivalités (par ex. la gestion forestière dans $C_{3\ Spa}$). À cela s'ajoute l'utilité d'observer, sur le terrain, les interactions entre usagers situés à la base de la gestion des ressources naturelles (*grassroot stakeholders*) pour bien comprendre quels sont les enjeux d'une gestion intégrée (Lubell, 2004).

Les usagers ne se trouvent pas dans une situation égale par rapport à l'activation des règles. L'activation d'un type de règles ou d'un autre engendre des différences en termes de pouvoir et de capacité d'action. Les propriétaires sont clairement privilégiés par rapport aux usagers non propriétaires et simples bénéficiaires finaux de politiques publiques. En effet, il est plus difficile d'activer une politique publique qu'un droit de propriété. Un usager qui active une politique publique doit d'abord faire reconnaître sa légitimité en tant que bénéficiaire final. Cette reconnaissance passe par un acte administratif ou une décision de justice (par ex. la recevabilité d'une plainte). En outre, une fois activée, la politique publique produit tous ses effets. Une activation de droit de propriété ne nécessite pas, pour sa part, d'action en reconnaissance ; porter ce droit à la connaissance de l'usager rival suffit. Cette inégalité entre les usagers pourrait être valablement compensée par toute une série de soutiens apportés aux non propriétaires. Dans la mesure où une partie des résolutions de rivalités repose sur l'invocation d'une menace crédible à l'égard d'un propriétaire, il convient, d'une part, d'encourager les autorités judiciaires à donner une meilleure suite aux plaintes déposées pour cause d'atteinte à l'environnement et, d'autre part, d'accroître l'éventail des règles procédurales, particulièrement en Belgique (par ex. les procédures d'opposition à des projets d'infrastructure ou le droit de recours des associations environnementales). Ceci devrait s'accompagner d'un élargissement du cercle des acteurs reconnus comme ayant un intérêt à agir dans les conflits d'usages, tout en limitant les recours à des démarches fondées sur des règles matérielles. La capacité d'action des usagers non propriétaires peut encore être accrue au moyen d'une mise à disposition de l'information légale les concernant (par ex. un service de conseil ou un site web) et de la mise en place de procédures de reconnaissance des bénéficiaires finaux peu coûteuses (par ex. la reconnaissance judiciaire de l'intérêt à agir ou un certificat de reconnaissance administrative des bénéficiaires finaux). Il importe que les bénéficiaires finaux d'une politique publique puissent faire valoir cette politique à leur profit sans rencontrer d'obstacles au cours de l'activation.

En second lieu, ce travail contribue à déplacer le regard que la science politique porte traditionnellement sur les conflits de l'eau. En effet, celle-ci se concentre exclusivement sur les conflits qui apparaissent entre les États (c'est-à-dire au niveau interétatique ou régional) (Homer-Dixon, 1994 ; Homer-Dixon, 2001 ; Baechler, Spillmann et Suliman, 2002), alors que c'est au niveau local que les conflits et rivalités d'usages de l'eau ont proliféré, non seulement en Belgique et en Suisse, mais dans le monde entier. Les résultats empiriques de cette recherche montrent qu'au niveau domestique, du moins dans les pays industrialisés où les règles sont effectivement garanties par l'État, les rivalités sur l'eau ne tournent pas automatiquement au conflit. Au contraire, la négociation reste la forme principale de confrontation entre usagers rivaux, même si elle se déroule sous la menace de poursuites judiciaires (« à l'ombre de la loi », selon Scharpf). Face à l'incertitude liée à l'issue de la décision judiciaire ou aux contraintes auxquelles ils doivent faire face, les usagers préfèrent conserver en partie la maîtrise de la résolution par la voie de la négociation et de la recherche du compromis. Un déplacement de perspective vers la sphère locale (par ex. au niveau du sous-bassin versant) contribue à la compréhension des relations causales entre la rareté de la ressource, le développement des conflits et les modes de résolution de ces conflits.

En troisième lieu, ce travail apporte une contribution à la transposition de la théorie des communaux à des cas situés dans des pays industrialisés et dans lesquels les usagers sont hétérogènes et agissent à l'intérieur d'un cadre institutionnel complexe (Ostrom, 1990). Contrairement au schéma de règlement des rivalités proposé par Elinor Ostrom, les usagers n'ont pas nécessairement besoin de mettre en place des institutions procédurales (par ex. un forum d'usagers ou un organe de décision collective) comme préalable au règlement de la rivalité. Les règles existantes et la garantie de l'État constituent une architecture suffisamment robuste qui leur évite de devoir bâtir une relation de confiance avant de sceller un arrangement local. En dépit de cela, il n'en demeure pas moins vrai que, dans la plupart des cas, les usagers discutent et négocient entre eux pour parvenir à cet arrangement. L'importance des règles est également soulignée, en dehors de tout déterminisme structurel. Les règles, une fois activées ne conditionnent pas tout le jeu des acteurs. Elles délimitent un champ d'opportunités et d'actions. Les usagers impliqués dans une rivalité d'usages développent une stratégie dont l'activation constitue seulement le premier élément et qui les investit d'une capacité de confrontation avec leur rival. À cet égard, le concept de la règle en usage (*rule-in-use*) se révèle essentiel à la compréhension des interactions entre acteurs au sein de la sphère sociale (Ostrom, 1990). Il est bien difficile d'analyser un conflit d'usages sans s'intéresser aux règles en usage.

Quant à la portée des arrangements locaux, en particulier sur la durabilité de la ressource, force est de constater que cet impact demeure limité, bien qu'il ne soit jamais négatif dans les cas retenus. Sur le plan écologique, soit l'arrangement ne produit pas de pression sur la ressource, soit sa contribution à l'amélioration de la ressource reste très relative. Sur les plans économiques et sociaux, cet impact est le plus souvent inexistant, bien que ses effets sur les tiers puissent être bénéfiques. Si les arrangements locaux ont peu d'impact sur la durabilité de la ressource à l'échelle du bassin, ils ont tout de même des effets significatifs sur la satisfaction d'usagers particuliers à l'intérieur des bassins, notamment les acteurs des rivalités. De surcroît, les arrangements contribuent à affirmer de « nouveaux » usages, en croissance dans les bassins ; la protection écologique et la consommation d'eau potable en sont l'illustration. Ce bilan tempéré ne permet pas d'établir de relation entre la conclusion d'arrangements locaux et l'amélioration de l'état de la ressource. Il ne doit pas non plus dissimuler nombre de cas à travers le monde où un consensus entre les usagers, voire un consensus social, s'est fait jour pour que la ressource soit partagée et surexploitée, au profit d'intérêts à court terme pour les uns et les autres, sans souci ni pour les personnes qui doivent subir au quotidien les conséquences de la dégradation des écosystèmes, ni pour les générations futures qui devront à leur tour gérer de lourds héritages.

Un élargissement de cette étude à des contextes différents de ceux rencontrés dans les études de cas belges et suisses, d'une part à des situations extrêmes ou conflictuelles (par ex. des situations de stress hydrique, la répartition des usages et l'exclusion autour des grands barrages, la lutte contre les inondations, etc.) et, d'autre part, à des pays en développement où la tradition du droit coutumier est importante et les spoliations nombreuses, offrirait une mise en perspective intéressante. Ceci devrait nous amener à substituer à l'approche par ressource, aux fondements utilitaristes, le paradigme de durabilité éco-sociale qui fait du maintien des écosystèmes le référent principal de la distribution des usages, une distribution hiérarchisée en fonction l'utilité sociale de ceux-ci (Fondation pour une nouvelle culture de l'eau, 2005) [1].

L'objectif de ce travail consistait à comprendre comment les usagers résolvent leurs rivalités et, plus précisément à apprécier la place des règles dans les mécanismes de résolution de rivalités. Il conviendrait désormais d'aller plus loin, de ne plus simplement s'intéresser à des relations causales entre des états, c'est-à-dire entre la règle activée, la confrontation et le résultat, mais d'expliciter les jeux stratégiques des acteurs. Il s'agirait, à cette fin, de retracer dans les détails le processus qui conduit à la résolution des rivalités, notamment le déroulement des négociations, les temps de l'activation et les attitudes stratégiques autour de l'activation par rapport à l'adversaire. Il s'agirait également de mieux comprendre les motivations d'un propriétaire à négocier et à supporter les coûts d'un arrangement à l'issue d'un compromis. Une telle approche devrait dépasser l'analyse des règles formelles pour se concentrer sur les interactions entre les usagers, notamment les manipulations de règles et les jeux de pouvoir qui s'organisent entre eux autour de l'accès à la ressource (Swyngedouw, 2004). Avant de nous engager sur cette voie, nous pouvons déjà affirmer à notre tour combien le conflit, la confrontation et la rivalité, sont des catalyseurs du changement. Dans les rivalités d'usages observées, il a fallu qu'apparaisse une rivalité forte, marquée par la volonté de l'une des parties de résoudre la rivalité et de se confronter au rival, pour que le changement se produise, avec des effets qui se sont étendus parfois bien au-delà du seul périmètre de la rivalité. Ce sont les usagers eux-mêmes qui deviennent alors les acteurs de l'intégration dans la gestion de l'eau. Il est rassurant de voir que ceux-ci n'attendent pas les injonctions de l'État pour s'organiser.

---

[1] C'est-à-dire, en fonction de la ressource disponible au-dessous du seuil de renouvelabilité, d'abord aux besoins vitaux nécessaires à la survie des populations, puis aux usages d'intérêt général (approvisionnement en eau potable et production d'énergie) et, en dernier lieu, aux usages productifs et privatifs (qui représentent 50 % des prélèvements d'eau à ce jour). Selon ce paradigme, les usages économiques de l'eau ne pourraient être assurés, promus ou développés que dans la mesure où les deux premières catégories d'usages sont assurées.

Bibliographie

Aubin, D., P. Cornut et F. Varone (2004), « Resource ownership in drinking water production. Comparing public and private operators' strategies in Belgium », in K. Jacob, M. Binder et A. Wieczorek (dir.), *Governance for industrial transformation. Proceedings of the 2003 Berlin Conference on the Human Dimensions of Global Environmental Change*, FFU-Reports, n° 03-2004, Berlin, Freie Universität, pp. 257-276.

Aubin, D., et F. Varone (2001), « La gestion de l'eau en Belgique. Analyse historique des régimes institutionnels (1804-2001) », in *Courrier du CRISP*, n° 1731-1732, 75 pp.

Aubin, D., et F. Varone (2002), *Case study 2 : Dender river basin. The river basin approach in Flanders. Final report of the EUWARENESS project*, Enschede, University of Twente-CSTM, 29 pp.

Aubin, D., et F. Varone (2004), « Diverging regimes in a recently federalised state. The Vesdre and the Dender in Belgium », in H. Bressers et S. Kuks (dir.), *Integrated governance and water basin management. Conditions for regime change and sustainability*, Dordrecht, Kluwer, pp. 99-129.

Bachrach, P., et M. Baratz (1963), « Decisions and nondecisions : An analytical framework », in *American Political Science Review*, vol. 57, pp. 632-642.

Bachrach, P., et M. Baratz (1970), *Power and poverty : Theory and practice*, New York, Oxford University Press, 220 pp.

Baechler, G., K. Spillmann et M. Suliman (dir.) (2002), *Transformation of resource conflicts : Approach and instruments*, Bern, Peter Lang, 558 pp.

Barbière, J., C. Desama, F. Joris *et. al.* (1994), *Un jour un siècle. La mémoire de Verviers au quotidien*, Verviers, La presse verviétoise, 263 pp.

Barham, E. (2001), « Ecological boundaries as community boundaries : The politics of watersheds », in *Society and Natural Resources*, vol. 14, pp. 181-191.

Bérard, C. [1967] (2002), *Bataille pour l'eau. 500 ans d'une lutte sans trêve ni merci*, Sierre, Éditions à la Carte, 254 pp.

Bongrand, P., et P. Laborier (2005), « L'entretien dans l'analyse des politiques publiques : un impensé méthodologique ? », in *Revue française de science politique*, vol. 55, n° 1, pp. 73-112.

Boudon, R. (dir.) (1992), *Traité de sociologie*, Paris, PUF, 575 pp.

Bourdieu, P. (1986a), « La force du droit. Éléments pour une sociologie du champ juridique », in *Actes de la recherche en sciences sociales*, n° 64, pp. 3-19.

Bourdieu, P. (1986b), « Habitus, code et codification », in *Actes de la recherche en sciences sociales*, n° 64, pp. 40-44.

Bourque, R., et C. Thuderoz (2002), *Sociologie de la négociation*, Paris, La Découverte, 122 pp.

Bressers, H., et S. Kuks (dir.) (2004), *Integrated governance and water basin management. Conditions for regime change towards sustainability*, Dordrecht, Kluwer, 265 pp.

Bromley, D. (1991), *Environment and economy. Property rights and public policy*, Oxford/Cambridge, Blackwell, 247 pp.

Bromley, D. (1992), « The commons, common property, and environmental pollution », in *Environmental and Resource Economics*, vol. 2, pp. 1-17.

Bromley, D. (1999), *Sustaining development and environmental resources in developing countries*, Cheltenham/Northampton, Edward Elgar, 288 pp.

Brousseau, É. (1993), *L'économie des contrats. Technologies de l'information et coordination interentreprises*, Paris, PUF, 252 pp.

Bussmann, W., U. Kloeti et P. Knoepfel (1998), *Politiques publiques : évaluation*, Paris, Economica, 327 pp.

Büthe, T. (2002), « Taking temporality seriously : Modeling history and the use of narratives as evidence », in *American Political Science Review*, vol. 96, n° 3, pp. 481-493.

Castel, R. (1995), *Les métamorphoses de la question sociale. Une chronique du salariat*, Paris, Fayard, 490 pp.

Centre belge d'étude et de documentation sur l'eau (CEBEDEAU) (1962), *Recherche des teneurs en plomb dans les eaux distribuées dans le réseau de Verviers*, rapports, Ville de Verviers, Étude des eaux, 5 vol.

Centre tricontinental (dir.) (2001), *Alternatives Sud. L'eau, patrimoine commun de l'humanité*, cahiers trimestriels, vol. VIII (4), Paris, L'Harmattan, 307 pp.

Coase, R. (1960), « The problem of social cost », in *Journal of Law & Economics*, vol. 3, n° 1, pp. 1-44.

Commissariat royal aux problèmes de l'eau (CRPE) (1966-1967), *Le problème de l'eau*, rapport, Bruxelles, Services du Premier Ministre, 3 vol.

Commission mondiale sur l'environnement et le développement (CMED) (1988), *Notre avenir à tous*, Rapport Brundtland, Montréal, Éditions du Fleuve, 398 pp.

Communautés européennes (2000), « Directive établissant un cadre pour une politique communautaire dans le domaine de l'eau », n° 2000/60/CE, *J.O.C.E.*, L 327/1, 22 décembre 2000.

Commune de Bagnes (1985), *Albert Maret : un homme, une âme, une œuvre*, Bagnes, Commune de Bagnes, 136 pp.

Crête, J., et L. Imbeau (1996), *Comprendre et communiquer la science*, 2e éd., Bruxelles, De Boeck, 200 pp.

CURAPP (2000), *Les méthodes au concret*, Paris, PUF, 326 pp.

Dahl, R. (1961), *Who governs ?* New Haven/London, Yale University Press.

Dawes, R. (1973), « The commons dilemma game : An N-person mixed-motive game with a dominating strategy for defection », in *ORI Research Bulletin*, n° 13, pp. 1-12.

De Graeve, J., P. Jamin et D. Rondia (1975), « Plombémie d'une population adulte de l'est de la Belgique », in *Revue d'épidémiologie, de médecine sociale et de santé publique*, vol. 23, n° 2, pp. 131-152.

Delforge, P. (1985), *Le problème de l'eau à Verviers au XIXe siècle*, mémoire de fin d'études, Faculté de philosophie et lettres, Liège, Université de Liège, 234 pp. (non publié).

Deligne, C. (2003), *Bruxelles et sa rivière. Genèse d'un territoire urbain (12e-18e siècle)*, Turnhout, Brepols, 272 pp.

Dente, B. (1995), « Introduction : The globalization of environmental policy and the search for new instruments », in B. Dente (dir.), *Environmental policy in search of new instruments*, Dordrecht, Kluwer, pp. 1-20.

Dente, B., P. Fareri et J. Ligteringen (1998), « A theoretical framework for case study analysis », in B. Dente, P. Fareri et J. Ligteringen (dir.), *The waste and the backyard. The creation of waste facilities : Success stories in six European countries*, Dordrecht, Kluwer, pp. 197-223.

Devlin, R., et Q. Grafton (1998), *Economic rights and environmental wrongs : Property rights for the common good*, Cheltenham/Northampton, Edward Elgar, 189 pp.

Dimitrov, R. (2002), « Water, conflict, and security : A conceptual minefield », in *Society and Natural Resources*, vol. 15, pp. 677-691.

Dogan, M., et D. Pélassy (1982), *Sociologie politique comparative : problèmes et perspectives*, Paris, Economica, 218 pp.

Durkheim, É. [1894] (1988), *Les règles de la méthode sociologique*, Paris, Flammarion, 254 pp.

Dziedzicki, J.-M. (2001), *Gestion des conflits d'aménagement de l'espace : quelle place pour les processus de médiation ?*, thèse de doctorat, Centre d'études supérieures d'aménagement, Tours, Université François Rabelais, 443 pp. (non publiée).

Endres, A., et I. Querner (1993), *Die ökonomie natürlicher ressourcen : Eine einführung*, Darmstadt, Wissenschaftliche Buchgesellschaft.

Entreprise régionale de production et d'adduction d'eau (ERPE) (1990), *L'entreprise régionale de production et d'adduction d'eau. Plan W*, Namur, MRW, 28 pp.

Filot, O. (2004), *Les usages de la forêt wallonne et la régulation des conflits selon le statut soumis ou non soumis au régime forestier*, mémoire de fin d'études, Département des sciences politiques et sociales, Louvain-la-Neuve, Université catholique de Louvain, 160 pp. (non publié).

Filot, O. (2005), « L'usage de la forêt wallonne », in *Courrier du CRISP*, n° 1892, 54 pp.

Fisher, R., W. Ury et B. Patton (1983), *Getting to yes. Negotiating agreement without giving in*, New York, Penguin Books, 161 pp.

Flückiger, A., C.-A. Morand et T. Tanquerel (2000), *Évaluation du droit de recours des organisations de protection de l'environnement*, Cahier de l'environnement, n° 314, Berne, OFEFP, 300 pp.

Fondation pour une nouvelle culture de l'eau (2005), *Déclaration européenne pour une nouvelle culture de l'eau*, 18 février, 35 pp.

Freund, J. (1983), *Sociologie du conflit*, Paris, PUF, 380 pp.

Furubotn, E., et R. Richter (dir.) (1991), *The new institutional economics. A collection of articles from the Journal of Institutional and Theoretical Economics (JITE)*, Tübingen, Mohr, 376 pp.

Gibson, C., E. Ostrom et T. Ahn (2000), « The concept of scale and the human dimensions of global change : A survey », in *Ecological Economics*, vol. 32, pp. 217-239.

Girard, N., et P. Knoepfel (1996), *Cleuson-Dixence : tout est bien qui finit bien ?*, Étude de cas de l'IDHEAP, n° 8/1996, 170 pp.

Gonda, C. (1981), *Les problèmes de l'eau dans la région verviétoise*, mémoire de fin d'études, Faculté des Sciences, Liège, Université de Liège, 127 pp. (non publié).

Grant, W., A. Perl et P. Knoepfel (dir.) (1999), *The politics of improving urban air quality*, Cheltenham, Edward Elgar, 186 pp.

Grimble, R., et K. Wellard (1997), « Stakeholder methodologies in natural resource management : a review of principles, contexts experiences and opportunities », in *Agricultural Systems*, vol. 55, n° 2, pp. 173-193.

Guex, A. (1971), *Le demi-siècle de Maurice Troillet. Essai sur l'aventure d'une génération 1913-1970*, Martigny, Imprimerie Pillet, 3 vol.

Hall, P., et R. Taylor (1996), « Political science and the three new institutionalisms », in *Political Studies*, vol. 44, n° 5, pp. 936-957.

Hardin, G. (1968), « The tragedy of the commons », in *Science*, vol. 162, pp. 1243-1248.

Hassenteufel, P. (2000), « Deux ou trois choses que je sais d'elles. Remarques à propos d'expériences de comparaisons européennes », in CURAPP, *Les méthodes au concret*, Paris, PUF, pp. 105-124.

Holzinger, K. (2001), « Negotiations in public-policy making : Exogenous barriers to successful dispute resolution », in *Journal of Public Policy*, vol. 21, n° 1, pp. 71-96.

Homer-Dixon, T. (1994), « Environmental scarcities and violent conflict : Evidence from cases », in *International Security*, vol. 19, pp. 5-40.

Homer-Dixon, T. (2001), *Environment, scarcity, and violence*, Princeton, Princeton University Press, 272 pp.

Howlett, M. (2002), « Policy instruments and implementation styles : The evolution of instrument choice in Canadian environmental policy », in D. Van

Nijnatten et R. Boardman (dir.), *Canadian environmental policy : Context and cases*, Don Mills, Oxford University Press, pp. 25-45.

Inserguet-Brisset, V. (1994), *Propriété publique et environnement*, Paris, L.G.D.J., 310 pp.

Jadot, B. (1996), « 'L'environnement n'appartient à personne et l'usage qui en est fait est commun à tous. Des lois de police règlent la manière d'en jouir' », in F. Ost et S. Gutwirth (dir.), *Quel avenir pour le droit de l'environnement ?*, Bruxelles, Publications des Facultés universitaires Saint-Louis/VUB Press, pp. 93-144.

Jaenicke, M., et H. Weidner (dir.) (1997), *National environmental policies. A comparative study of capacity building*, Berlin, Springer, 320 pp.

Kissling-Naef, I., et S. Kuks (dir.) (2004), *The evolution of national water regimes in Europe. Transitions in water rights and water policies*, Dordrecht, Kluwer, 368 pp.

Kissling-Naef, I., et F. Varone (2000), « Historical analysis of institutional resource regimes in Switzerland. A comparison of the cases of forest, water, soil, air and landscape », communication présentée à la *8th Biennal Conference of the International Association for the Study of Common Property*, Bloomington, Avril.

Knoepfel, P. (dir.) (1995), *Solution des conflits environnementaux par la négociation. Exemples suisses et étrangers*, Genève/Bâle/Munich, Helbing & Lichtenhahn, 323 pp.

Knoepfel, P., I. Kissling-Naef et F. Varone (dir.) (2001), *Régimes institutionnels de ressources naturelles : analyse comparée du sol, de l'eau et de la forêt*, Genève/Bâle/Munich, Helbing & Lichtenhahn, 258 pp.

Knoepfel, P., I. Kissling-Naef et F. Varone (dir.) (2003), *Régimes institutionnels de ressources naturelles en action*, Genève/Bâle/Munich, Helbing & Lichtenhahn, 356 pp.

Knoepfel, P., C. Larrue et F. Varone (2001), *Analyse et pilotage des politiques publiques*, Genève/Bâle/Munich, Helbing & Lichtenhahn, 397 pp.

Landman, T. (2000), *Issues and methods in comparative politics. An introduction*, London, Routledge, 251 pp.

Larrue, C., et C. Vlassopoulou (1999), « Changing definitions and networks in clean air policies in France », in W. Grant, A. Perl et P. Knoepfel (dir.), *The politics of improving urban air quality*, Cheltenham, Edward Elgar, pp. 93-106.

Lascoumes, P. (1994), *L'éco-pouvoir : environnements et politiques*, Paris, La Découverte, 317 pp.

Lasswell, H. (1951), « The Policy Orientation », in D. Lerner et H. Lasswell (dir.), *The policy sciences. Recent developments in scope and methods*, Stanford, Stanford University Press, pp. 3-15.

Leimbacher, J., et T. Perler (2000), *Juristisches screening*, working paper de l'IDHEAP, n° 9/2000, Chavannes-près-Renens, IDHEAP, 409 pp.

Libecap, G. (1989), *Contracting for property rights*. Cambridge, Cambridge University Press, 132 pp.

Lowi, T. (1964), « American business, public policy, case studies and political theory », in *World Politics*, vol. 16, pp. 677-715.

Lowi, T. (1970), « Decision making vs. policy making : Toward an antidote for technocracy », in *Public Administration Review*, vol. 30, pp. 314-325.

Lowi, T. (1972), « Four systems of policy, politics and choice », in *Public Administration Review*, vol. 32, pp. 298-310.

Lowndes, V. (1996), « Varieties of new institutionalism : A critical appraisal », in *Public Administration*, vol. 74, pp. 181-197.

Lubell, M. (2004), « Collaborative watershed management : A view from the grassroots », in *Policy Studies Journal*, vol. 32, n° 3, pp. 341-361.

March, J., et J. Olsen (1989), *Rediscovering institutions. The organisational basis of politics*, New York, Free Press, 227 pp.

March, J., et H. Simon [1958] (1974), *Les organisations*, Paris, Dunot, 253 pp.

Mauch, C., et E. Reynard (2004), « The evolution of the water regime in Switzerland », in I. Kissling-Naef et S. Kuks (dir.), *The evolution of national water regimes in Europe. Transitions in water rights and water policies*, Dordrecht, Kluwer, pp. 293-328.

Mayntz, R., et F. Scharpf (2001), « L'institutionnalisme centré sur les acteurs », in *Politix*, vol. 14, n° 55, pp. 95-123.

Mény, Y., et J.-C. Thoenig (1989), *Politiques publiques*, Paris, PUF, 391 pp.

Ministère de la Région wallonne (MRW) (1992), *Station de traitement des eaux de la Gileppe*, Namur, MRW, 24 pp.

Ministère de la Région wallonne (MRW) (1999), *Projet de plan de gestion des eaux de surface du bassin de la Vesdre*, rapport, Namur, MRW, 3 vol. (non publié), 579 pp.

Ministère de la Région wallonne (MRW) (2005), *État des lieux des sous-bassins géographiques. Tome I : État des lieux. Sous-bassin de la Vesdre. Description générale des caractéristiques du sous-bassin*, rapport, Namur, MRW, 48 pp.

Moore, C. (1987), *The mediation process : practical strategies for resolving conflict*, San Francisco, Jossey Bass, 340 pp.

Nahrath, S. (2000), « 'Governing wildlife resources ?' L'organisation de la chasse en Suisse comme exemple de régimes institutionnels », in *Revue suisse de science politique*, vol. 6, n° 1, pp. 123-158.

Nahrath, S. (2003), *La mise en place du régime institutionnel de l'aménagement du territoire en Suisse entre 1960 et 1990*, thèse de doctorat, Lausanne, Institut des hautes études en administration publique (non publiée).

Nivelle, J.-L., A. Monjoie, O. Cajot, F. Malaisse, J. Stein et J. Valière (1990), « Pour une gestion patrimoniale de la nature dans l'espace rural wallon. L'exemple du sud de Spa », in DGRNE (dir.), *Actes du colloque : Gérer la nature ? Anseremme, 17-20 octobre 1989*, Namur, MRW, pp. 265-308.

North, D. (1990), *Institutions, institutional change and economic performance*, Cambridge, Cambridge University Press, 152 pp.

Olson, M. [1965] (1978), *Logique de l'action collective* [Logic of Collective Action], Paris, PUF, 199 pp.

Ostrom, E. (1990), *Governing the commons*, Cambridge, Cambridge University Press, 280 pp.

Ostrom, E. (1998), « A behavioral approach to the rational choice theory of collective action », in *American Political Science Review*, vol. 92, pp. 1-22.

Ostrom, E. (1999), « Institutional rational choice. An assessment of the institutional analysis and development framework », in P. Sabatier (dir.), *Theories of the policy process*, Boulder/Oxford, Westview Press, pp. 35-71.

Ostrom, E. (2000), « Reformulating the commons », in *Revue suisse de Science politique*, vol. 6, n° 1, pp. 29-52.

Ostrom, E., R. Gardner et J. Walker (1994), *Rules, games, and common-pool resources*, Ann Arbor, University of Michigan Press, 370 pp.

Passeron, J.-C. (1991), *Le raisonnement sociologique. L'espace non-poppérien du raisonnement naturel*, Paris, Nathan, 408 pp.

Perry, R. (2001), « Perspectives from the districts of water and power : A report on flows », in J. Blatter et H. Ingram (dir.), *Reflections on water : New approaches to transboundary conflicts and cooperation*, Cambridge/London, MIT Press, pp. 297-320.

Petrella, R. (1998), *Le manifeste de l'eau. Pour un contrat mondial*, Bruxelles, Labor, 150 pp.

Pigou, A. [1932] (1950), *The economics of welfare*, 4e éd., London, MacMillan, 876 pp.

Przeworski, A., et H. Teune (1970), *The logic of comparative social enquiry*, New York, Wiley, 166 pp.

Ragin, C. (1987), *The comparative method. Moving beyond qualitative and quantitative strategies*, Berkeley, University of California Press, 183 pp.

Reynard, E. (2002), « Agriculture irriguée et tourisme de randonnée en Valais. Le cas du bisse d'Ayent », in D. Guex et E. Reynard, *L'eau dans tous ses états*, Lausanne, Institut de géographie de l'université de Lausanne, pp. 73-94.

Reynard, E., et C. Mauch (2003), « Les régimes institutionnels de l'eau en Suisse : les cas du Seetal, de la Dranse de Bagnes, de la Maggia et de la Thur », in P. Knoepfel, I. Kissling-Naef et F. Varone (dir.), *Régimes institutionnels de ressources naturelles en action*, Genève/Bâle/Munich, Helbing & Lichtenhahn, pp. 205-296.

Reynard, E., A. Thorens et C. Mauch (2001). « Développement historique des régimes institutionnels de l'eau en Suisse entre 1870 et 2000 », in P. Knoepfel, I. Kissling-Naef et F. Varone (dir.), *Régimes institutionnels de ressources naturelles en action*, Genève/Bâle/Munich, Helbing & Lichtenhahn, pp. 101-139.

Reynaud, J.-D. (1993), *Les règles du jeu. L'action collective et la régulation sociale*, 2e éd., Paris, Armand Colin, 315 pp.

Rossi, P., M. Lipsey et H. Freeman (2004), *Evaluation, a systematic approach*, 7e éd., Newbury Park, Sage, 480 pp.

Sabatier, P., et D. Mazmanian (1980), « The implementation of public policy : A framework of analysis », in *Policy Studies Review Annual*, vol. 4, pp. 181-203.

Sartor, R., et D. Rondia (1980), « Blood lead levels and age : A study in two male urban population not occupationally exposed », in *Archives of environmental health*, vol. 35, n° 2, pp. 110-116.

Sartori, G. (1994), « Bien comparer, mal comparer », in *Revue internationale de politique comparée*, vol. 1, n° 1, pp. 19-36.

Scharpf, F. (1997), *Games real actors play : Actor-centered institutionalism in policy research*, Boulder, Westview Press, 318 pp.

Schlager, E. (1999), « A comparison of frameworks, theories and models of policy processes », in P. Sabatier (dir.), *Theories of the policy process*, Boulder/Oxford, Westview Press, pp. 233-260.

Schneider, A., et H. Ingram (1988), « Systematically pinching ideas. A comparative approach to policy design », in *Journal of Public Policy*, vol. 8, n° 1, pp. 61-80.

Schneider, A., et H. Ingram (1997), *Policy design for democracy*, Lawrence, University Press of Kansas, 214 pp.

Shepsle, K. (1989), « Studying institutions : some lessons from the rational choice approach », in *Journal of Theoretical Politics*, vol. 1, n° 2, pp. 131-147.

Simmel, G. [1908] (1999), *Sociologie. Études sur les formes de la socialisation*, Paris, PUF, 772 pp.

Skocpol, T. (1985), « Bringing the state back in : Strategies of analysis in current research », in P. Evans et D. Rueschemeyer (dir.), *Bringing the state back in*, Cambridge, Cambridge University Press, pp. 3-37.

Sproule-Jones, M. (1982), « Public choice theory and natural resources : Methodological explication and critique », in *American Political Science Review*, vol. 76, pp. 790-804.

Swyngedouw, E. (2004), *Social power and the urbanization of water. Flows of power*, Oxford, Oxford University Press, 209 pp.

Theler, D. (2004), « Revitalisation et assainissement des cours d'eau en Valais. Étude préliminaire dans les bassins versants des trois Dranse », in *Bulletin de l'ARPEA. Journal romand de l'environnement*, n° 220, pp. 8-17.

Tilly, C. (1984), *Big structures, large processes, huge comparisons*, New York, Russel Sage Foundation, 176 pp.

Varone, F. (1998), *Le choix des instruments des politiques publiques : une analyse comparée des politiques d'efficience énergétique du Canada, du Danemark, des États-Unis, de la Suède et de la Suisse*, Bern, Haupt, 370 pp.

Varone, F. (2000), « Le choix des instruments de l'action publique : analyse comparée des politiques énergétiques en Europe et en Amérique du Nord », in *Revue internationale de politique comparée*, vol. 7, n° 1, pp. 167-201.

Varone, F. (2001), « Comparaison des régimes institutionnels du sol, de l'eau et de la forêt », in P. Knoepfel, I. Kissling-Naef et F. Varone (dir.), *Régimes institutionnels de ressources naturelles : analyse comparée du sol, de l'eau et de la forêt*, Genève/Bâle/Munich, Helbing & Lichtenhahn, pp. 183-219.

Varone, F., E. Reynard, I. Kissling-Naef et C. Mauch (2002), « Institutional resource regimes : The case of water management in Switzerland », in *Integrated Assessment*, vol. 3, n° 1, pp. 78-94.

Vigour, C. (2005), *La comparaison dans les sciences sociales : pratiques et méthodes*, Paris, La Découverte, 335 pp.

Weber, M. [1956] (1995), *Économie et société* [Wirtschaft und Gesellschaft], tome 1, Paris, Pocket, 411 pp.

Weidner, H., et M. Jaenicke (dir.) (2002), *Capacity building in national environmental policy. A comparative study of 17 Countries*, Berlin, Springer, 448 pp.

Williamson, O. (1985), *The economic institutions of capitalism*, New York, Free Press, 468 pp.

Wilson, J. [1979] (1986), *American government : Institutions and policies*, 3e éd., Lexington, D. C. Health, 642 pp.

Young, M. (1992), *Sustainable investment and resource use : Equity, environmental integrity and economic efficiency*, Paris, UNESCO, 176 pp.

Annexes

Annexe 1 : Liste des personnes interrogées

Personnes interrogées dans le bassin de la Vesdre :

- M. Jean-Paul Adam, vice-président du Groupement des industries et entreprises du bassin de la Meuse et responsable environnement chez SCA Hygiene Products, Liège et Stembert, les 3 janvier 2001 et 23 mai 2001.
- M. Paul Bachelet, secrétaire de l'association *Vesdre Vive*, Trooz, le 6 mars 2001.
- M. Hubert Brépoels, animateur du Groupe action eau, Heusy-Verviers, les 1er mars 2001 et 2 décembre 2004.
- M. Xavier Ciechanowski, directeur de la Chambre de commerce et d'industrie de Verviers, entretien téléphonique, le 23 février 2005.
- M. Claude Defosse, conseiller en hydrogéologie, Spa Monopole, Spa, le 9 mars 2001.
- Mme Delhez, membre du Groupe action eau, Heusy-Verviers, le 1er mars 2001.
- M. Luc Esch, chef de la sécurité, commune de Chaudfontaine et directeur l'Association des communes du bassin de la Vesdre, Embourg-Chaudfontaine, les 6 mars 2001 et 18 novembre 2004.
- M. Paul Hannesse, échevin des Travaux et de l'Environnement, Ville de Spa, Spa, le 15 février 2005.
- M. Didier Herman, coordinateur du contrat de rivière Hoëgne-Wayai, entretien téléphonique, le 27 février 2001.
- M. Jacques Heuschling, directeur des Barrages de l'Est, Verviers, le 18 novembre 2004.
- M. Jacques Huveneers, chef de service au ministère de l'Équipement et des Transports, direction des Barrages de l'Est, responsable du barrage d'Eupen, Verviers, les 8 juin 2001 et 2 décembre 2004.
- M. Jakubowski, directeur de la station de traitement d'Eupen (SWDE), entretien téléphonique, le 8 février 2005.
- M. Roger Moisse, directeur à l'ERPE (SWDE), Stembert, le 23 mai 2001.
- M. Denis Simonin, conseiller en hydrogéologie, Spa Monopole, Spa, le 3 décembre 2004.

- M. Jacques Tonneau, coordinateur du contrat de rivière de la Vesdre, Liège, le 3 janvier 2001.
- M. Jean Valière, chef du cantonnement de Spa, division de la Nature et des Forêts du ministère de la Région wallonne, Spa, le 19 novembre 2004.

Personnes interrogées dans le Val de Bagnes :

- M. Marc Bernard, chef de la section technique au Service de la protection de l'environnement de l'État du Valais, Sion, le 21 juin 2004.
- M. Serge Costa, ingénieur au Service des forces hydrauliques de l'État du Valais, Sion, le 22 juin 2004.
- Me Raphaël Dallèves, avocat et ancien membre du World Wide Fund for Nature, section du Valais, Sion, le 22 juin 2004.
- M. Willy Ferez, ancien président de la commune de Bagnes et délégué de l'État du Valais aux questions énergétiques, Bagnes, le 23 juin 2004.
- M. Peter Haefliger, conseiller juridique, Électricité de Laufenbourg (EGL), Dietikon, le 29 juillet 2004.
- M. Georges Luisier, juriste au Service des forces hydrauliques de l'État du Valais, Sion, le 22 juin 2004.
- M. Pierre-Benoît Raboud, chef du Service des forces hydrauliques de l'État du Valais, Sion, le 22 juin 2004.
- M. Emmanuel Reynard, maître assistant à l'Institut de géographie de l'Université de Lausanne, Lausanne, les 13 mars et 5 juin 2003.
- M. Kurt Seiler, directeur des Forces motrices de Mauvoisin, entretien téléphonique, le 29 juin 2004.
- M. Bertrand Terretaz, président de la commune de Vollèges, Vollèges, le 23 juin 2004.
- M. Guy Vaudan, président de la commune de Bagnes, Bagnes, le 23 juin 2004.

Annexe 2 : Tableaux de synthèse des rivalités

Tableau 10 : Synthèse de la rivalité liée au saturnisme à Verviers ($C_{1\ Verviers}$)

Règles activées	Arrangement local	Consentement et contraintes	Coûts	Bénéfices
Groupe Eau : – Contrat d'abonnement d'eau (art. 1641 CC) – AR 24/04/1965 et 06/05/1966 – Directive 1980 *Ville de Verviers* : – Propriétaire du réseau de distribution et droit de disposition sur les eaux du barrage (AR 1866) – Contrat d'abonnement : eau « ménagère » non visée par les AR – Obligation de moyens et solution transitoire – Avertissement des habitants – Efforts pour obtenir la station de traitement *Industriels* : – Droit d'usage informel de l'eau (en extension des droits de riveraineté)	**Conjonction de trois réponses, technique, financière et judiciaire** *Service des barrages* : propose de séparer les eaux industrielles et l'eau potable et élabore le projet *Région wallonne et État* : financent la station de traitement (27/04/83 et 08/11/83) *Cour d'Appel de Liège* : établit que les AR de 1965 et 1966 s'imposent à la Ville de Verviers (28/06/85)	**Solution imposée :** – Obligation de respecter les normes de potabilité des AR de 1965 et 1966 par décision de justice – Pression de l'État pour connecter le barrage de la Vesdre à la distribution d'eau wallonne – Décision d'un préfinancement wallon de la station – Condamnation par la CJCE **Alternatives :** *Groupe Eau* : – Solution de dernier ressort après campagnes de presse, pétitions et tentative de dialogue avec la Ville *Ville de Verviers* : – Non décision comme constante. La Ville nie le problème et interjette appel de toutes les décisions prises à son encontre – Pression politique accrue pour obtenir le financement ou la cession de la distribution d'eau à la SNDE – Fournir de véritables solutions transitoires aux Verviétois – Alimentation de Verviers par l'eau d'Eupen pendant la durée des travaux *Industriels* : – Évaluer précisément leurs besoins en matière d'eau acide – Accepter de payer l'eau un peu plus chère **Contraintes :** *Groupe Eau* : abandon des poursuites judiciaires *Ville de Verviers* : obligation d'acheter de l'eau traitée, ce qui mène à la cession de l'activité à la SWDE *Industrie verviétoise* : aucune contrainte	*Groupe Eau* : – Prise en charge des frais de justice par les familles membres du Groupe (finalement remboursés par la Ville après négociation) et cinq années de démarches – Obligation de supporter l'eau de mauvaise qualité jusqu'au raccordement à Eupen (et pour 20 % des Verviétois jusqu'à l'entrée en service de la station) *Ville de Verviers* : – Mise en place, à son rythme, d'une solution transitoire partielle, en grande partie subsidiée par l'État puis la Région *Industriels* : – Pas de coûts	*Groupe Eau* : – Distribution d'une eau potable dans toute la ville à partir de 1992 – Satisfait d'avoir obtenu gain de cause devant la justice *Ville de Verviers* : – Mise en conformité de la situation à moindre coût – Pas de reconnaissance officielle du saturnisme *Industriels* : – Aucun désagrément causé par la mise en conformité du réseau d'eau

Tableau 11 : Synthèse de la rivalité relative aux inondations en basse vallée de la Vesdre ($C_{2\ Inondations}$)

Règles activées	Arrangement local	Consentement et contraintes	Coûts	Bénéfices
Commune de Chaudfontaine : – Droits de propriété de l'État sur le barrage *Service des barrages* : – Droits de propriété de l'État sur le barrage *ERPE* : – Droits de disposition sur l'eau du barrage octroyé par l'État (droit informel, extension de l'AR de 1866)	**Solution technique** : – Recalcul de la courbe de remplissage et constitution d'une réserve d'empotement – Accord totalement informel en 1985, mais impossible à dater précisément	**Enjeux :** *Commune de Chaudfontaine* : – Limiter la fréquence des inondations, lesquelles sont récurrentes et causent de gros dégâts aux habitations – Éviter les problèmes sociaux liés aux inondations et les procédures de versement d'indemnités *Service des barrages* : – Satisfaire la demande en eau potabilisable – Jouer un rôle d'écrêteur de crues *ERPE* : – Assurer une fourniture d'eau potable correspondante à la demande – Baisse de la demande en eau – Souvenir de la sécheresse de 1976 encore présent **Consentement :** Accord consenti entre le Service des barrage et l'ERPE, suite à la demande de Chaudfontaine **Contraintes :** *Commune de Chaudfontaine* : – Aucune contrainte *Service des barrages* : – Conserver la prééminence de la fourniture d'eau potabilisable sur le rôle d'écrêtage de crues *ERPE* : – Prendre le risque d'un approvisionnement réduit en période d'étiage suite à deux années sèches	*Commune de Chaudfontaine* : – Aucun – La commune continue à subir les inondations, mais plus à cause des barrages *Service des barrages* : – Adaptation technique sans nécessité d'investissement – Parvenir à récupérer la courbe des 75 000 m^3/j à la fin de la période hivernale *ERPE* : – Risque d'une pénurie d'eau en été en cas de reconduction de deux années sèches – Substitution possible de l'approvisionnement à partir de la Gileppe (mais après 1992 seulement)	*Commune de Chaudfontaine* : – Beaucoup moins d'inondations et limitation de leur intensité en raison du rôle d'écrêteur de crue du barrage de la Vesdre *Service des barrages* : – Renforcer le rôle d'écrêteur de crue du barrage dans l'intérêt public – (Paix sociale ?) *ERPE* : – Aucun

Tableau 12 : Synthèse de la rivalité relative à la protection des captages de Spa ($C_{3\ Spa}$)

Règles activées	Arrangement local	Consentement et contraintes	Coûts	Bénéfices
Spa monopole : – Concession sur les sources de Spa (droit de disposition) – Décret de 1990 sur la protection des eaux *DNF* : – Droits de disposition sur les forêts soumises – Régime forestier : Code forestier et circulaires dérivées *Ville de Spa* : – Droit de propriété sur les sources et sur les bois communaux	**Accord concédé** – Priorité à la production d'eau minérale sur l'exploitation forestière ou tout autre usage du sol – Gestion concertée du périmètre de protection : plan de suivi et réunion annuelle des parties – Possibilité d'amendement et période de transition de 30 ans **Engagements :** *Spa monopole* : – Financement du raccordement de la ferme de Bérinzenne à la distribution d'eau – Indemnisation des pertes de revenus forestiers pour les futurs captages – Placement de clôtures et entretien des captages *DNF* : – Réduction des densités de peuplement et équilibre entre feuillus et résineux – Interdiction des mises à blanc – Contraintes sur l'exploitation forestière (engins, hydrocarbures, etc.), dont interdiction des pesticides et des nouveaux drainages – Entretien de la fagne de Malchamps – Limitation de la fréquentation touristique – Aménagement des parkings de Bérinzenne *Ville de Spa* : – Placement de bornes à incendie	**Enjeux :** *Spa monopole* : – Préserver la qualité des aquifères – Limiter l'acidité du sol – Augmenter la percolation des eaux – Prévenir toute pollution *DNF* : – Maintenir une exploitation forestière viable – Rendre les usages compatibles – Préserver l'aspect paysager de Spa *Ville de Spa* : rôle passif **Consentement :** *Spa monopole* : – Au-dessous des exigences en terme de diminution de l'exploitation forestière – Win-win, plus de situation conflictuelle *DNF* : – Bon compromis – Pas envisageable de ne pas discuter avec Spa (pas d'alternative) **Contraintes :** *Spa monopole* : pas de contraintes *DNF* : contraintes importantes sur la production de bois *Ville de Spa* : pas de contraintes	*Spa monopole* : – Raccordement de Bérinzenne – Enterrement des conduites – Entretien des captages *DNF* : – Conditions d'exploitations draconiennes – Perte de qualité du bois et manque à gagner de 30 % sur la vente *Ville de Spa* : – Contraintes liées à l'aménagement du territoire – Diminution des rentrées financières de l'exploitation forestière – Financement des bornes à incendie et de l'égouttage de Bérinzenne	*Spa monopole* : – Plus grande sécurité sur la qualité de l'eau *DNF* : – Pas commerçant, mais gestionnaire forestier (multifonctionnalité) – Gain pour l'économie régionale de favoriser la production d'eau – Économies à la plantation *Ville de Spa* : – Garanties sur la pérennité de la ressource dont elle est propriétaire

Tableau 13 : Synthèse de la rivalité relative à la construction de l'aqueduc de Louvie ($C_{4\ \text{Louvie}}$)

Règles activées	Arrangement local	Consentement et contraintes	Coûts	Bénéfices
Maret (puis FMM) : – LcFH 1898 et LFH 1916 – Achat de droits de disposition *Vollèges* : propriété de la portion de Dranse *Consortage* : droit perpétuel sur le torrent de la Chaux *Bagnes* : – Concession – Loi sur l'irrigation	**Concession Maret-Vollèges** – Concession des forces hydrauliques de la Dranse pour 80 ans – Droits d'irrigation réservés – Achat de la concession, redevance annuelle et fourniture d'électricité par les FMM – Cession des droits sur le torrent de la Chaux – Engagement à livrer gratuitement une quantité d'eau d'irrigation et d'eau potable à 1 760 m – Démarche de Vollèges pour trouver des subsides au projet d'irrigation – Droit de renon au projet d'irrigation pour le concédant **Convention Vollèges-Consortage** – Cession des droits du Consortage sur la Chaux – 100 l/s réservés au Levron sur les 150 l/s obtenus par Vollèges **Convention Vollèges-Bagnes** (mise en œuvre) – Projet commun – 220 l/s pour Vollèges au lieu de 200 l/s et 6 l/s d'eau potable – 540 l/s pour Bagnes – Répartition 29-71 % en cas de pénurie – Contribution financière des FMM aux deux communes	**Accord consenti :** – Conventions de droit privé – Intervention financière de l'État (loi sur les améliorations foncières) – Nécessité d'une entente préalable entre Vollèges et le Consortage **Contraintes :** *Maret* : – Respect de la LFH : obligation de réserver les eaux potables et d'irrigation – Impossibilité d'un échec sur Vollèges *Vollèges et Levron* : – Besoin d'eau pour le Levron – Dépendance de Bagnes pour l'approvisionnement (dont il faut s'émanciper) – Éviter que le Conseil d'État ne délivre la concession *Bagnes* : – Céder le lac et les terrains (mais à son bénéfice) *FMM* : – Obligation de respecter l'engagement de Maret en dépit des modifications apportées au projet – Débits réservés pour l'irrigation à Vollèges et Bagnes	*Maret et FMM* : 4 mio CHF partiellement remboursés par les Améliorations foncières *Vollèges* : participation très limitée aux frais de réalisation *Consortage* : – Abandon des droits sur la Chaux – Perte sur le volume disponible au bénéfice des autres villages vollégeards *Bagnes* : participation aux frais de réalisation	*Maret et FMM* : – Eau du barrage non utilisée pour l'irrigation – Interdiction de turbiner les eaux de l'aqueduc *Vollèges et Consortage* : – Assurance d'un approvisionnement constant en eau – Fin des querelles avec Bagnes *Bagnes* : – Accroissement possible de la distribution d'eau potable – Fin des querelles avec Vollèges

Tableau 14 : Synthèse de la rivalité relative au rehaussement du barrage de Mauvoisin ($C_{5\ Mauvoisin}$)

Règles activées	Arrangement local	Consentement et contraintes	Coûts	Bénéfices
FMM : – Contrats de concession, not. art. 1 de la concession avec Bagnes – Art. 31 et 16ss LcFH – Art. 12 LPN, 55 LPE et 44 loi cantonale 1976 sur procédure et juridiction administrative – Décision du DEN *WWF* : – Droit de recours : art. 12 LPN, art. 55 LPE et art. 24*bis* Cst. – Fond : art. 24 LAT, 54 LFH, 26, 28 et 29 LcFH, 24-26 LPê et 8-9 LPE	**Convention du 5 octobre 1988** Créer des aménagements pour la faune piscicole et la végétation aquatique : reconstitution d'écosystèmes aquatiques et palustres caractéristiques – Débit annuel moyen de 50 l/s – Aucun captage supplémentaire d'eau – Création d'étangs à Bonatchiesse (3 ha), de bras latéraux dans la Dranse et d'aménagements ponctuels – Aménagements complémentaires à Fionnay *Mise en œuvre* : – Études hydrobiologiques – Coûts à la charge des FMM – Règlement des différends par arbitrage – Engagement du WWF à ne pas recourir contre les prochaines décisions du DEN et du Conseil d'État et renon à exiger la modification des concessions (art. 28.1 LcFH) – Modification de la décision du Conseil d'État du 31 mars 1987 – Collaboration FMM et WWF avec les autorités afin que les décisions soient rendues dans les plus brefs délais	**Objectifs :** *FMM* : – Accroître la capacité du barrage pour augmenter la production hivernale – Éviter de devoir réviser les concessions – Ne pas perdre de temps (et d'argent) avec la procédure d'autorisation – Initialement, ne pas perdre sur le principe face aux écologistes *WWF* : – Redonner un peu d'eau à la Dranse – Reconstituer des zones humides – Créer un précédent concernant l'application de la LPE (droit de recours) **Consentement :** Accord consenti, négocié entre les FMM et le WWF **Contraintes :** *WWF* : – Possibilité de poursuivre – Pression officielle et populaire *FMM* : – Retard des travaux – Risque de modification des concessions – Réalisation d'une étude d'impact pour tout le barrage – Pression des communes, du Canton et des confrères pour ne pas céder	*FMM* : – Aménagements pour les 50 l/s – Travaux hydrobiologiques – Essartage des rives du lac – Accord de Bagnes pour la mise en œuvre – Céder sur des mesures symboliques, mais qui créent un précédent *WWF* : – Pas de coûts (utilisation du droit de recours peu coûteuse) *Bagnes* : – Mise à disposition des terrains de Bonatchiesse – Protestation des propriétaires de résidences secondaires dans le hameau	*FMM* : – Pas de renouvellement de concessions ni d'étude d'impact – Mise en chantier rapide – Création d'un climat de confiance avec les écologistes *WWF* : – Très légère amélioration du milieu pour la Dranse et le lac – Mesures symboliques, mais création d'un précédent *Bagnes* : – Embellissement des berges de la Dranse (déjà convenu avant la convention, not. avec la LSPN)

Tableau 15 : Synthèse de la rivalité relative au retour de la concession de Champsec ($C_{6\ Champsec}$)

Règles activées	Arrangement local	Consentement et contraintes	Coûts	Bénéfices
FMM : – Concession du 10 avril 1987 avec Bagnes – Procédure d'homologation : Art. 38 LFH 1916, 14ss LcFH 1957 et 12ss LcFH 1990 *WWF* : – Art. 4 al. 2 LFH 1916 et 18 al. 1 LcFH 1957 (refus d'homologation de concession) – Intérêt public : Art. 24*bis*, 24*sexies*, 24*septies* et 25 Cst. – Art. 31 al. 1 du projet de LEaux – Art. 9 (absence d'étude d'impact) et 55 LPE (droit de recours) – Art. 25-26 LPê	**Convention des 16 et 21 janvier 1991** Réserver un débit de dotation convenable pour la Dranse et modulé au gré des saisons. Protection des espèces faunistiques et floristiques – 10 mio m³/an de débits résiduels minimaux avec modulation mensuelle et crues artificielles en été – Débit provenant de la Dranse en amont du bassin de Grande Dixence au moyen d'un aménagement – Renonciation des FMM à accroître les captages *Mise en œuvre* : – Demande au Conseil d'État d'inclure le débit minimum dans l'homologation de la concession – Acceptation par Bagnes de la dotation – Station de mesure au point de dérivation – Engagement du WWF à retirer son recours administratif **Convention du 5 octobre 1988 concernant la surélévation du barrage du Mauvoisin** – Constat de l'indépendance des deux questions – Débit minimal formé d'eau coulant naturellement dans la Dranse en amont de Fionnay – Contournement du bassin de compensation de Grande Dixence et reprise du cours normal des eaux à l'aval du bassin	**Enjeux** : *FMM* : – Limiter l'ampleur des débits minimaux octroyés. Pas d'opposition de principe – Éviter que la concession ne soit dénoncée – Faible intérêt de Champsec *WWF* : – Établir un précédent sur les débits minimaux lors du retour de concession – Peser sur l'élaboration de la LEaux – Lutter contre l'application minimaliste de la LEaux par le Canton – Respecter les caractéristiques du cours d'eau **Consentement** : accord consenti, négocié entre FMM et le WWF **Contraintes** : *WWF* : – La LEaux n'est pas encore adoptée *FMM* : – Obligation d'appliquer la loi (LPE 1983) : lâcher une dotation – Incertitude liée à la décision de justice – Pression de Bagnes pour le maintien de l'installation	*FMM* : – Perte substantielle de 10 mio m³ qui auraient pu être turbinés à Riddes (tempérée par obligation des 50 mio m³ au point de contrôle du Châble) – Acceptation d'une modulation du débit résiduel (perte de production relative en été) *WWF* : – Coûts négligeables	*FMM* : – Gain de temps par rapport à une procédure judiciaire – Bonne image – Éviter des mesures plus drastiques des autorités publiques *WWF* : – Variation des débits de dotation plus favorable à l'écosystème – Première application (anticipée) de la LEaux et succès de l'opposition à l'attribution par le Canton d'un débit résiduel négligeable – Retour de l'eau dans le lit de la Dranse à Fionnay

EcoPolis

La collection EcoPolis est dédiée à l'analyse des changements qui se produisent simultanément dans la société et dans l'environnement quand celui-ci devient une préoccupation centrale.

L'environnement a longtemps été défini comme l'extérieur de la société, comme ce monde de la nature et des écosystèmes qui sert de soubassement matériel à la vie sociale. Les politiques d'environnement avaient alors pour but de « préserver », « protéger », voire « gérer » ce qui était pensé comme une sorte d'infrastructure de nos sociétés. Après quelques décennies de politique d'environnement, la nature et l'environnement sont devenus des objets de l'action publique et il apparaît que c'est dans un même mouvement que chaque société modèle son environnement et se construit elle-même. Cette dialectique sera au centre de la collection.

Directeur de collection : Marc MORMONT,
Professeur à la Fondation Universitaire Luxembourgeoise
(Université de Liège, Belgique)

Dans la collection

N° 7– David AUBIN, *L'eau en partage. Activation des règles dans les rivalités d'usages en Belgique et en Suisse*, 2007, 247 pages.

N° 6– Géraldine FROGER (dir.), *La mondialisation contre le développement durable ?*, 2006, 315 pages.

N° 5– Laurent MERMET (dir.), *Étudier des écologies futures. Un chantier ouvert pour les recherches prospectives environnementales*, 2005, 411 pages.

N° 4– Jean-Baptiste NARCY, *Pour une gestion spatiale de l'eau. Comment sortir du tuyau ?*, 2004, 342 pages.

N° 3– Pierre STASSART, *Produits fermiers : entre qualification et identité*, 2003, 424 pages.

N° 2– Cécilia CLAEYS-MEKDADE, *Le lien politique à l'épreuve de l'environnement. Expériences camarguaises*, 2003, 245 pages.

N° 1– Edwin ZACCAÏ, *Le développement durable. Dynamique et constitution d'un projet*, 2002, 358 pages.

Kolibri 360 GmbH
Ferdinand-Jühlke-Straße 7
99095 Erfurt, Deutschland
produktsicherheit@kolibri360.de

Druck:
CPI Druckdienstleistungen GmbH
im Auftrag der
Kolibri 360 GmbH
Ferdinand-Jühlke-Str. 7
99095 Erfurt